"十三五"国家重点图书出版规划项目

中华农圣贾思勰与《齐民要术》研究丛书

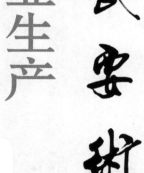

齐民要术

与渔业生产

U0338450

郭龙文
解延年 编著
郭聪

中国农业科学技术出版社

图书在版编目（CIP）数据

《齐民要术》与渔业生产/郭龙文，解延年，郭聪编著 . —北京：中国农业科学技术出版社，2017.7

（中华农圣贾思勰与《齐民要术》研究丛书）

ISBN 978-7-5116-2892-3

Ⅰ. ①齐… Ⅱ. ①郭… ②解… ③郭… Ⅲ. ①农学-中国-北魏 ②《齐民要术》-研究 ③水产养殖 Ⅳ. ①S-092.392 ②S96

中国版本图书馆 CIP 数据核字（2016）第 305762 号

责任编辑	闫庆健
文字加工	段道怀
责任校对	马广洋

出 版 者	中国农业科学技术出版社
	北京市中关村南大街 12 号　邮编：100081
电　　话	（010）82106632（编辑室）　（010）82109704（发行部）
	（010）82109709（读者服务部）
传　　真	（010）82106625
网　　址	http：//www.castp.cn
经 销 者	各地新华书店
印 刷 者	北京科信印刷有限公司
开　　本	710 mm×1 000 mm　1/16
印　　张	13.25
字　　数	243 千字
版　　次	2017 年 7 月第 1 版　2017 年 7 月第 1 次印刷
定　　价	46.00 元

作者简介

　　郭龙文，1964 年 10 月生，山东寿光人。潍坊科技学院教师，潍坊市水产学会会员，寿光市贾思勰与《齐民要术》研究会理事。

　　1987 年 6 月毕业于山东海洋学院（现中国海洋大学）水产系。一直从事水产养殖专业的教学、科研、生产技术服务工作。

　　20 多年生产实践中，致力于引进开发水产养殖新品种、新模式、新技术，先后有近 10 个水产新品种在本地区推广，"半封闭式微流水对虾养殖综治技术""地下卤水在水产苗种生产中的应用"等 10 余项实用技术获得推广应用；承担多项国家、省部级教科研课题，3 项获得国家级奖励，一项科研成果通过省级鉴定并获全国科技博览会金奖，3 项获市级及以上科技成果奖；在《中国水产》《科学养鱼》等期刊发表论文 10 余篇，编写校本教材 5 部，编写实用技术小册子 11 套；辅导学生发明创造和科技比赛获国家级一等奖一项，省市级奖励多项；利用水产科技咨询服务平台，与当地 60 余家水产业经济实体、近百个养殖村（户）建立了长期服务联系。

　　先后荣获市、县级"海洋与水产工作先进工作者""跨世纪科技人才""十佳青年教师""职业教育先进个人""师德标兵""富民兴寿劳动奖章"等荣誉称号。

　　解延年，1973 年生，山东寿光人。1994 年毕业于山东水产学校海水养殖专业（现烟台大学水产学院），潍坊水产学会会员，现任职于潍坊科技学院。参加工作以来一直从事水产养殖教育教学与生产实践工作。发表《澳洲宝石鲈的高效精养技术》《利用地下卤水进行三疣梭子蟹大棚式越冬的探讨》《利用育苗室进行冬季南美白对虾的高效养殖技术》等 10 多篇论文。

郭聪，女，1990年生，山东寿光人。江苏省涟水县市场监督管理局技术人员。2012年毕业于华中科技大学公共事业管理专业，西北农林科技大学在职硕士。

中华农圣贾思勰与《齐民要术》研究 丛书

顾问委员会

特邀顾问	李　群	陈　光	隋绳武	王伯祥	马金忠	徐振溪
	刘中会	孙明亮	刘兴明	王乐义		
学术顾问	刘　旭	尹伟伦	李天来	刘新录	李文虎	曹幸穗
	韩兴国	孙日飞	胡泽学	王　欧	李乃胜	张立明
	徐剑波	赵兴胜	王思明	樊志民	倪根金	徐旺生
	郭　文	沈志忠	孙金荣	原永兵	刘建国	

编审委员会

主　　任	朱兰玺	赵绪春	张应禄			
副 主 任	李宝华	林立星	孙修炜	黄凤岩	杨德峰	王茂兴
	方新启					
委　　员（按姓氏笔画为序)						
	马金涛	王子然	王立新	王庆忠	王丽君	王宏志
	王启龙	王春海	王桂芝	王惠玲	田太卿	刘永辉
	孙荣美	李　鹏	李凤祥	李玉明	李向明	李志强
	李学森	李增国	杨秀英	杨茂枢	杨茂森	杨维田
	张文升	张文南	张茂海	张振城	陈树林	赵洪波
	袁义林	袁世俊	徐　莹	高文浩	黄树忠	曹　慧
	韩冠生	韩家迅	慈春增	燕黎明		
总 策 划	袁世俊	闫庆健				
策　　划	李秉桦	李群成	周杰三	刘培杰	杨福亮	

编撰委员会

学术顾问组织

序 一

　　《齐民要术》是我国现存最早、最完整的一部古代综合性农学巨著，在中国传统农学发展史上是一个重要的里程碑，在世界农业科技史上也占有非常重要的地位。

　　《齐民要术》共10卷，92篇，11万多字。全书"起自耕农，终于醯醢，资生之业，靡不毕书"，规模巨大，体系完整，系统地总结了公元6世纪以前黄河中下游旱作地区农作物的栽培技术、蔬菜作物的栽培技术、果树林木的栽培技术、畜禽渔业的养殖技术以及农产品加工与贮藏、野生植物经济利用等方面的知识，是当时我国最全面、系统的一部农业科技知识集成，被誉为中国古代第一部"农业百科全书"。

　　《齐民要术》研究会组织包括高校科研人员、地方技术专家等20多人在内的精干力量，凝心聚力，勇担重任，经过三年多的辛勤工作，完成了这套近400万字的《中华农圣贾思勰与〈齐民要术〉研究丛书》。该《丛书》共三辑15册，体例庞大，内容丰富，观点新颖，逻辑严密，既有贾思勰里籍考证、《齐民要术》成书背景及版本的研究，又有贾思勰农学思想、《齐民要术》所涉及农林牧渔副等各业与当今农业发展相结合等方面的研究创新。这些研究成果与我国农业当前面临问题和发展的关系密切，既能为现代农业发展提供一些思路和有益参考，又很好地丰富了传统农学文化研究的一些空白，可喜可贺。可以说，这是国内贾思勰与《齐民要术》研究领域的一部集大成之作，对传承创新我国传统农耕文化，服务现代农业发展将发挥积极的推动作用。

　　《中华农圣贾思勰与〈齐民要术〉研究丛书》能得到国家出版基金资助，列入"十三五"国家重点图书出版规划项目，进一步证明了该《丛书》的学术价值与应用价值。希望该《丛书》的出版能够推动《齐民要术》的研究迈上新台阶；为推进现代农业生态文明建设，实现农业的可持续发展提供有益的借鉴；为传承和弘扬中华优秀传统文化，展现中华民族的精神文化瑰宝，提升中国的文化软实力发挥作用。

中国工程院副院长
中国工程院院士

2017 年 4 月

序 二

　　中国是世界四大文明古国之一，也是世界第一农业大国。我国用不到世界9％的耕地，养活了世界21％的人口，这是举世瞩目的巨大成绩，赢得世人的一致称赞。对于我国来说，"食为政首""民以食为先"，解决人的温饱是最大问题，也是我国的特殊国情，所以，从帝制社会开始，历朝历代，都重视农业，把农业作为"资生之业"，同时又将农业技术的改良、品种的选优等放在发展农业的优先位置，这方面的成就是为世界公认的，并作为学习的榜样。

　　中华农圣贾思勰所撰农学巨著《齐民要术》，是每位农史研究者必读书目，在国内外影响极大，有很多学者把它称为"中国古代农业的百科全书"。英国著名科学家达尔文撰写《物种起源》时，也强调其重要性，在有些篇章有些字句里面，也引用了《齐民要术》和中国农书的一些重要成果，对它给予充分肯定。研究中国农业，《齐民要术》是一座绕不开的丰碑。《齐民要术》是古代完整的、全面的农业著作，内容相当丰富，从以下几方面，可以看出贾思勰的历史功绩。

　　在农作物的栽培技术方面，他详细记叙了轮作与间作套种方法。原始农业恢复地力的方法是休闲，后来进步成换茬轮作，避免在同一块地里连续种植同一作物所引起的养分缺乏和病虫害加重而使产量下降。在这方面，《齐民要术》记述了20多种轮作方法，其中最先进的是将豆科作物纳入轮作周期。在当时能认识到豆科植物有提高土壤肥力的作用，是农业上很大的进步，这要比英国的绿肥轮作制（诺福克轮作制）早1 200多年。间作套种是充分利用光能和地力的增产措施，《齐民要术》记述着十几种做法，这反映了当时间作套种技术的成就。

　　对作物播种前种子的处理，提出了泥水选种、盐水选种、附子拌种、雪水浸种等方法，这都是科学的创见。特别是雪水浸种，以"雪是五谷之精"提出观点，事实上，雪水中重水含量少，能促进动植物的新陈代谢（重水是氢的同位素重氢和氧化合成的水，对生物体的生长发育有抑制作用），科学实验证明，在温室中用雪水浇灌，可使黄瓜、萝卜增产两成以上。这说明在 1 400 多年前劳动人民已从实践中觉察到雪水和普通水的不同作用，实为重要的发现。在《收种第二》篇中，对选种育种更有一整套合乎科学道理的方法："粟、黍、穄、粱、秫，常岁岁别收，选好穗纯色者，劁刈高悬之，至春治取，别种，以拟明年种子。其别种种子，常须加锄。先治而别埋，还以所治蘘草蔽窖。不尔，必有为杂之患。"这里所说的，就是我们沿用至今的田间选种、单独播种、单独收藏、加工管理的方法。

《齐民要术》记载了我国丰富的粮食作物品种资源。粟的品种 97 个，黍 12 个，穄 6 个，粱 4 个，秫 6 个，小麦 8 个，水稻 36 个（其中糯稻 11 个）。贾思勰根据品种特性，分类加以命名。他对品种的命名采用三种方式：一是以培育人命名，如"魏爽黄""李浴黄"等；二是"观形立名"，如高秆、矮秆、有芒、无芒等；三是"会义为称"，即据品种的生理特性如耐水、抗虫、早熟等命名。他归纳的这三种命名方式，直到现在还在使用。

在蔬菜作物的栽培技术方面，成就斐然。《齐民要术》第 15～29 篇都是讲的蔬菜栽培。所提到的蔬菜种类达 30 多种，其中约 20 种现在仍在继续栽培，寿光市现在之所以蔬菜品种多、技术好、质量高，与此不无传承关系。《齐民要术》在《种瓜第十四》篇中，提到种瓜"大豆起土法"，这是在种瓜时先用锄将地面上的干土除去，再开一个碗口大的土坑，在坑里向阳一边放 4 颗瓜子、3 颗大豆，大豆吸水后膨胀，子叶顶土而出，瓜子的幼芽就乘势省力地跟着出土，待瓜苗长出几片真叶，再将豆苗掐断，使断口上流出的水汁，湿润瓜苗附近的土壤，这种办法，在 20 世纪 60—70 年代还被某外国农业杂志当作创新经验介绍，殊不知贾思勰在 1 400 年前就已经发现并总结入书了。又如，从《种韭第二十二》篇可以看出，当时的菜农已经懂得韭菜的"跳根"现象，而采取"畦欲极深"和及时培土的措施来延长采割寿命。这说明那时的贾思勰对韭菜新生鳞茎的生物学特点已经有所认识。再如，对韭菜新陈种籽的鉴别，采用了"微煮催芽法"来检验，"微煮"二字非常重要，这一方法延续到现在。

在果树栽培方面，《齐民要术》写到的品种达 30 多种。这些果树资料，对世界各国果树的发展起过重要作用。如苏联的植物育种家米丘林和美国、加拿大的植物育种家培育的寒带苹果，都是用《齐民要术》中提到的海棠果作亲本培育成功的。在果树的繁殖上贾思勰记载了数种嫁接技术。为使果类增产，他还提出"嫁枣"（敲打枝干）、疏花的措施，以减少养分的虚耗，促多坐果，这是很有见地的。

在养殖业方面，《齐民要术》从大小牲畜到各种鱼类几乎都有涉猎，记之甚详，特别大篇幅强调了马的饲养。从养马、相马、驯马、医马到定向选育、培育良种都作了科学的论述，现在世界各国的养马业，都继承了这些理论和方法，不过更有所提高和发展罢了。

在农产品的深加工方面，记述的餐饮制品从酒、酱到菜肴、面食等，多达数百种，制作和烹饪方法多达20余种，都体现了较高的科技水平。在《造神曲并酒第六十四》篇中的造麦曲法和《笨曲并酒第六十六》篇中的三九酒法，记载着连续投料使霉菌得到深层培养，以提高酒精浓度和质量的工艺，这在我国酿酒史上具有重要意义。

贾思勰除了在农业科学技术方面有重大成就外，还在生物学上有所发现。如对植物种间相互抑制或促进的认识和利用以及对生物遗传性、变异性和人工选择的认识和利用等。达尔文《物种起源》第一章《家养状况下的变异》中提到，曾见过"一部中国古代的百科全书"，清楚地记载着选择，经查证这部书就是《齐民要术》。总之，《物种起源》和《植物和动物在家养下的变异》中都参阅过这部"中国古代百科全书"，六次提及《齐民要术》，并援引有关事例作为他的著名学说——进化论佐证。如今《齐民要术》更是引起欧美学者的极大关注和研究，说它"即使在世界范围内也是卓越的、杰出的、系统完整的农业科学理论与实践的巨著。"

达尔文在《物种起源》中谈到人工选择时说："如果以为这种原理是近代的发现，就未免与事实相差太远。在一部古代的中国百科全书中，已有关于选择原理的明确记述。""农学家们的普遍经验具有某种价值，他们常常提醒人们当把某一地方产物试在另一地方栽培时要慎重小心。中国古代农书作者建议栽培和维持各个地方的特有品种。"达尔文说："在上一世纪耶稣会士们出版了一部有关中国的大部头著作，这部著作主要是根据古代中国百科全书编成的。关于绵羊，书中说'改良品种在于特别细心地选择预定作繁殖之用的羊羔，对它们善加饲养，保持羊群隔离。'中国人对于各种植物和果树也应用了同样的选择原理。""物种能适应于某种特殊风土有多少是单纯由于其习性，有多少是由于具备不同内在体质的变种之自然选择，以及有多少是由于两者合在一起的作用，却是个朦胧不清的问题。根据类例推理和农书中甚至古代中国百科全书中提出的关于将动物从一个地区迁移至另一地区饲养时要极其谨慎的不断忠告，我应当相信习性有若干影响的说法。"

李约瑟是英国近代生物化学家和科学技术史专家、原英国皇家学会会员（FRS）、原英国学术院院士（FBA）、剑桥大学李约瑟研究所创始人，其所著《中国的科学与文明》（即《中国科学技术史》）对现代中西文化交流影响深远。李约瑟评价说："中国文明在科学史中曾起过从未被认识的巨大作用，在人类了解自然和控制自然方面，中国有过贡献，而且贡献是伟大的。"李约瑟及其助手白馥兰，对贾思勰的身世背景作了叙述，侧重于《齐民要术》的农业技术体系构建，就种植制度、耕作水平、农器组配、养畜技艺、加工制作以及中西农耕作业的比较进行了阐述，并指出："《齐民要术》是完整保留至今的最早的中国农书，其行文简明扼要，条理清晰，所述技术水平之高，更臻完美。其结果是这本著作长期使用至今还基本上是完好无损。""《齐民要术》所包含的技术知识水平在后来鲜少被超越。"

日本是世界上保存世界性巨著《齐民要术》的版本最多的国家，也是非汉语国度研究《齐民要术》最深入的国家。日本学者薮内清在《中国、科学、文明》一书中说："我们的祖先在科学技术方面一直蒙受中国的恩惠，直到最近几年，日本在农业生产技术方面继续沿用中国技术的现象还到处可见。"并指出："贾思勰的《齐民要术》一书，详细地记述了华北干燥地区的农业技术，在日本，出版了这本书的译本，而且还出现了许多研究这本书的论文。"日本鹿儿岛大学原教授、《齐民要术》研究专家西山武一在《亚洲农法和农业社会》（东京大学出版会，1969）的后记中写道："《齐民要术》不仅是中国农书中的最高峰，也是最难读懂的农书之一。它宛如瑞士的高山艾格尔峰（Eiger）的悬崖峭壁一般。不过，如果能够根据近代农学的方法论搞清楚其书写的旱地农法的实态的话，那么《齐民要术》的谜团便会云消雾散。"日本研究《齐民要术》专家神谷庆治在西山武一、熊代幸雄《校订译注〈齐民要术〉》的"序文"中就说，《齐民要术》至今仍有惊人的实用科学价值。"即使用现代科学的成就来衡量，在《齐民要术》这样雄浑有力的科学论述前面，人们也不得不折服。在日本旱地农业技术中，也存在春旱、夏季多雨等问题，而采取的对策，和《齐民要术》中讲述的农学原理有惊人的相似之处"。神谷庆治在论述西洋农学和日本农学时指出："《齐民要术》不单是千百年前中国农业的记载，就是从现代科学的本质意义上来看，也是世界上的农书巨著。日本曾结合本国的实际情况和经验，加以比较对照，消化吸收其书中的农学内容"。日本农史学家渡部武教授认为："《齐民要术》真可以称得上集中国人民智慧大成的农书中之雄，后世几乎所有的中国农书或多或少要受到《齐民要术》的影响，又通过劝农官而发挥作用。"日本学者山田罗谷评价说："我从事农业生产三十余年，凡是民家生产上生活上的事，只要向《齐民要术》求教，依照着去做，经过历年的试行，没有一件不成功的。尤其关于农业生产的切实指导，可以和老农的宝贵经验媲美的，只有这部书。所以要特为译成日文，并加上注释，刊成新书行世。"

《齐民要术》在中国历朝历代，更被奉为至宝。南宋的葛祐之在《齐民要术后序》中提到，当时天圣中所刊的崇文院版本，不是寻常人可见，藉以称颂张辚能刊行于州治，"欲使天下之人皆知务农重谷之道"。《续资治通鉴长编》的作者南宋李焘推崇《齐民要术》，说它是"在农家最翘然出其类"。明代著名文学家、思想家、哲学家，明朝文坛"前七子"之一，官至南京兵部尚书、都察院左都御史的王廷相，称《齐民要术》为"惠民之政，训农裕国之术"。20 世纪 30 年代，我国一代国学大师栾调甫称《齐民要术》一书："若经、若史、若子、若集。其刻本一直秘藏于皇家内库，长达数百年，非朝廷近人不可得。"著名经济史学家胡寄窗说："贾思勰对一个地主家庭所须消费的生活用品，如各种食品的加工保持和烹调方法；如何养鱼养马；甚至连制造笔墨及其原材料等所应具备的知识，无不应有尽有。其记载周详细致的程度，绝对不下于举世闻名的古希腊色诺芬为教导一个奴隶主如何管理其农庄而编写的《经济论》。"

寿光是贾思勰的故里，我对寿光很有感情，也很有缘源，与其学术活动和交流十分频繁。2006 年 4 月，我应中国（寿光）国际蔬菜博览会组委会、潍坊科技职业学院（现潍坊科技学院）、寿光市齐民要术研究会的邀请，来到著名的中国蔬菜之乡寿光，参观了第七届中国（寿光）国际蔬菜博览会，感到非常震撼，与会"《齐民要术》与现代农业高层论坛"，我在发言中说："此次来到中国蔬菜之乡和贾思勰的故乡，受益匪浅。《齐民要术》确实是每个研究农学史学者必读书目，在国内外影响非常之大，有很多学者把它称为是中国古代农业的百科全书，我们知道达尔文写进化论的时候，他也在书中强调，在有些篇章有些字句里面，也引用了《齐民要术》和中国农书的一些重要成果，对它给予充分肯定。《齐民要术》研究和现代农业研究结合起来，学习和弘扬贾思勰重农、爱农、富农的这样一个思想，继承他这种精神财富，来建设我们的新农村，是一个非常重要的主题。寿光这个地方有着悠久的传统，在农业方面有这样的成就，古有贾思勰、今有寿光人，古有《齐民要术》、今有蔬菜之乡，要把这个资源传统优势发挥出来"。2006 年 5 月，潍坊科技职业学院副院长薛彦斌博士前往南京农业大学中华农业文明研究院，我带领薛院长参观了中华农业文明研究院和古籍珍本室，目睹了中华农业文明研究院馆藏镇馆之宝——明嘉靖三年马直卿刻本《齐民要术》，薛院长与我、沈志忠教授一起商议探讨了《〈齐民要术〉与现代农业高层论坛论文集》的出版事宜，决定以 2006 年增刊形式，在 CSSCI 核心期刊《中国农史》上发表。2006 年 9 月，我与薛院长又一道同团参加了在韩国水原市举行的、由韩国农业振兴厅与韩国农业历史学会举办的"第六届东亚农业史国际研讨会"，来自中韩日三国的 60 余名学者参加了学术交流，进一步增进了潍坊科技学院与南京农业大学之间的了解和学术交流。2015 年 7 月，寿光市齐民要术研究会会长刘效武教授、副会长薛彦斌教授前往南京农业大学中华农业文明研究院，与我、沈志忠教授一起，商议《中华农圣贾思勰与〈齐民要术〉研究丛书》出版前期事宜，我十分高兴地为该丛书写了推荐信，双方进行了深入的学术座谈、并交换了学术研究成果。2016 年 12 月，薛院长又前往南京农业大学中华农业文明研究院，向我颁发了潍坊科技学院农圣文化研究中心学术带头人和研究员聘书，双方交换了学术研究成果。寿光市齐民要术研究会作为基层的研究组织，多年来可以说做了大量卓有成效的优秀研究工作，难能可贵。特别是此次，聚心凝力，自我加压，联合潍坊科技学院，推出这项重大研究成果——《中华农圣贾思勰与〈齐民要术〉研究丛书》，即将由中国农业科学技术出版社出版，并荣获国家新闻出版广电总局 2016 年度国家出版基金资助，入选"十三五"国家重点图书出版规划项目，可喜可贺。在策划和写作过程中，刘效武教授、薛彦斌教授始终与我保持着学术联系和及时沟通，本人有幸听取该丛书主编刘效武教授、薛彦斌教授对丛书总体设计的口头汇报，又阅读"三辑"综合内容提要和各分册书目中的几册样稿，觉得此套丛书的编辑和出版十分必要、非常适时，它既梳理总结前段国内贾学研究现状，又用大量现代农业创新案例展示它的博大精深，同时也填补了国内这一领域中的出版空白。该丛书作为研读《齐民要术》宝库的重要参考书之一，从立体上挖掘了这部世界性农学巨著的深度和广度。丛书从全方位、多角度进行了比较详细的探讨和研究，形成三辑 15 分册、近 400 万字的著述，内容涵盖了贾思勰与《齐民要术》研读综述、贾思勰里籍及其名著成书背景和历史价值、《齐民要术》版本及其语言、名物解读、《齐民要术》传承与实践、贾思勰故里现代农业发展创新典型等方方面面，具有"内容全面""地域性浓""形式活泼"等特色。所谓内容全面：既考订贾思勰里籍和《齐民要术》语言层面的解读，同时也对农林牧副渔如何传承《齐民要术》进行较为全面的探讨；地域性浓：即指贾思勰故里寿光人探求贾学真谛的典型案例，从王乐义"日光温室蔬菜大棚"诞生，到"果王"蔡英明——果树"一边倒"技术传播，再到庄园饮食——"齐民大宴"，及"齐民思酒"的制曲酿造等，突出了寿光地域特色，展示了现代农业的创新成果；形式活泼：即指"三辑"各辑都有不同的侧重点，但分册内容类别性质又有相同或相近之处，每分册的语言尽量做到通俗易懂，图文并茂，以引起读者的研读兴趣。

鉴于以上原因，本人愿意为该丛书作序，望该套丛书早日出版面世，进一步弘扬中华农业文明，并发挥其经济效益和社会效益。

（南京农业大学中华农业文明研究院院长、教授、博士生导师）

2017 年 3 月

序 三

　　寿光市位于山东半岛中北部，渤海莱州湾南畔，总面积2 072平方千米，是"中国蔬菜之乡""中国海盐之都"，被中央确定为改革开放30周年全国18个重大典型之一。

　　寿光乾坤清淑、地灵人杰。有7 000余年的文物可考史，有2 100多年的置县史，相传秦始皇筑台黑冢子以观沧海，汉武帝躬耕汩淀湖教化黎民，史有"三圣"：文圣仓颉在此创造了象形文字、盐圣夙沙氏开创了煮海为盐的先河，农圣贾思勰著有世界上第一部农学巨著《齐民要术》，在这片神奇的土地上，先后涌现出了汉代丞相公孙弘、徐干，前秦丞相王猛，南北朝文学家任昉等历史名人，自古以来就有"衣冠文采、标盛东齐"的美誉。

　　食为政之首，民以食为天。传承先贤"苟日新，日日新，又日新"的创新基因，勤劳智慧的寿光人民以"敢叫日月换新天"的气魄与担当，栉风沐雨、自强不息，创造了一个又一个绿色奇迹，三元朱村党支部书记王乐义带领群众成功试种并向全国推广了冬暖式蔬菜大棚，连续举办了17届中国（寿光）国际蔬菜科技博览会，成为引领现代农业发展的"风向标"。近年来，我们深入推进农业供给侧结构性改革，大力推进旧棚改新棚、大田改大棚"两改"工作，蔬菜基地发展到近6万公顷，种苗年繁育能力达到14亿株，自主研发蔬菜新品种46个，全市城乡居民户均存款15万元，农业成为寿光的聚宝盆，鼓起了老百姓的钱袋子，贾思勰"岁岁开广、百姓充给"的美好愿景正变为寿光大地的生动实践。

　　国家昌泰修文史，披沙拣金传后人。贾思勰与《齐民要术》研究会、潍坊科技学院等单位的专家学者呕心沥血、焚膏继晷，历时三年时间撰写的这套三辑

15分册，近400万字的《中华农圣贾思勰与〈齐民要术〉研究丛书》即将面世了，丛书既有贾思勰思想生平的旁求博考，又有农圣文化的阐幽探赜，更有农业前沿技术的精研致思，可谓是一部研究贾思勰及农圣文化的百科全书。时值改革开放40周年之际，它的问世可喜可贺，是寿光文化事业的一大幸事，也是贾学研究具有里程碑意义的一大盛事，必将开启贾思勰与《齐民要术》研究的新纪元。

抚今追昔，意在登高望远；知古鉴今，志在开拓未来。寿光是农业大市，探寻贾思勰及农圣文化的精神富矿，保护它、丰富它并不断发扬光大，是我们这一代人义不容辞的历史责任。当前，寿光正处在全面深化改革的历史新方位，站在建设品质寿光的关键发展当口，希望贾思勰与《齐民要术》研究会及各位研究者，不忘初心，砥砺前行，以舍我其谁的使命意识、只争朝夕的创业精神、踏石留印的务实作风，"把跨越时空、超越国度、富有永恒魅力、具有当代价值的文化精神弘扬起来"，继续推出一批更加丰硕的理论成果，为增强国人的道路自信、理论自信、制度自信、文化自信提供更加坚实的学术支持，为拓展农业发展的内涵与深度不断添砖加瓦，为在更高层次上建设品质寿光作出新的更大贡献！

（中共寿光市委书记）

2017年3月

前　言

渔业，又称水产业。是人类开发和利用水域，采集捕捞与人工养殖各种有经济价值的水生动植物以取得水产品的社会生产部门。它以水产增养殖、水产捕捞、水产品加工和运销等为中心，构成一个生产体系。

北魏贾思勰著《齐民要术》共 10 卷 92 篇，包括农、林、牧、副、渔等内容，被盛誉为"中国古代的农业百科全书"。其中，关于渔业生产的文字相对较少但内容和技术观点丰富，在卷六"养鱼第六十一"篇中辑录《陶朱公养鱼经》介绍了鲤鱼养殖生产技术；在卷八"作酱法第七十""作鱼鲊第七十四""脯腊第七十五""羹臛法第七十六""蒸缹法第七十七""胚腤煎消法第七十八"和卷九"炙法第八十"等篇中，分别记述了制作鱼酱、虾酱、储藏蟹、制作鱼鲊等 40 余种水产食品的保藏加工方法。这些养殖技术和水产品传统保藏加工方法一直延用至今。

本书是《中华农圣贾思勰与〈齐民要术〉研究丛书》的一个分册。

包括《齐民要术》与渔业发展、《齐民要术》与水产养殖、《齐民要术》与水产捕捞、《齐民要术》与水产品传统保藏加工四部分。在渔业发展方面，概述了我国渔业生产发展的历史、现状和趋势，总结了《齐民要术》对我国渔业生产发展的贡献；在水产养殖方面，围绕《齐民要术》中关于鲤鱼养殖生产的技术观点，介绍了当代淡水鱼类池塘养殖方法、技术和实践经验；在水产品传统保藏加工方面，围绕《齐民要术》中水产食品的保藏加工方法，介绍了我国水产品的部分传统保藏加工工艺。需要说明的是，《齐民要术》成书年代时，池塘养鱼刚刚兴起，没有出现鱼病防治技术，也无专门卷篇涉猎水产捕捞技术。为了保持渔业生产内容的完整性，本书一并介绍了淡水养殖生产的鱼病防治和内陆水域捕捞技术，同时对海水养殖和海洋捕捞做了简略介绍。编写中注重对《齐民要术》的传承，兼顾当代渔业生产技术的创新性、实用性和可普及性。

本书由郭龙文统筹并担任主编著，第一章由郭聪编写，第二章由郭龙文、解延年编写，第三、第四章由解延年、郭龙文编写。编写过程中，得到了潍坊科技学院水产专业博士付春鹏老师的大力协助。

本书编写中引用材料较多，有的未一一注明，谨在此说明并向原作者深表谢意。由于水平有限，书中缺点和错误在所难免，敬请广大读者批评指正。

编著者

2016 年 12 月

目 录

第一章

《齐民要术》与渔业发展

> "朱公曰：夫治生之法，有五；水畜第一。水畜，所谓'鱼池'也：……"
>
> "……养鱼，必大丰足，终天靡穷，斯亦无赀之利也。"
>
> ——摘自贾思勰著《齐民要术》卷六"养鱼第六十一"篇

中华农圣贾思勰所著《齐民要术》，是世界上现存最早、最完整、最系统的一部农业百科全书。全书共 10 卷，计 92 篇。在"养鱼"篇中保存了我国最早的养鱼专著《陶朱公养鱼经》。该篇借用威王与陶朱公对话的形式，对养殖鲤鱼方式方法及生产效益进行了分析阐述。从文字内容看，池塘养鱼是当时社会刚刚兴起的"高新技术"产业，因"治生之法有五，水畜第一"的发展前景和"养鱼，必大丰足"的良好经济效益，这项事业被放在了谋生致富的首位，可见渔业已经被当时社会政治领袖和治国贤才认定为发展潜力巨大的行业。

第一节　渔业与我国渔业

一、渔业及其分类

渔业，又称水产业。是人类开发和利用水域，采集捕捞与人工养殖各种有经济价值的水生动植物以取得水产品的社会生产部门。它以水产增养殖、水产捕捞、水产品加工和运销等为中心，构成一个生产体系。广义的渔业还包括渔船修造、渔具和渔用仪器的制造、渔港建筑、渔需物资供应以及水产品的保鲜、加工、贮藏和运销等，是国民经济的一个重要组成部门。是广义农业的重要组成部分。可为人民生活和国家建设提供食品和工业原料。

水产品自古以来是人类从自然界中获得食物的重要来源。渔业的发展，经历了由原始、古代、近代至现代各发展阶段。在原始社会的相当长时期内，采集和猎捕水产动植物是人类赖以为生的重要手段。之后，形成初级产品的产业。随着社会和科学技术的不断发展，渔业内部结构和生产技术日益完善和提高。至今，渔业同农业、林业、畜牧业等一样，成为改善人类生活和社会发展的基础产业。水产品除直接供给人类食用外，还是畜禽饲料、化工原料、医药物品和手工艺品等的重要来源。

渔业生产的对象是生活在水域中的经济动植物。渔业生产的主要特点是以各种水域为基地，以具有再生性的水产经济动植物资源为对象，具有明显的区域性和季节性。初级产品具鲜活、易变腐和商品性的特点。渔业是国民经济的一个重要组成部分。丰富的蛋白质含量为世界提供总消费量的6%，动物性蛋白质消费量的24%，还可以为农业提供优质肥料，为畜牧业提供精饲料，为食品、医药、化工工业提供重要原料。我国大陆有18 000多千米的海岸线，有辽阔的大陆架和滩涂，有20多万平方千米的淡水水域，1 000多种经济价值较高的水产动植物，发展渔业有良好的自然条件和广阔前景。

渔业按生产特性一般可分为水产增养殖业、水产捕捞业、水产品加工业。按作业水域可分为海洋渔业和淡水渔业（也称内陆水域渔业），海洋渔业又包括海洋捕捞业和海水增养殖业；淡水渔业包括淡水捕捞业和淡水增养殖业。按作业水界区分，在海洋方面可分为沿岸渔业、近海渔业、外海渔业和远洋渔业；在内陆水域方面可分为湖泊渔业、河沟渔业、水库渔业和池塘渔业等。

二、我国渔业概况

我国水域辽阔，渤海、黄海、东海、南海分布于我国的东部和南部，海域北部属亚寒带性质，南部具有亚热带、热带性质。大陆海岸线长18 000多千米，海域总面积472.7万平方千米，水深200米以内的大陆架面积约有140万平方千米，滩涂面积约2万平方千米，可供人工养殖的约1.3万平方千米。沿海河流众多，每年流入大海的径流量达1.5万多亿立方米。内陆水域，包括江湖、水库、池塘等，面积约为26.7万平方千米，可供人工养殖的达5万平方千米。

我国的水产资源种类繁多。仅鱼类就有3 000多种，其中南海有1 400多种，东海800多种，黄海和渤海200多种，内陆水域800多种。海洋甲壳类中的磷虾类约40多种、虾类300多种、蟹类600多种、头足类90多种。这些都为发展我国渔业提供了良好种质条件。

我国是世界上最大的渔业生产国。新中国成立以来，特别是改革开放 30 多年，经过几代人的艰辛探索和不懈奋斗，我国渔业从一个基础十分薄弱、生产力十分低下、作业方式单一的产业，快速发展成为一个门类较齐全、装备较先进、结构较优化、竞争力较强、生产力较高的行业，已连续 20 多年成为世界第一渔业大国，尤其是水产养殖业发展成就举世瞩目。改革开放以来，我国渔业一直坚持"以养为主"的发展方针。1988 年我国水产养殖产量达到 532 万吨，超过捕捞产量；1989 年我国水产品产量达到 1 152 万吨，跃居世界第一位，成为世界主要渔业国家；2009 年我国水产品产量首次超过 5 000 万吨；2011 年我国水产品总产量 5 603.21 万吨，其中，养殖产量 4 023.26 万吨，捕捞产量 1 579.95 万吨，养殖产品和捕捞产品的比重为 72∶28；2013 年全国水产品总量达到 6 172 万吨，占世界水产品总量的 39.5%，养殖水产品总量达 4 542 万吨，占世界养殖水产品总量的 65.3%。养殖水产品总量世界第一。目前我国是世界上唯一一个养殖水产品总量超过捕捞总量的国家。水产品出口连续 10 多年世界第一。2013 年水产品出口额首次突破 200 亿美元，达到 202.6 亿美元，占世界水产品出口总额的 15.6%，水产品国际贸易总额世界第一。2013 年我国渔业总产值达 10 104.88 亿元，占农林牧渔总产值的 9.9%。分地区来看，目前我国水产品产量在 100 万吨以上的包括山东、广东、福建、浙江、江苏、辽宁、湖北、广西壮族自治区（以下简称广西）、江西、湖南、安徽、海南、河北、四川等省区。

统计资料显示，我国水产品总产量增长迅速，年增长率维持在 3% 以上。我国成功走出了具有中国特色的"以养为主"的渔业发展道路。水产品产量的持续增长，不但拓展了食物蛋白源和优质蛋白的供给途径，也为保障我国粮食安全做出了重大贡献。随着水产养殖业的快速发展，我国渔业从业者人数激增，吸纳了大量社会劳动力。1956 年全国仅有渔业从业人员 102.4 万人，而到 2013 年，全国已有渔业劳动力 2 066 万人，增长 20 多倍。1957 年前，因国家实行的是水产品自由购销和统购统销政策，渔民收入无从考证。1978 年渔民人均收入只有 93 元；而到 2013 年，全国渔民人均收入已达 13 039 元，是 1978 年的 140 倍，是全国农民人均收入的 1.47 倍，渔业已成为渔民增收和渔业增效的重点途径，也为活跃农村经济和促进社会主义新农村建设发挥重要作用。

新中国成立初期到 1978 年，我国的水产品进出口贸易由私商自由经营或全部由国有外贸专业公司经营，进出口量和额度都不是很大。1978 年的进出口额也仅有 2.6 亿美元。改革开放特别是我国加入 WTO 后，国际水产品贸易异常活跃，2013 年水产品进出口总额达到 289 亿美元，是 1978 年的 111 倍多，水产品进出口贸易实现顺差 86.4 亿美元。出口产品经历了以海洋捕捞产品为主向来料加工和养殖产品为主的过渡，养殖产品的出口量逐年增长。水产品对外贸易的迅速发展，大大拉动了我国渔业生产和渔业经济的发展。

第二节　我国渔业的发展历史

我国地处亚洲温带和亚热带地区，水域广阔，水产资源丰富，为渔业的发展提供了有利条件。早在原始社会，捕鱼就成为人们谋生的一项重要手段。以后随着农业的发展，渔业在社会经济中的比重逐渐降低，但在部分沿海地区和江河湖泊密布区域，仍存在着以渔为主或渔农兼作的不同情况。在漫长的历史发展中，我国渔业经历了原始的、古代的、近代至当代的发展阶段，其生产规模、渔业技术，随着时代的前进得到了不断地发展。

一、水产养殖业的起始和发展

我国古代的水产养殖，唐代以前以池塘养鲤为主；宋代以后以养殖草鱼、青鱼、鲢鱼、鳙鱼为主，并在鱼苗饲养和运输、鱼池建造、放养密度、搭配比例、分鱼转塘、投饵、施肥、鱼病防治等方面，形成了一套成熟的经验，对世界养鱼业的发展，起到了积极作用。

我国是世界上最早开始人工养鱼的国家。关于养鱼起源的起始年代，目前有两种说法：一是始于殷代后期，即公元前 13 世纪；另一说法是始于西周初年，即公元前 11 世纪。到战国时代，各地的养鱼生产已普遍开展。不过这时的养鱼方法较为原始，只是将从天然水域捕得的鱼类，投置在封闭的池塘内，任其自然生长，到了需要的时候再捕捞出来。

汉代是我国真正意义上池塘养鱼的起始时期，开始利用小水体（人工挖掘的鱼池、天然形成的池塘等）进行人工饲养。西汉时代，社会经济有了较快的发展，至武帝初年，养鱼业开始进入繁荣时期，主要养鱼区在水利工程发达、人口稠密、经济繁荣的关中、巴蜀、汉中等地，这时开始选择鲤鱼作为主要养殖对象。鱼池通常有数亩面积，池水深浅也不一样，以适应所养不同规格鲤鱼的生活习性。在养殖方式上，常与水生植物兼作，在鱼池内种上莲、芡，以增加经济收益并使池塘内的鱼类获得食料来源。在鱼池四周，常种植上楸、竹等植物，以美化养殖环境。汉代还从池塘小水面养鱼发展至湖泊、河流等大水面养鱼和稻田养鱼。湖泊养鱼主要在西汉时期的京师长安。稻田养鱼始于东汉汉中地区，当地农民利用两季田的特性，把握季节时令，在夏季蓄水种稻期间放养鱼类。有的还利用冬水田养鱼。稍后，巴蜀地区也开始稻田养鱼。汉代的养鱼业得到了较大发展。

自三国时代至隋朝，养鱼业一度没落，到了唐代，重新又得到发展。唐代的养鱼技术主要沿袭汉代，养殖品种仍以养殖鲤鱼为主，但已知人工投喂饲料，以促进池鱼快速生长。随着养鱼业的发展，鱼苗的需求量增多，到唐代后期，岭南（今广东、广西等地）出现了以培育鱼苗为业的人。至昭宗（889—904在位）时，岭南渔民更从西江中捕捞草鱼苗，出售给当地耕种山田的农户饲养。据《岭表录异》载，当时的农民，将荒地垦为田亩，等到下春雨田中积水时，就买草鱼苗投放田内，一两年后，鱼儿长大，将草根一并吃尽，"既为熟田，又收渔利"，获鱼稻丰收。用这种水田种稻无稗草，所以被称为"齐民"的良法。由于大江中草鱼、青鱼、鲢鱼、鳙鱼等的繁殖期大致相同，渔民捕得草鱼苗时，也会捕得其他几种鱼苗，从而成为中国饲养这4种著名养殖鱼类（即"四大家鱼"）的起始。

北宋时期，长江中游的养鱼业开始发展。范镇《东斋记事》说，九江、湖口渔民筑池塘养鱼苗。到南宋，九江成为重要的鱼苗产区，每逢初夏，当地人都从长江中捕捞草鱼、青鱼、鲢鱼、鳙鱼等鱼苗出售，以此图利。鱼苗贩者将鱼苗远销至今福建、浙江等地，同时形成鱼苗存放、除野、运输、投饵及饲养等一整套经验。养鱼户这时将鲢鱼、鳙鱼、鲤鱼、草鱼、青鱼等多种鱼苗，放养于同一鱼池内，出现最早的混养生产。宋代还开始了中国特有的观赏鱼金鱼的饲养。金鱼起源于野生的橙黄色鲫鱼，早在北宋初年，有人将它放养在放生池内。到南宋，进入家庭养殖时期。当时出现了以蓄养金鱼为生的人。在池养过程中，开始培育出最早的金鱼新品种，如金色、玳瑁色金鱼等。随着养鱼业的发展，宋代开始进行鱼病防治。苏武《物类相感志》中记载，"鱼瘦而生白点者名虱，用枫树叶投水中则愈"。

元代的养鱼业因战争受到很大影响。为此元司农司下令"近水之家，凿池养鱼"。《王祯农书》的刊行对全国养鱼也起了促进作用。书中辑录的《养鱼经》，介绍了有关鱼池的修筑、管理以及饲料投喂等方法。

明、清时期，淡水养鱼有更大发展。养殖技术更趋完整，明黄省曾《养鱼经》、徐光启《农政全书》、清《广东新语》及其他文献都总结了当时的养鱼经验，从鱼苗孵化、采集到商品鱼饲养的各个阶段，包括放养密度、鱼种搭配、饵料、分鱼转塘、施肥和鱼病防治等都有详细记述，达到了较高的技术水平。在鱼池建造、鱼塘环境、引起泛塘的原因、定点定时喂食、轮捕等方面，都积累了丰富的经验。明代后期，珠江三角洲和太湖流域渔民，利用作物、家畜、蚕、鱼之间在食物上的相互依赖关系，创造了"果基鱼塘"和"桑基鱼塘"；同一时期，江西出现"畜基鱼塘"。混养技术也有提高，开始按一定比例混合放养多种鱼类，以充分利用水层和池塘里的各种不同食料，并发挥不同种鱼类间的互利作用，以提高单位面积产量。河道养鱼也始于明代，并在嘉靖十五年以后开始兴起。金鱼饲养在明清时期发展更为普遍，进入了盆养和人工选择培育新品种的阶段。清代养鱼仍以长江三角洲和珠江三角洲最盛。养殖技术主要继承明代的，但在鱼苗饲养方面有一定发展。屈大均《广东新语·鳞语》说，西江渔民将捕得的鱼苗置于白瓷盆内，利用各种鱼苗在水中分层的习性，将鱼苗分类撇出，出现了最早的"撇鱼法"。在浙江湖州菱湖，渔民利用有害鱼苗对缺氧的忍耐力比养殖鱼苗小的特点，以降低水中含氧量的方法，将有害鱼苗淘汰，创造了"挤鱼法"。

海水养鱼也始于明代。黄省曾《养鱼经》记述了饲养鲻鱼的情况："鲻鱼，松之人于潮泥地凿池，仲春潮水中，捕盈寸者养之，秋而盈尺"，"为池鱼之最"。《广东新语》则称，"其筑海为池者，辄以顷计"，可见规模之大。

明代后期，我国东南沿海渔民开始养殖贝类。主要养殖对象有牡蛎、缢蛏和泥蚶等。成化（1465—1487）年间，福宁州（今福建霞浦、宁德）开始插竹养殖牡蛎。至明末清初，广东东莞、新安渔民改用投石法，将烧红的石块在牡蛎繁殖季节投置海中，以利牡蛎苗的附着，一年间两投两取，产量有明显提高。缢蛏养殖主要在广东、福建沿海，泥蚶养殖在今浙江宁波。《本草纲目》《正字通》《闽书》等记述了缢蛏滩涂养殖的方法。

我国近代水产养殖业有进一步发展。淡水养鱼区主要在江苏、浙江、广东等地，其他如江西、湖北、福建、湖南、四川、台湾等地也都有一定的养殖规模。所养品种主要是青鱼、草鱼、鲢鱼、鳙鱼、鲤鱼、鲫鱼、鳊鱼等商品鱼。20 世纪 30 年代，陈椿寿等对长江和珠江水系的鱼苗进行了科学调查，摸清了我国天然鱼苗资源，并著有《中国鱼苗志》。同一时期，广西鱼类养殖实验场利用性腺成熟的亲鱼，人工繁殖鱼苗获得成功，成为中国全人工繁殖养殖鱼苗的先导。混养技术，包括品种搭配、放养比例等，也均有很大改进。20 世纪 40 年代以来，开始运用近代科学技术管理鱼池、治疗鱼病，使养鱼技术从传统的方法向近代化发展。海水养殖也有一定发展，1927 年，大连沿岸首次发现自然生长的海带，不久即进行绑苗投石的自然繁殖，1946 年，开始进行人工采苗筏式养殖，为我国 1949 年以后海带养殖业的大发展打下了基础。

二、水产捕捞业的起始和发展

从水域获取水产经济动植物的生产活动称之为水产捕捞。它是渔业最主要的组成部分。我国古代水产捕捞经历了内陆水域捕捞和沿岸捕捞两个阶段。唐代和唐代以前，捕捞主要在内陆水域进行；宋代以后，开始较大规模捕捞海洋鱼类。

在原始社会，生产力低下，人们为寻求食物而奔波。狩猎和采集，不足以维持生活，开始把生产活动从陆地扩展至水域。利用水生动植物作食物，就出现了原始的捕捞活动。

到了夏代，我国进入奴隶社会，生产以农业为主，但渔业仍占一定比重。夏文化遗址出土的渔具有制作较精良的鱼骨镖、鱼骨钩和网坠等，反映了当时的捕捞状况。《竹书纪年》载，夏王芒"狩于海，获大鱼"，说明海洋捕捞也是受重视的一项生产活动。

商代的渔业区主要在黄河中下游，捕鱼工具有网具和钓具等。商代捕捞的水产品有青鱼、草鱼、鲤鱼、赤眼鳟、黄颡鱼和鲻鱼等。商遗址还出土有龟甲、鲸骨和海贝，这些产于东海和南海，可能是交换或贡献来的。

周代是渔业的重要发展时期。捕捞工具已趋多样化。还创造了多种渔法。到春秋时代，随着铁器的使用，鱼钩开始用铁制。铁鱼钩的出现推动了钓渔业的发展。随着捕捞工具的改进，捕鱼能力也有相应的提高。《诗经》中载，当时捕食的有鲂、鲤、鳟、鲔等10余种鱼。《尔雅·释鱼》记载的更多，达20余种。近海捕鱼也有很大发展，位于渤海之滨的齐国，原先地瘠民贫，吕尚受封齐地后，兴渔盐之利，人民多归齐，齐成为大国。周代开始对渔业设官管理，《周礼·天官》载渔官有"中士四人、下士四人、府二人、史四人、胥三十人、徒三百人"，已形成一支不小的管理队伍。为保护鱼类资源，周代还规定了禁渔期，一年之中，春季、秋季和冬季为捕鱼季节，夏季鱼类繁殖，禁止捕捞。周代对渔具、渔法也作了限制，规定不准使用密眼网，不准毒鱼和竭泽而渔。秦代以来，人类生活资源的仰给重心移至五谷，"渔"猎的作用和地位明显下降，在东汉杨孚的《南裔异物志》中，业渔者就开始受到歧视性的歪曲。"业渔者类穷海荒岛之民"（沈国芳《渔业历史》）逐渐为人们淡忘乃至受到不公正的鄙薄。

汉代捕鱼业比前代更昌盛。据班固《汉书·地理志》记载，辽东、楚、巴、蜀、广汉都是重要的鱼产区，市上出现大量商品鱼。捕捞技术也有进步，徐坚《初学记》引《风俗通义》说，罾网捕鱼时用轮轴起放，说明当时已过渡到半机械操作。东汉时还创造了一种新的钓渔法，用一种真鱼般红色木制鱼置于水中，引诱鱼类上钩（王充《论衡·乱龙篇》），这成为后世拟饵钩的先导。近海捕鱼也形成一定规模，西汉政府设海丞一职，主管海上捕捞生产；汉宣帝时大臣耿寿昌曾提议增收海租三倍，以充裕国库。

魏晋、南北朝至隋的三四百年间，黄河流域历经战乱，渔业生产下降；在长江流域，东晋南渡后，经济得到开发，捕捞业继续发展。郭璞《江赋》描述长江渔业盛况说："舳舻相属，万里连樯，溯洄沿流，或渔或商"。在捕捞技术上，出现一种叫鸣榔的声诱渔法。捕鱼时用长木敲击船板发出声响，惊吓鱼类入网。在东海之滨的上海，还出现一种叫"沪"的渔法。渔民在海滩上植竹，以绳编连，向岸边伸张两翼，潮来时鱼虾越过竹枝，潮退时被竹所阻而被捕获。这时对鱼类的洄游规律也有了一定认识："介鲸乘涛以出入，鳗鲦顺时而往还"（郭璞《江赋》）。

唐代的主要渔业区在长江、珠江及其支流。渔具渔法有新的发展，有所谓一击，二突，三搔，四挟，分别以击杀，刺杀，抓把行渔的传统渔法外，网渔具，钓渔具，箔筌渔具，特种渔具，杂渔具等项，或首创其制，或改良革新，为渔业生产再辟蹊径。唐末，诗人陆龟蒙将长江下游的渔具渔法作了综合描述，写成著名的《渔具诗》，作者在序言中对所述渔具的结构和使用方法作了概述，并进行分类。此外，唐代还驯禽驯兽以渔。驯禽以渔，指的是驯养鸬鹚捕鱼。诗人杜甫在夔州（今四川奉节）居住时看到当地居民普遍豢养鸬鹚捕鱼。驯兽以渔指的是水獭捕鱼。从现有资料来看，我国古代对獭的认识先于鸬鹚，春秋时期就有獭祭鱼的说法，三国魏时，徐邈曾以它的嗜鲻习性画板诱捕。也许就在这个时候，近水渔民就已谙熟水獭捕鱼之法。但此种渔法，见于文字者，最早在唐代，即公元八世纪初期。

宋代，随东南沿海地区经济的开发和航海技术的提高，大量海洋经济鱼类得到开发利用，浙江杭州湾外的洋山，成为重要的石首鱼渔场。每年三四月，大批渔船竞往采捕，渔获物盐腌后供常年食用，有的冰藏后远销至今江苏南京以西。马鲛、带鱼也成为重要捕捞对象，使用的海洋渔具有莆网和帘等。淡水捕捞的规模也较前代为大，马永卿《懒真子》载，江西鄱阳湖冬季水落时，渔民集中几百艘渔船，用竹竿搅水和敲鼓的方法，驱赶鱼类入网。在长江中游，出现空钩延绳钓，捕江中大鱼。竿钓技术也有进步，邵雍《渔樵问对》称竿钓由钓竿、钓线、浮子、沉子、钓钩、钓饵六部分组成，这与近代竿钓的结构基本相同。这一时期，位于我国东北的辽国，已有冬季冰下捕鱼。

明初和明代后期，政府为加强海防，多次实行海禁，出海捕鱼受到限制，但海禁开放后，渔业很快得到恢复和发展。明代大宗捕捞的海鱼仍是石首鱼。生产规模比宋代更大，捕鱼技术更高，这时渔民已观测到石首鱼的生活习性和洄游路线，利用石首鱼在生殖期发声的特性，捕捞时先用竹筒探测鱼群，然后下网截流张捕。这时出现大对渔船，其中一艘称网船，负责下网起网，另一艘为煨船，供应渔需物资、食品及贮藏渔获物。由于用两艘船拖网，可使网口张开，获鱼较多，发展成浙江沿海重要渔业。与此同时，东海出现饵延绳钓，钓捕海鱼，渐次发展成这一地区的重要渔业。

清代海洋捕捞的对象进一步扩大，大宗捕捞的除石首鱼外，还有带鱼、鳓鱼、比目鱼、鲳鱼等经济鱼类数十种。捕捞技术也有进一步提高。清初，广东沿海开始用围网捕鱼。捕鱼时先登桅探鱼，见到鱼群即以石击鱼，使其惊而入网。围网的出现，为开发上层鱼类资源创造了条件。在沿海其他地区，也因地制宜，创造了种类繁多的渔具。当时的海洋渔具，有拖网、围网、刺网、陷阱、敷网、掩网、抄网、钓具、耙刺、笼壶等类。内陆水域使用的渔具也基本相同，其捕捞规模也在继续扩大，太湖渔船多至六桅。在边远地区，一些特产经济鱼类开始大量开发利用，主要有乌苏里江的鲑鳟，云南抚仙湖的鱇鱼白鱼。

19 世纪下半叶，西方工业革命推动渔业向工业化迈进。利用机动渔船进行捕鱼生产，1865 年首先出现于法国。这对海洋捕捞生产规模的扩大和作业海区的开拓都起着重要作用，并很快盛行于欧美。1905 年（清光绪三十一年），江苏南通实业家张謇会同江浙官商，集资在上海创办江浙渔业公司，向德国购进一艘蒸汽机拖网渔船，取名"福海"，每年春、秋两季，在东海捕鱼生产，成为我国机船渔业的起始。1921 年，山东烟台商人从日本引进另一种以柴油发动机为动力的双船拖网渔船，取名"富海"、"贵海"，在烟台外海生产。单船拖网渔船一般总吨位二三百吨，钢壳，主要根据地在上海，1905—1936 年，约 15 艘，经营者多是小企业主。双船拖网渔船多为木壳，一般吨位 30~40 吨，主要在山东烟台。由于它的投资少、获利厚，引进后发展很快，至 1936 年，进出烟台港的双拖渔轮在 190 艘左右。1937 年抗日战争爆发后，沿海各省相继沦陷，机动渔船损失殆尽。抗日战争胜利后，机船渔业得到恢复和发展，当时的中国国民政府在上海、青岛、台湾分别成立水产公司，另外，国民政府行政院善后救济总署、农林部也成立渔业善后物资管理处。这些机构共拥有机动渔船 100 艘左右。在大连成立的中苏合营渔业公司，有双拖渔船 20 余对。当时民营公司也有数十家，有机动渔船一百数十艘。

三、水产加工业的发展历史

我国水产加工有着悠久的历史，可追溯到秦汉以前。然而，水产加工业直到新中国成立之前，仍然设备简陋，技术落后，多数为手工作坊操作。现代化的水产品保鲜加工工厂极少，1919 年在河北省昌黎县集股创办的新中罐头股份有限公司，堪称中国现代化民族水产加工业的先声。

按水产加工的历史发展过程、采用的技术设备以及加工产品的种类性质的特点，有传统加工和现代加工之分。前者包括腌制、干制、熏制加工等，是以防止细菌腐败为主的保藏加工，后者主要包括罐头以及各种包装杀菌的食品、冷冻食品、鱼糜制品以及一些采用新的工艺设备的干制品等的加工。

我国在应用天然冰保鲜和腌制、干制、发酵等传统水产品保藏加工方面有着悠久的历史和丰富的实践经验。其中包括鱼类的冰藏、腌制、干制加工，虾类、贝类、乌贼和藻类的生干和煮干加工，如鱼翅、海参、干贝、鱿鱼、虾干以至海蜇制品等多数海珍品的加工等。我们的先人从渔猎生活时期的长期实践中逐渐知道了使用天然寒冷、日光、风力和火上熏烤等方法保藏多余的渔获物和猎获物。在从事农、畜、水产品社会生产时期，进一步形成和发展了利用天然寒冷和干制、熏制、腌制等食品保藏技术。并将保藏下来多余食物用于交换。我国早期文献《周礼》已有鱼类、肉类的干制和制酱的记载。《庄子·外物》和《孔子家语》中也有"枯鱼之肆"和"鲍鱼之肆"的记载。表明在2 000多年前，甚至更早的时期已有干鱼、咸鱼制品的加工和出售。这些传统的保藏加工方法，虽然技术设备简单、主要依靠手工加工，但它凝聚了我们先人的劳动技能和思想智慧，在以后2 000多年的渔业生产活动中，这些加工技术不断得到创新和完善，并且逐步发展成为全世界范围共通的水产品保藏加工技术，并沿用至今。制造并形成了许多风靡世界的传统水产风味食品。

19世纪初和30年代，国外科技工作者先后发明了密封加热杀菌保藏鱼品和人工制冷技术。19世纪60—90年代，现代冷冻、冷藏、制冰和罐头食品加工工业生产开始兴起，西方国家开始用冷冻压缩机制冷以冻结鱼类，成为近代水产品保鲜和加工业的起始。20世纪以来，冷冻、冷藏、人造冰和罐头、鱼粉等的生产技术相继传入我国，1908年后，我国部分沿海港口如：大连、塘沽、青岛、上海、定海、烟台、威海等地开始陆续建造小型渔用机械制冰厂。机冰的扩大使用，促进了我国水产品保鲜加工业的发展。中国近代水产罐头生产始于清末，最早生产的是江苏南通颐生罐头合资公司开始生产鱼、贝类等水产品罐头，这是中国水产品加工工业的发端。1919年，河北昌黎建成新中罐头股份有限公司，生产对虾、乌贼、鲤等罐头。此后天津、烟台、青岛、舟山、上海等地也陆续建造罐头厂，但鱼类罐头所占的比重都不大。在此期间，鱼粉、鱼油生产和制贝类钮扣等工业性加工也已开始，但产量很少。

20世纪上半叶，我国现代水产品保藏加工技术与腌干熏制传统加工工艺并列得到了发展，从而使水产品保藏加工技术由完全依靠自然气候环境条件的加工，部分地转入到依靠人工控制条件下进行的新阶段，并为提高水产品质量和扩大产品品种的现代保藏加工的发展打下了基础。但由于受到我国当时经济和社会发展环境的制约，水产品加工技术发展缓慢，水产品保藏加工的品种、数量和规模水平等远低于世界的平均水平，也低于国内捕捞、养殖生产的发展速度。中华人民共和国成立以来，随着世界经济的振兴和工业技术的发展，我国水产捕捞、养殖生产数量和规模迅速提升，也大大促进了我国水产品保藏加工业的发展。

围绕提高制品保藏性这一中心目标，同时在尽可能地扩大加工品种和提高质量的过程中，随着新的加工技术在水产制品生产中的利用率不断提高，我国近代传统的水产品加工技术也逐步得到发展。大宗产品有产于浙江沿海的黄鱼鲞、螟蜅鲞、鳗鲞等，著名海味有产于南北沿海的海参、鱼翅、鱼肚、干贝、干鲍等许多品种。

第三节　《齐民要术》对我国渔业发展的贡献

《齐民要术》是我国北魏时期贾思勰所著的一部综合性农业生产技术著作。全书分为10卷，共92篇，约11万字。该书全面总结了1 400多年前我国北方黄河中下游地区的农业科学技术，包括各种农作物的栽培、各种经济林木的生产以及各种野生植物的利用等，同时书中还详细介绍了各种家禽、家畜、鱼、蚕等的饲养和疾病防治，并把农副产品的加工（如酿造）以及食品加工、文具和日用品生产等形形色色的内容都囊括在内，是世界上现存最早、最完整、最系统的一部农业百科全书。其思想内涵、技术理论和技术方略集中体现了中国古代农业文明的博大精深，是中国农业文明史上的一个具有承前启后的里程碑，不仅一直影响着中国农业的发展，而且对世界农业发展也具有深远的影响。

一、《齐民要术》对水产养殖业发展的贡献

贾思勰在《齐民要术》卷六"养鱼第六十一"篇中，辑录《陶朱公养鱼经》（《陶朱公养鱼经》被公认为是我国最早的养鱼专著，有人认为是春秋末年范蠡所作；一般认为写成于汉代，为后人托名范蠡加工而成。原书已佚，后人所知均来自《齐民要术》）内容，对池塘养殖鲤鱼方法和养鱼效益进行了叙述。该篇文字较少，约计340字。却体现出了养鱼品种的选择、鱼池工程、优良鱼种的筛选、自然产卵孵化、密养、混养、轮捕等丰富内容和技术观点，开创了我国的科学池塘养鱼纪录，为现代养鱼技术的形成与发展，奠定了理论基础。这些技术观点，多数仍然被广泛应用在当代水产养殖实践中。现举五例。

（一）雌雄亲鱼的配比及选择技术

《齐民要术》卷六"养鱼第六十一"载："怀子鲤鱼长三尺者二十头，牡鲤鱼长三尺者四头。"此文字记述了鲤鱼的雌雄配比和亲鱼选择方法。一是挑选鲤鱼亲鱼标准体长为"三尺"（参考西汉制度量衡亩折合今制的关系：1尺相当于公制23.1厘米），参照鲤鱼体重和体长对照关系，体长"三尺"的鲤鱼折合体重约为4.0千克；二是雌雄比例为20头∶4头即为5∶1，这一雌雄数量配比，现在认为也是比较科学合理的比例。现代养鱼技术认为，亲鱼选择时，要选择性腺成熟、雌鱼最佳繁殖年龄在4~6年、体重在2.0~5.0千克；雄鱼最佳繁殖年龄在3~5年、体重在2.0~4.0千克规格的鱼较为适宜。初次性成熟和衰老期的亲鱼其怀卵量和卵的品质均较差，一般不用做亲鱼。雌鱼年满八龄，雄鱼年满六龄，繁殖后淘汰。雌雄比例一般以（5~7）∶1为宜。适当多放雄性鲤鱼，能加

速雌性鲤鱼发情。

（二）亲鱼培育的入池放养时间和对水环境要求

《齐民要术》卷六"养鱼第六十一"载："二月上庚日内池中，令水无声，鱼必生。"意即：在2月初旬的庚日，鱼放入池塘里，让水不要有声响，鱼一定可以生产。《齐民要术》中所说的"月"应为周代历法，与夏历（农历）相差两个月，"二月"相当于现在农历的12月份左右。现代养鱼技术认为，亲鱼放入培育池的时间，一般在水温较低的初冬；鲤鱼的产卵季节随地区而异，经过培育达到性成熟的鲤鱼亲鱼，3—8月均可产卵，以4—6月为盛产期，为分批产卵型。鲤鱼亲鱼产卵一般在浅水湖湾或河湾水草丛生地带，朝阳、背风，需要水环境的稳定与安静，这些现代繁殖技术要点与《齐民要术》中所载要求相似。

（三）鱼池修建要仿照鱼类生活的自然环境

《齐民要术》卷六"养鱼第六十一"载："以六亩地为池（按西汉制1亩相当于今制0.6912市亩，或后魏制1亩相当于今制1.016市亩），池中有九洲。……在池中周绕九洲无穷，自谓江湖也。""池中九洲、八谷，谷上立水二尺，又谷中立水六尺，……"。"九州"相当于我们现代养鱼池塘中修建的人工岛，"八谷"可释义为8条深沟或8个深洼，即池底深浅不一，有"谷上立水二尺"的浅水区，有"谷中立水六尺"的深水区。这样建造鱼池，就是使池塘环境尽量与鱼类生活的自然环境相类似。这也是当前倡导的生态高效养鱼技术对池塘环境的基本要求。

（四）提出了"轮捕"的养殖方式和技术观点

《齐民要术》卷六"养鱼第六十一"中载："至明年：得长一尺者，十万枚；长二尺者，五万枚；长三尺者，五万枚；长四尺者，四万枚。留长二尺者二千枚作种，所余皆货。……"（【释文】：到了第三年，可得到1尺长的10万尾，2尺长的5万尾，3尺长的5万尾，4尺长的4万尾。留长2尺的2 000尾作鱼种，其余的全部卖出。……）。这种养殖方式，类似于现代养鱼技术中的"轮捕轮放"。轮捕轮放是现代池塘养鱼中常用的养殖方式，也是获得高产稳产的重要技术措施之一。该养殖方式就是在一次或多次放足鱼种的基础上，根据鱼类生长情况，到一定时间捕出一部分达到商品鱼规格的食用鱼，再补放一些鱼种，以保证较合理的养殖密度，有利于鱼类生长，从而提高鱼产量，同时保证常年有鲜活鱼上市，适应市场需求，还能为翌年生产提供充足的大规格鱼种。

（五）提出了"鱼鳖混养"和"鱼藕混养"模式的雏形

《齐民要术》卷六"养鱼第六十一"中载："以六亩地为池，池中有九洲。……至四月，内一神守；六月，内二神守；八月，内三神守。'神守'者，鳖也"；种莼、藕、莲、芡、芰附中载："种藕法：春初，掘藕根节头，著鱼池泥中種之，当年即有莲花。"，两段文字叙述，提出了"鱼、鳖混养"和"鱼、藕混养"的模式。汉代末年，养鱼业进入繁荣时期，这时开始选择鲤鱼为主要养殖对象。在养殖方式上，常与水生植物兼作，在鱼池内种上莲、芡，以增加经济收益并使池鱼获得食料来源。这无疑是我国当代淡水生态养殖的常见模式，如渔—农综合经营型、渔—牧综合经营型、渔—农—牧多元综合经营型、渔—菜温室养殖型等模式的雏形。池塘内放置"神守"，从文中叙述看，虽不是真正意义上的"鱼鳖混养"，但无疑为我国淡水池塘养鱼中混养技术的形成与发展提供了一定启示。

二、《齐民要术》对水产品加工业发展的贡献

贾思勰在《齐民要术》卷八"作酱法第七十"、"作鱼酢第七十四"、"脯腊第七十五"、"羹臛法第七十六"、"蒸魚法第七十七"、"脏腤煎消法第七十八"和《齐民要术》卷九"炙法第八十"等篇中，比较详细的记述了制作鱼酱、虾酱、储藏蟹，制作鱼酢（酢：调味用的酸味液体。也作"醋"）以及脯腊、羹臛、蒸魚、脏腤煎消、炙等的水产食品制作方法40余种。如在"作酱法第七十"篇中，介绍了"制作鱼酱的方法"、"制作干鲚鱼酱的方法"、"制作虾酱的方法"、"制作鲑鲑的方法"、"储藏蟹的方法"等10种保藏、加工水产品的方法工艺；在"作鱼酢第七十四"篇中，介绍了7种不同鱼酢的制作方法，如："作裹酢的方法"、"作蒲酢的方法"、"作鱼酢的方法"、"作长沙蒲酢的方法"、"作干鱼酢的方法"等，在"脯腊第七十五"篇中，介绍了3种鱼类脯腊的制作方法，如："作鳢鱼脯的方法"、"作五味脯的方法"、"作浥鱼的方法"等。这些方法和工艺，不但未见于以前农书，也未见于以前任何文献，有着很重要的技术内容和史料价值。下面是从《齐民要术》相关篇目中摘录的几种制作方法，以供欣赏。

（一）卷八"作酱法第七十"藏蟹法

【原文】九月内，取母蟹。（母蟹脐大，圆，竟腹下；公蟹狭而长。）得则著水中，勿令伤损及死者。一宿，则腹中净。（久则吐黄，吐黄则不好。）先煮薄糖饧。（饧，薄饧。）著活蟹于冷饧瓮中，一宿。煮蓼汤，和白盐，特须极咸。待冷，瓮盛半汁；取饧中蟹，内著盐蓼汁中，便死。（蓼宜少著，蓼多则烂。）泥封。二十日。出之。举蟹脐，著姜末，还复脐如初。内著坩瓮中，百个各一器，以前盐蓼汁浇之，令没。密封，勿令漏气，便成矣。特忌风里，风则坏而不美也。

【释文】作藏蟹的方法：9月里，收取母蟹。（母蟹脐大，形圆，整个腹下都是脐占着；公蟹脐狭而长。）得到，就放到水里面，不要让它们受伤受损或死亡。过一夜，腹部里面就洁净了。（放的太久，就会"吐黄"，吐黄就不好了。）先煮

一些稀饧水。（饧，就是稀的饧。）把水里过了夜的活蟹，放在盛饧水的瓮里，过一夜。煮些蓼汤，加上白盐，务必要作得极咸。等盐蓼汤冷了，用瓮盛半瓮这样的盐蓼汁，把饧水里裹浸的蟹，移到盐蓼汁里面，蟹就死了。（要少搁些蓼，搁多了蓼，蟹就会坏烂。）瓮口用泥封着，过20天，取出来。揭开蟹脐，放些姜末下去，依然盖上脐盖。放到坩瓮里面，一个容器放100只。用原来的盐蓼汁浇下去，让水淹过蟹上面。密封，不要漏气，就成了。特别留心，忌遭风吹。风吹过，容易坏，坏了就不鲜美了。

（二）卷八"作鱼鲊第七十四"作干鱼鲊法

【原文】尤宜春夏。取好干鱼——若烂者不中。……截却头尾，暖汤净疏洗，去鳞。讫，复以冷水浸。一宿一易水。数日肉起，漉出，方四寸斩。炊粳米饭为糁，尝，咸淡得所；取生茱萸叶布瓮子底。少取生茱萸子和饭，——取香而已，不必多，多则苦。一重鱼，一重饭，（饭倍多早熟。）手按令坚实。荷叶闭口，（无荷叶，取芦叶，无芦叶，干苇叶亦得。）泥封，勿令漏气，置日中。春秋一月，夏二十日便熟，久而弥好。酒、食俱入。酥涂火炙特精，"眶"之尤美也。

【释文】干鱼作鲊的方法：春季夏季作特别相宜。取好的干鱼——若烂了的不合用……切去头和尾，热水洗净，去掉鳞。都作完了，再用冷水浸，每天换一次水。过几天，肉发涨了，沥去水分，切成4寸见方的块。将粳米炊成饭来作糁，尝一下，将咸淡调节到合宜。取生茱萸叶铺到瓮底。取一点点茱萸子和在饭里面—只要取得一些香气，不必多用，多了味道苦。一层鱼，一层饭，（饭多，就熟得早。）手按压一下使其紧实。用荷叶遮住瓮口，（没有荷叶用芦叶，芦叶也没有时，用干苇叶可以。）用泥封好，不让它漏气，放在太阳里面曝晒。春季秋季，过一个月；夏季，过20天，就熟了。越久越好。下酒下饭都合适。如果用油涂过在火上烤熟特别精美，做成"眶"就更加好了。

（三）卷八"羹臛法第七十六"菰菌鱼羹

【原文】"鱼，方寸准。菌，汤沙中出，擘。先煮菌令沸，下鱼。"又云："先下，与鱼、菌、茱、糁、葱、豉。"又云："洗，不沙。肥肉亦可用。半奠之。"

【释文】菰菌鱼羹做法："鱼，切成1寸见方的'准'；菰菌先在开水中渫（除去污泥）过，劈破。先把渫过的菰菌煮沸，然后放鱼片。"又一说："先下菌，再下鱼和米糁、葱、豆豉。"又一说："菰菌洗净，不要渫。肥肉也可以用。盛半碗供上席。"

（四）卷八"胚腤煎消法第七十八"腤鱼法

【原文】用鲫鱼，浑用；软体鱼不用。鳞治。刀细切葱，与豉、葱俱下。葱长四寸。将熟，细切姜、胡芹、小蒜与之。汁色欲黑。无酢者，不用椒。若大鱼，方寸准得用。软体之鱼，大鱼不好也。

【释文】腤鱼法：用鲫鱼，整条的用；软鱼不用。去掉鳞，整治洁净。葱用刀切细碎，连豆豉连葱一起下水。葱段 4 寸长。快熟时，将生姜、胡芹、小蒜切细加进去。汤要黑色。如果没有放醋，就不要加花椒。如果是大条鱼，可以切成 1 寸见方的"准"用。软鱼，大鱼也不好。

（五）卷九"炙法第八十"酿炙白鱼法

【原文】白鱼，长二尺，净治，勿破腹。洗之竟，破背，以盐之。取肥子鸭一头，洗，治，去骨，细锉；酢一升，瓜菹五合，鱼酱汁三合，姜橘各一合，葱二合，豉汁一合，和，炙之，令熟。合取，从背入著腹中，弗之，如常炙鱼法，微火炙半熟。复以少苦酒杂鱼酱豉汁，更刷鱼上，便成。

【释文】作酿炙白鱼的方法：2 尺长的白鱼，整治洁净。不要破肚皮，洗完后，从背上破开，掏去内脏加些盐进去。取一只肥的仔鸭，宰好，洗净，整治，去掉骨头，斫碎；加 1 升醋，5 合瓜菹，3 合鱼酱汁，姜和橘皮各 1 合，2 合葱，1 合豉汁，调和好，炒熟。将熟了的鸭肉，从鱼背灌进肚皮里，用串串起来，像平常炙鱼的方法，慢火烤到半熟。再用少量的苦酒，和上鱼酱豉汁，刷在鱼上，就成了。

以上摘录及其《齐民要术》中记载的每一种水产食品的制作方法，都对产品的制作季节、食材的选用、配料的选用及数量配比、制作步骤及注意事项等做了详尽的介绍和解释。这些传统的制作方法和工艺，随着时代的发展和科学技术的进步以及人们生活水平的提高，有些制作方法已经作了改进和创新，但多数制作方法仍被人们所采用，部分制作工艺甚至走出了国门，传到了日本、韩国以及南亚等很多国家和地区，从《齐民要术》中传承下来的传统制作工艺制成的水产食品，已经成为不少国家人民餐桌上不可或缺的美食。

第四节　我国当代渔业发展概况

一、发展历程及主要成就

我国当代渔业经历了恢复、发展、徘徊和再发展的过程。在新中国成立以前，我国历史上最高水产品总量是 1936 年的 150 万吨，到 1949 年仅为 45 万吨。新中国成立后，在中国共产党和人民政府的领导下，实行社会主义改造，解放了生产力，渔业很快获得恢复和发展。到 1952 年，产量已达 160 万吨。在第一个"五年计划"末的 1957 年，产量达 312 万吨，年均增长率为 13.4%。1958 年间，全国海洋渔船实现机帆化，淡水养殖发展了人工繁殖，海水养殖中推广了海带南移等，使渔业经济有所发展。但随后因"大跃进"和"十年动乱"的影响，在生产上违背了客观规律，重海洋、轻淡水，重捕捞、轻养殖，重生产、轻加工，重产量、轻质量；盲目增船增网，忽视渔业环境保护和水域生态平衡，致使近海和内陆水域的一些经济水产资源过度利用，造成严重衰退，水产捕捞产量在20世纪60和70年代处在二三百万吨徘徊的状态，水产养殖也未得到应有的发展。1979年全国开始实行改革开放，渔业着重调整产业结构，强调"合理利用资源，大力发展养殖，着重提高质量"；1985年进一步采取了"以养为主，养殖、捕捞、加工并举，因地制宜，各有侧重"的发展方针。由此，我国渔业走上持续健康发展的轨道。

中华人民共和国成立以后，特别是改革开放30多年来，我国的渔业生产在中国共产党的正确领导下，通过政策带动、市场推动、科技驱动和几代渔业人的艰苦奋斗，获得了迅猛发展，取得了辉煌成就。不但成功解决了人民群众水产品有效供给问题，而且走出了一条"以养为主"的渔业发展道路，谱写了中国渔业发展史上壮丽的篇章。60余年间，全国年水产品总量从1949年的44.8万吨增加到2012年的5 907.68万吨，水产养殖总量从1949年的11万吨左右（其中淡水养殖10万吨，海水养殖1万吨）猛增到2012年的4 288.36万吨。现在我国水产养殖产量已占世界总产量的70%。2012年全国水产养殖面积已达到808.84万公顷，其中淡水养殖面积590.75万公顷，海水养殖面积218.09万公顷。2012年我国水产品出口量380.12万吨，出口额189.83亿美元，水产品出口额占我国农产品出口额比重达到30%。2012年水产品加工业产值3 147.68亿元。水产养殖和水产品加工业作为农业的重要产业之一，已经成为促进农村产业结构调整、增加农民收入、保障食品安全、优化国民膳食结构和提高农产品出口竞争力的重要支撑。

二、水产养殖

新中国成立后，我国的淡水养殖取得了举世瞩目的成就。养殖水域不断扩大，从原以长江和珠江三角洲一带为主，几乎扩展到全国的所有水域；水域利用上，已从池塘向江河、湖泊、水库等大水面发展；积极推行科技兴渔，养殖单产大幅度提高，出现大量的万亩连片的高产典型；人工育苗技术的使用、良种选育推广体系的建设和养殖模式的发展，使鱼类养殖对象从传统的青、草、鲢、鳙、鲤、鲫、鲂发展到现在杂交鲤、国外引进的非鲫、虹鳟等20多种，基本实现了养殖对象的原种化、良种化；除鱼之外的其他品种如河蟹、罗氏沼虾、鳖等名、特、优品种的养殖也得到较广泛的推广。到2009年，我国经过人工选育的水产养殖新品种已达 87 种，大宗淡水鱼新品种 34 种之多，占我国水产养殖新品种的 39%。

我国政府十分重视水产养殖业的应用基础理论研究，20 世纪 50 年代，在总结我国池塘养鱼技术经验的基础上提炼出的"水、种、饵、密、混、轮、防、管"八字精养法，高度概括了有中国特色的综合养殖经验与技术理论。综合运用生态条件与内在生理因素相关原理，鲢、鳙、草、青四大家鱼人工繁殖技术相继成功，并研究完善了亲鱼培育、催情产卵和受精卵孵化等综合技术，从根本上解决了"四大家鱼"鱼苗供应问题，彻底扭转了淡水养殖业受天然苗量限制、丰欠难保的被动局面，亦为其他水产养殖对象的人工繁殖奠定了技术基础。尤其是《中国淡水养殖学》等水产养殖经典著作的问世，代表着我国淡水养殖科学发展到了一个新的水平。20 世纪 60—70 年代，我国水产科技工作者在生产实践中总结发展形成了养鱼池生态学与食用鱼养殖技术、稻田养鱼生态系与综合技术、鱼类养殖种类结构与养殖方式、内陆大型水域鱼类增养殖应用基础理论与综合技术等一系列成果。80 年代，随遗传育种和渔业生物技术的发展所获得的如：异育银鲫、建鲤和颖鲤等新养殖对象获得推广应用；网围、网拦和网箱"三网"养殖技术发展迅速；90 年代，逐步发展起和引进中华鳖、中华绒螯蟹、淡水白鲳（短盖巨脂鲤）、斑点叉尾鮰等名特优新养殖对象；鱼类营养和饲料配方研究及淡水鱼病防治技术的进展，尤其草鱼出血病防治技术和淡水鱼类暴发性流行性病研究成果，为淡水养殖的快速发展提供了可靠的技术保障，发挥了极为重要的作用。

新中国成立后，我国海水增养殖也得到了长足发展。20 世纪 50 年代，我国科技人员努力攻关，取得了海带自然光低温育苗、筏式全人工养殖、施肥养殖、高产高碘新品种培育、海带南移等多项成果，极大地促进了我国海带养殖业的发展，其中海带南移是中国养殖史上的一大创举。60 年代突破的紫菜（坛紫菜和条斑紫菜）丝状体集中成熟和壳孢子集中放散人工采苗工艺与养成技术，促使紫菜成为继海带养殖后的第二大海藻养殖业。70 年代贻贝养殖获长足发展。80 年代扇贝海区采苗和人工育苗技术及鲍鱼养殖技术的成功，加之引进海湾扇贝，极大地促进了贝类养殖业的发展。中国对虾亲虾培育、育苗用水处理、水质环境控制、幼体饵料培养等对虾全人工繁殖关键技术的突破，使我国对虾人工育苗技术跃居世界先进行列，满足了对虾养殖和放流增殖的生产需要，为我国对虾养殖业的大发展做出了贡献。90 年代海水鱼类，如真鲷、黑鲷、牙鲆、梭鱼、河鲀、鲈鱼、石斑鱼等养殖技术获得生产性突破，引进虾夷扇贝、斑节对虾等名优养殖对象以及病害防治技术方面取得重大进展，养殖对象不断增加，除传统的牡蛎、缢蛏、蚶、蛤和紫菜外，还有海带、江篱、贻贝、扇贝、鲍、海参、对虾、梭鱼、鲻鱼、石斑鱼、鲷、牙鲆等 30 多种，促进了海水养殖业的持续发展。此外，在海洋渔业资源增殖方面，尤其是渤海对虾资源增殖研究与生产性放流，成效显著。渔业水域环境生态学和容量学方面，也取得了显著进展。

20 世纪 70 年代以后，随着我国渔业生产结构的调整，沿海地区重视发展海水养殖，到 70 年代末，我国海水养殖年产量已从 70 年代以前的年产量 10 万余吨增加到 40 万吨，1987 年超过了 100 万吨，1988 年达到 142 万吨，成为世界海水养殖第一大国。我国海水养殖实现了"以虾带贝、虾贝并举、以贝保藻、以藻养珍"的良性循环。目前我国海水养殖种类已达 100 余种，年产量超 10 万吨的就有牡蛎、贻贝、扇贝、蛤、缢蛏、对虾、海带、紫菜等。海水养殖产量约占全球海水养殖总产量的 80%。2008 年，我国海水养殖产量 1 340 万吨，占国内海洋水产品产量的 51.6%，超过了海洋捕捞，这个数字也意味着我国产出了世界海水养殖总量的 1/3。

三、水产捕捞

水产捕捞可分为海洋捕捞和淡水捕捞。水产捕捞在我国渔业中一直居有重要地位，其中海洋捕捞占有更为重要的地位。

新中国成立初期，由于以往战争的破坏，我国渔业生产一直处于停顿状态。为了尽快恢复生产，全国各地将物力、财力和人力资源集中起来发展捕捞业。据统计，从 1953 年到 1957 年仅仅 4 年的时间，我国的机帆船数量就由 14 艘发展到 1 029 艘，大大促进了捕捞业的发展。到 1957 年，我国渔业的捕捞产量达到 243 万吨，占到水产品总量的 78%，成为渔业发展的支柱。在"大跃进"的热潮中，为了实现制定的超负荷的渔业生产指标，渔业全面出击，"百业下水"，"淡季变旺季"，甚至冲破禁渔期、禁渔区、大鱼小鱼一起捕。由于一系列的滥捕行为，传统的渔业经济种类资源受到严重破坏，海洋渔业资源的种群结构发生了较大变化。据统计，"十年动乱"中，主要经济鱼类的比重由原来占总产量的 46% 下降到 28%。其中中国海洋四大经济品种的年均产量下降尤其迅速，大黄鱼由最高年产量 19 万吨下降到 9 万吨；小黄鱼由最高年产量 16 万吨降到零的状态；墨鱼由 6 万~7 万吨下降到 2 万~3 万吨；带鱼由 57 万吨下降到只有 30 万吨。

党的十一届三中全会后，为了发展渔业经济，在党和政府的领导下，渔业部门实事求是的制定了一系列渔业发展的方针和政策，极大地促进了渔业经济的发展。1978 年 9 月，党中央在《关于加快农业发展若干问题的决定》中指出：一定要正确地、完整地贯彻执行"农林牧副渔同时并举"的方针，水产捕捞业又迎来快速发展的 10 年。1988 年海洋捕捞产量为 463.3 万吨。海洋捕捞产量主要来自机动渔船。1988 年全国拥有机动海洋渔船 21.7 万艘、556.62 万千瓦，比

1978 年分别增加了 4.56 倍和 1.77 倍，但平均每艘千瓦数 1988 年为 25.59，比 1978 年减少了一半。1988 年从事海洋捕捞的劳动力有 125.5 万人，其中专业劳动力占 76.65%，兼业劳动力占 23.35%，比 1978 年分别增加了 52.49%、45.97%、78.65%。同时也说明这 10 年内，小型渔船和兼业渔民过度发展，给近海水产资源增加了难以承受的压力，致使主要经济捕捞对象产量出现明显下降趋势。例如，大黄鱼 1987 年的渔获量比 1978 年减少了 80.64%，带鱼在 1983—1988 年期间产量减少了约 20%。在此期间，海洋捕捞作业结构也进行了调整，有目的地发展了流刺网和钓类作业，1988 年其产量分别比 1978 年增加了 3.82 倍和 1.82 倍。为了实现渔业的快速发展，1985 年党中央、国务院向全国发出《关于放宽政策、加速发展渔业的指示》文件，明确了渔业发展"以养殖为主，养殖、捕捞、加工并举，因地制宜，各有侧重"的方针。在以"养殖为主"的方针指导下，各地渔业机构根据国家的有关政策，按照自然规律和经济规律，因地制宜地制定了一系列具体政策、措施，充分调动了广大渔民利用水域、滩涂资源，大力发展水产养殖生产的积极性。因此，这一时期养殖业发展十分迅速。为恢复近海水产资源，20 世纪 80 年代起，我国积极发展资源增殖，人工放流、保护渔业生态环境、进行投放人工鱼礁的试点、以及实行禁渔区、禁渔期，使近海水产资源得到保护和生息。

我国的远洋渔业起步于 1985 年，以过洋性渔业为主。1984 年我国远洋渔业船队开始在北太平洋海域试捕后，1985 年先后派出渔船队进入中东大西洋海域正式投入远洋渔业生产。到 1988 年年底，我国已与 20 多个国家建立渔业合作关系，有近百艘渔船在太平洋、大西洋、印度洋等海域从事捕捞生产，并已具有捕捞 10 万吨产量的生产能力。1997 年，国务院针对中国海洋渔业提出，要实现中国内海渔业的零增长，转而大力发展远洋捕捞业。2009 年远洋捕捞产量 98 万吨。虽然产量不及近海渔业的 1/10，但我国已跻身世界远洋渔业大国。

远洋渔业为我们餐桌上带来一批陌生的鱼类，例如，秋刀鱼、竹荚鱼、鳕鱼、柔鱼（大洋性鱿鱼）、金枪鱼。我们未来的餐桌上，还可能出现更多未见过的水产新品种。这些域外海产，正在丰富和改变着我们的饮食传统。但很可惜，中国的远洋渔业起步太迟。1994 年底《联合国海洋法公约》生效，地球上近 36% 最富饶的公海变成了沿岸国家的专属经济区。公海更加贫瘠，捕捞成本更高，捕捞配额的争夺也更激烈。中国远洋渔业的发展空间也很有限。远洋渔业并非救渔之道。专家认为"我们还是多重视沿岸海域的保护，发展栽培渔业，增殖放流等。沿岸渔业的成本最低。"从渔业资源的角度看，多少个太平洋也抵不上我们一个东海。我们要珍惜自己的近海。

我国的内陆水域捕捞生产，在新中国成立以后的前 10 年，随着生产关系的改变，生产力大大提高，鱼类资源得到了充分的利用，产量迅速上升。1960 年比 1950 年增长了 82.6%。1960 年以后，也曾因受围垦造田、截流、污染和滥捕等影响，产量从 1960 年的 66.8 万吨下降到 1978 年的 29.6 万吨，降为新中国成立以后最低的年产量。80 年代初以来，采取了保护水域环境、控制围垦、增殖资源、定期封湖禁渔等措施，生产得到恢复。1988 年的产量已达 65.7 万吨。1991 年首次突破 100 万吨，达到 100.39 万吨。1992—1999 年间，淡水捕捞产量稳步提高。2003 年，产量达到 213.28 万吨。2010 年为 228.94 万吨。

四、水产品加工和贸易

在我国渔业发展的每个重要时期，水产品加工和综合利用都发挥了重要作用。我国水产品加工在腌、干、熏、发酵等方面具有其独特的传统，但在现代化的保鲜和加工方面离世界发展水平还存在差距。

新中国创立之初，国营水产企业以盐干鱼为加工重点，保鲜只能以利用天然冰为主。1958 年广泛地开展了水产加工综合利用的试验研究工作，并取得许多可贵的经验。除了冷冻、盐干以外，出现了制罐、卤制、熟制、熏制、糟制等许多新的水产加工方法。加工产品共计 120 种，其中食品为 35 种，药品及制药原料为 42 种，工业原材料为 35 种，农业肥料和农药为 6 种，饲料为 2 种。

20 世纪 60 年代，水产加工没有多大起色，其发展相当缓慢。进入 20 世纪 70 年代，水产品保鲜、加工、储运工作跟不上渔业生产的步伐，水产品变质腐烂严重，市场供应趋向紧张。然而，不适于鲜销的马面鲀的大量登场，激发了以马面鲀为原料的食品加工和综合利用的研制，我国科技人员研究开发了深受国内外市场欢迎的马面鱼片干等产品，使价值很低的马面鱼成为味美的鱼片，价值提高了几十倍。紫菜，经粗加工到精加工，生产薄如纸张的紫菜产品，除畅销国内市场外，还大量出口日本等国家，大大促进了紫菜养殖的发展。为后来的水产加工新发展构建了平台。由于"三年经济困难"和"十年动乱"，加上水产资源的不断恶化，水产品市场供应日趋紧张，从而使一度蓬勃兴起的加工综合利用缺乏后劲。进入 20 世纪 80 年代，除海带发展为新兴的海藻工业外，其他水产加工基本上未能保持住原有的发展势头。直到 20 世纪 80 年代中期，我国水产加工业犹如"一把刀，一把盐，赶着太阳晒几天"所描述的那样，加工技术非常落后。在这期间，由于低温物流不发达，水产加工主要以海水鱼为中心，且以常温下能够长期保存的制品，特别是以盐干鱼为主。然而，淡水鱼就不同，以蓄养方式得到保存，并在近距离之内以鲜活形态销往市场。

从 20 世纪 80 年代后期起，随着水产冷库的普及和加工技术的增进，上述状况趋向改善。在沿海城市的经济开发区或加工园区，招揽日本、韩国等水产先进国家的加工企业，一方面通过经营合资企业、合营企业、外资企业等筹集国外资本、引进先进设备和导入加工技术；另一方面，水产加工业的发展得益于政府部门的扶持和企业的努力，涌现出许多龙头企业，带动和促进了水产加工业的全面发展。至 80 年代末，我国在现代化的保鲜和加工方面已连续取得突破性进展，以冷库为依托的水产品加工体系已基本形成。1988 年，全国已建成水产冷冻加工厂 1 500 多座，冷库 1 200 多座。1988 年全国冷冻水产品 112 万吨，冷藏品 7 724万吨/日，腌干品 7.1 万吨，罐制品 3.1 万吨，熟食品 2.4 万吨，鱼片 0.8 万吨。其他还有小包装水产品、方便食品、营养食品，海藻工业性利用、珍珠加工等都有较大发展。

20 世纪 90 年代以来，中国水产加工业顺应市场需求，积极调整产品结构。通过发展水产品精深加工，增进了水产品二次、三次加工附加值的提升。使水产加工商品系列化、多样化和高附加值化，从过去的腌制、干制、熏制、糟制等传统加工向鱼糜制品、罐装和软包装加工、紫菜加工、烤鳗加工、冷冻制品加工等现代加工方向发展。从而使鱼丸、鱼卷、鱼饼、鱼香肠、鱼点心、鱼糕、鱼排、模拟食品等加工产品的质量也得到大幅度提高。近年来，主要非食用加工品中，珍珠加工急剧增长，但鱼粉增长已开始徘徊；主要食用加工品中，传统的干制品停滞增长，海藻加工品、鱼糜制品、罐制品急剧增长。尤其是鱼糜制品，已发展到具有地方风味的鱼丸、鱼饼、鱼糕、鱼香肠等多方面的即席食品，其产量 2006 年达到 56.49 万吨，与 1996 年的 8.24 万吨相比增长近 7 倍；2006 年罐制品产量达到 22.37 万吨，与 1996 年的 2.05 万吨相比增长近 11 倍。我国水产加工贸易不断提升。2006 年，出口水产加工产品的数量和金额各占出口水产品总量和总额的 76.38% 和 77.46%。加工产品不仅是水产品出口的主力军，也是扩大水产品出口市场的生力军。水产加工产品出口促进了水产加工产业规模的持续增长。

随着我国水产加工业不断发展，水产加工制品除传统的腌、干制品外，水产罐头、冻鱼、鱼粉、鱼油、鱼肝油、鱼糜等制品产量也开始迅速增加。海带制碘加工已形成完整的加工体系。各种生熟水产品小包装已经成为水产加工的重要途径。目前，我国已形成了冷冻冷藏、腌熏、罐藏、调味休闲食品、鱼糜制品、鱼粉、鱼油、海藻食品、海藻化工、海洋保健食品、海洋药物、鱼皮制革及化妆品和工艺品等 10 多个门类的比较完善的加工体系，有的产品生产技术已步入世界先进行列，烤鳗、鱼糜制品、紫菜、鱿鱼丝、冷冻小包装、藻类食品、鱼油和保健品以及大批综合利用产品等几十种水产加工品的质量，已达到或超过世界先进水平。其发展模式已由外延扩张型向内涵增进型转变。水产品加工和综合利用的发展，还安置了渔区大量的剩余劳动力，带动了一批相关行业如加工机械、包装材料和调味品等的发展，也对整个渔业的发展起到了重要作用。

从整个渔业来看，与捕捞、养殖等渔业第一产业部门相比，水产加工的发展还相对滞后。水产加工和渔业生产双方的不均衡发展问题，至今还未得到充分解决。如从 20 世纪 80 年代后期起，渔业内陆养殖蓬勃发展。2000 年以来，其产量一直超过渔业海洋捕捞产量。2006 年内陆渔业产品产量达 2 402.73 万吨，占据渔业总产量的 45.42%，但是，其加工率仅为 9.61%；内陆渔业产品市场供应饱和，价格长期低水平徘徊。淡水鱼保鲜加工滞后已成为制约内陆渔业发展的瓶颈。

第五节　我国当代渔业发展特点与趋势展望

一、我国当代渔业发展的特点

我国渔业经过 60 多年的发展，从一个"可有可无"的副业地位迅速成长为繁荣农业和农村经济、促进农民增收的重要产业。1949 年，全国渔业总产值仅有 0.6 亿元，占农业总产值（271.8 亿元）的 0.2%；1978 年，渔业总产值已增加到 20.3 亿元，提高到占农业总产值的 1.4%；改革开放后，渔业产业结构不断优化升级，产值也迅速增加，到 2013 年，渔业总产值已实现 10 104.88 亿元，渔业产值占大农业的比重上升至 10%左右。现在，我国渔业经过改革开放以来的高速发展期和进入 21 世纪以来的不断调整优化，已经步入一个持续、稳定、健康的发展阶段。其主要特点有以下几个方面。

（一）产业结构进一步优化，产业素质明显提高

改革开放以来，由于我国对渔业经济体制和价格体制进行了改革，极大地调动了渔民发展生产的积极性，使我国渔业走上了一个快速发展的阶段，水产品产量大幅度提高，自 1990 年起连续位居世界第一位。渔业的发展不仅满足了人们的水产品需求，扩大了水产品出口，而且为调整和优化农业产业结构，增加渔民的收入做出了重要的贡献。近年来，随着渔业的不断发展，我国渔业经济增长方式开始发生重大转变，从过去单纯追求产量增长，转向更加注重质量和效益的提高，注重资源的可持续发展。为了减缓海洋捕捞产量高速增长对资源造成的压力，对海洋渔业结构实行战略性调整。自 1999 年开始，我国首次提出海洋捕捞产量"零增长"的目标，后又进一步提出"负增长"的目标，对海洋捕捞强度实行了严格的控制制度。自 2002 年起，为减缓新的海洋制度实施对我国海洋渔业造成的影响，国家实施了海洋捕捞渔民转产转业工程，连续 3 年由中央政府出资对渔民报废渔船实施补贴，引导渔民压减渔船，退出海洋捕捞业。近年来我国水产品产量增长幅度保持在 3%~4%左右，呈现稳定发展的态势，其中养殖产量

增长幅度较大，而捕捞产量呈现整体平缓的趋势。

由于国家加大了渔港和渔业基础设施建设的投入，并在产业政策上予以扶持，我国渔业整体素质和现代化水平有一定提高；同时由于坚持了以市场为导向，及时对产品结构和生产方式进行调整，狠抓产品质量，使渔业效益明显提高，渔业产值和渔民收入有了较大幅度增长。

（二）水产养殖继续保持快速发展的态势，而且发展的质量和效益明显提高

1978 年改革开放以后，我国确立了"以养为主"的渔业发展方针，水产养殖业得到了持续快速的发展。1990 年，我国水产养殖产量首次超过捕捞产量，实现从"以捕为主"向"以养为主"的历史性转变。水产养殖结构不断调整成效明显，产业结构不断优化。主要养殖经济品种从过去的几个大众品种发展到现在上规模的 50 多个品种。南美白对虾、罗非鱼、小龙虾等经济价值较高的品种成为主导品种，并带动了加工、出口等相关产业的发展，养殖综合发展能力不断增强。区域化布局更加清晰，资源优势逐渐凸显。水产品的市场竞争，加快了资本的流动和养殖开发格局的重组，强化了优势产业。如西部冷水鱼和特色水产养殖发展渐成规模。区域优势的凸显和主导养殖品种形成了规模经济效益，增强了我国养殖产品的市场竞争优势。养殖方式呈多样化发展，集约化程度不断提高。养殖实现了从传统养殖方式向现代养殖方式的转变，我国水产养殖集约化水平大大提高，养殖商品率和加工率不断提高。水产养殖功能扩展，养殖社会效益不断增强。水产养殖除提供动物蛋白，正向集食用观赏、休闲、娱乐、保健、美化环境等功能扩展。科技攻关阶段性突破，成为推动我国水产养殖业发展的根本动力。以人工培育繁殖鱼苗技术为代表的技术的进步，从根本上改变了我国水产养殖依靠捕捞天然苗种养殖的被动局面，为我国水产养殖规模发展奠定了基础。

目前，我国水产养殖业已从过去追求养殖面积扩大和养殖产量增加，转向更加注重品种结构调整和产品质量提高。新的养殖技术和新的养殖品种不断推出，养殖领域进一步拓展，名特优水产品养殖规模不断扩大，工厂化养殖、生态健康养殖模式迅速发展，深水网箱养殖发展势头迅猛，养殖业的规模化、集约化程度逐步提高。2002 年，水产养殖面积达 681.5 万公顷，养殖产量达 2 907 万吨，养殖产量占水产品总产量的比重达 64%；2014 年，水产养殖面积 838.636 万公顷，全国水产品总产量 6 461.52 万吨，其中养殖产量 4 748.41 万吨，占总产量的73.49%。受益于渔业总规模的扩大，水产养殖业发展空间也进一步扩大，名特优水产品的养殖面积和养殖产量明显增加。同时，我国渔业科技教育和推广工作进步明显，渔业科技进步贡献率不断提高，"以养为主"的指导方针和当前世界最有效率的淡水渔业的养殖技术，会不断促进我国水产养殖业持续、健康、平稳、安全发展。

（三）水产品贸易持续增长，远洋渔业发展质量进一步提高

我国作为传统渔业大国，渔业在农业中拥有很强的比较优势和发展潜力，水产品也成为我国农产品的国际贸易中最具出口竞争力的产品之一，特别是在养殖水产品出口方面，鳗鲡、对虾、贝类、罗非鱼、大黄鱼、河蟹6大类名优水产品在国际市场有较高的知名度和竞争力。随着我国加入世界贸易组织，我国渔业以更加开放的姿态融入世界渔业发展格局。我国水产品国际贸易近年来也得到迅速的发展，优势水产品的出口市场已基本形成，除日本、韩国等传统出口市场外，对美国、欧盟等国家和地区的出口也有较大的增长，形成以发达国家和地区为主的国际市场格局。随着关税降低和市场的进一步放开，我国渔业国际化程度显著提高，水产品进出口贸易快速增长，国际贸易逐步形成了以国产水产品出口为主力军、来进料加工相结合的格局。2001—2012年，我国水产品贸易额占世界水产品贸易额比重稳步提高，已成为世界上最大的水产品贸易国，为世界水产品贸易和粮食安全做出了积极的贡献。2013年，我国水产品出口贸易额首次突破200亿美元，达到202.6亿美元，位居大宗农产品出口首位，出口额约占农产品出口总额的30%，为提高我国在国际农产品贸易中的地位做出了重要贡献。

随着国家减船转产计划和发展远洋渔业的优惠政策的实施，远洋渔业特别是大洋性公海渔业得到较快的发展，入渔船数和企业效益不断提高，管理更加规范。目前，我国的远洋渔船已经多年作业于世界3大洋和40多个国家和地区管辖海域。

（四）渔业资源和生态环境保护力度不断加大

在产业发展的同时，我国政府更加重视渔业资源和生态环境的保护，实行了严格的禁渔期和禁渔区制度，严格控制捕捞强度，对捕捞渔船进行大规模压减，对资源和生态环境保护产生了积极的影响。

自1995年起，我国政府在东、黄海全面实行伏季休渔制度，自1999年起，将休渔范围扩大到南海。目前，中国沿海已全面实行了2~3个月的伏季休渔制度，休渔的渔船达11万多艘，涉及渔民100多万人。该制度的连续实行，取得了良好的生态、经济和社会效益，对海洋渔业资源的养护和恢复产生了重要的作用。

自2002年起，我国长江流域首次实行禁渔期制度，2003年将禁渔范围进一步扩大，包括金沙江江段以下长江干流和主要通江湖泊，普遍实施了禁渔期制度，有的禁渔时间长达半年，青海湖自2001年开始实施为期10年的封湖禁渔制度。各地还加大对电、炸鱼等非法作业方式的查处力度，加大水生野生动物的保护和管理力度。在此基础上，各地还积极开展渔业资源增殖放流和人工鱼礁建设，对养护淡水渔业资源、改善淡水渔业水域生态环境产生了积极的作用。

2017 年 1 月，我国将印发《关于进一步加强国内渔船管控　实施海洋渔业资源总量管理的通知》和《关于调整海洋伏季休渔制度的通告》，计划"十三五"期间实行海洋渔船"双控"管理、海洋渔业资源总量管理和伏季休渔三项重大改革制度。要求到 2020 年全国压减海洋捕捞机动渔船 2 万艘、功率 150 万千瓦；国内海洋捕捞实行负增长政策，到 2020 年国内海洋捕捞总产量减少到 1 000 万吨以内，与 2015 年相比减少 309 万吨以上；休渔类型统一和扩大，总休渔时间普遍延长 1 个月，各类作业方式最少休渔 3 个月。还将加大幼鱼保护力度，严查违反幼鱼比例捕捞和"电毒炸"等违法行为，继续开展增殖放流，加快建设海洋牧场。

我们相信，随着各项海洋生产管理制度的出台和实施，长期粗放型、掠夺式的捕捞方式造成传统优质渔业品种资源衰退程度加剧的状况将得到遏制并有效改善，我国的海洋资源将得到更科学的保护和可持续利用。

二、我国渔业面临的主要问题及发展对策

当前，我国渔业在新时期实现可持续发展的同时，也存在诸多不足之处，主要有如下几方面问题。

（一）渔业经济发展与资源和生态环境保护之间的矛盾仍相当突出，产业结构深层次的问题仍十分尖锐

由于工业污水、废弃物等的无序排放，陆源污染依然严重，主要江河湖泊遭受不同程度的污染，近岸海域的有机物和无机磷浓度明显上升，无机氮普遍超标，赤潮频发，导致大量人工养殖水生经济种类生长繁殖和水生野生动物栖息场所被严重破坏，部分水域渔场出现"荒漠化"现象。水生生物生存条件不断恶化，珍稀水生野生动物濒危程度加剧。

2007 年农业部与国家环保总局联合发布的《中国渔业生态环境状况公报》显示：2007 年海洋天然重要渔业水域与海水重点养殖区主要受到无机氮、活性磷酸盐和石油类的污染；海洋渔业水域沉积物中，主要受到镉、砷、铜和铅的污染；江河重要渔业水域主要受到总磷、非离子氨、高锰酸盐指数及铜的污染；湖泊、水库重要渔业水域主要受到总氮、总磷和高锰酸盐指数的污染，总磷和总氮的污染依然比较严重。2007 年，全国共发生渔业水域污染事故 1 442 次，污染面积约 8.23 万公顷，造成直接经济损失 2.98 亿元。因环境污染造成可测算天然渔业资源经济损失 53.9 亿元，其中内陆水域天然渔业资源经济损失为 11.2 亿元，海洋天然渔业资源经济损失为 42.7 亿元。

（二）受新的海洋制度影响，海洋渔业面临严峻挑战

周边国家专属经济区制度的广泛实行，中日、中韩渔业协定的生效和北部湾

划界的结束，使我国海洋渔业面临重大挑战，东、黄海和北部湾渔业管理制度发生根本性转变，沿海地区经济发展和社会稳定都受到一定影响。随着新海洋制度的实施，大批海洋捕捞渔船要撤出部分传统作业渔场，使近海渔场变得更为拥挤，海洋捕捞渔民面临转产转业的压力。但由于沿海渔民转产转业渠道狭窄，资金缺乏，减船转业的难度大，加之资源衰退，渔业生产成本上升，渔民生产生活面临很大困难。由于海洋渔业管理制度的变化，渔民一时还难以完全适应，涉外渔业事件增多，渔民生命财产损失严重，涉外渔业管理难度加大。虽然近年来我们采取许多控制捕捞强度、保护渔业资源的措施，但非法建造捕捞渔船的现象仍时有发生，捕捞强度并未得到根本控制，我们在资源和渔船管理方面还缺乏有效的管理手段。同时，捕捞强度过度增长，致使传统经济鱼类资源衰退，渔获物的低龄化、小型化、低值化现象严重，捕捞效率和效益整体下降。

（三）水产养殖水域规划和管理问题日渐突出

苗种引进及病害防治体系和手段滞后，现行的化学药剂、抗生素等药物为主的病害防治手段存在药效不确切、药物残留等诸多问题和弊端，盲用、滥用药物现象普遍存在，导致我国水产品质量安全存在很大隐患。小型、分散、组织化程度低成为当前我国水产养殖业升级改造、提高生产率的制约因素，无法适应现代水产养殖产业技术体系建设的要求。加之我国针对水产品生产的监管机制尚不完善，水产品质量管理体系不健全，质量安全监控手段薄弱，在一定程度上制约了水产养殖业的健康发展。

当前，我国水产品养殖面临着集约化程度提高、水体污染严重、水产动物病害增多等诸多问题。水产养殖者普遍缺乏安全意识，常在水产品的养殖和加工中施用过量农药、鱼药等化学品，导致出口水产品中的药物残留量及添加剂、防腐剂、重金属等严重超标，影响了产品的质量性能且危害了消费者的安全健康。很多水产养殖者与加工生产商只顾眼前利益，不重视采用标准化生产以提高产品质量，导致我国水产品加工档次不高，同质化严重，缺乏特色和核心竞争力。由于水产品质量保证体系推广不到位，养殖户用药知识缺乏，加之环境污染日益严峻等多方面因素的共同作用，使得我国水产品中有害物质富集或药物残留超标，水产品整体质量存在问题。在出口贸易时，就不可避免地出现了恶性压价竞争的局面，从而极易遭受进口国的反倾销制裁。

（四）我国水产品标准与国际标准有较大差距

目前，我国参与国际水产品标准制定、修订的机会较少，并且水产品标准认证机构与国际权威机构之间的相互认证机制不健全，极大地制约了我国水产品出口贸易。

我国在水产品质量监督检测方面面临着设备老化、技术落后、检疫人员素质有待提高等问题，在质量监督和检验检测方法上与国际水平有着较大差距，不能完全适应出口贸易发展的需要。与渔业发达国家相比，我国养殖企业的生产条件普遍存在标准低、设备落后等问题，严重影响了病害、水质环境和产品质量相关控制措施的实施。欧盟食品兽医办公室的一份评估中提及，部分欧盟已经淘汰的对水产品安全造成不利影响的设备，中国仍然在普遍使用中；欧盟、美国、日本因无法确保水产品的质量安全卫生而已经淘汰的渔船设备，我国也还在使用中。较大的技术差距，使得中国水产品难以达到进口国的要求，出口受限。技术的改进与升级需要时间和科研力量，并且会在短期内增加出口企业的成本，使水产品价格上升，丧失价格优势，有可能还会导致市场份额减小。

（五）我国水产品出口贸易质量亟待进一步提升

当前，我国水产品出口发展总体上还主要依靠生产规模扩张和大量消耗自然资源，生产方式比较粗放，科技含量不高，面临着产品质量安全、业内恶性竞争和合格原料持续稳定供应等问题，在国际上还面临出口目标市场集中、出口品种单一、附加值不高、频频遭遇技术性贸易壁垒和反倾销等问题。这些问题在一定程度上严重影响了水产品出口贸易的市场开拓。

药物残留是影响水产品质量的首要问题。前些年水产品出口贸易中发生的"氯霉素"事件、"恩诺沙星"事件、"孔雀石绿"事件等就充分说明，质量安全隐患不仅制约着我国水产品出口，还严重影响我国出口水产品的市场声誉和国际竞争力。我国的主要出口市场经常以药物残留超标为名，对我国水产品出口设置障碍。例如，2007 年美国因在中国出口鲶鱼产品中检出氟喹诺酮残留而停止相关产品销售。2008 年欧盟委员会就有关中国输欧水产品发 2008/463/EC 决议，针对中国动物源性产品进口，在随附氯霉素、硝基呋喃及其代谢物检测声明的基础上，还要增加孔雀石绿、结晶紫及其代谢物的检测声明，否则将被欧盟退运。尽管近年我国水产品科技投入不断增加，但水产品的质量安全水平不高依然是客观现实，这也成为影响我国水产品出口增长的主要因素。

我国多年来出口市场的基本格局变化较小，日本、美国、欧盟、韩国是我国水产品的传统的主要出口市场，也是我国重要的水产品出口市场，东盟则是新兴的主要出口市场。2011 年我国对这 5 个国家或地区的水产品出口总额的比例为71.7%。市场集中度较高，容易引发国际贸易争端，对于规避出口风险极为不利。近年来，一些国家采取了许多针对我国水产品的贸易壁垒措施，贸易纠纷增多，由于企业的组织化程度不高，处理贸易纠纷的机制不成熟，使我国水产品出口受到了很大的制约。

我国水产品国际化程度不高。目前，世界水产品总产量中约有 40% 的产品进入国际贸易。但近 10 年来，我国水产品出口比例一直不足 10%。自 2001 年以来，我国历年水产品总产量均超过 4 000 万吨，但出口比例仅在 4%～6%，2011年只有 6.98% 的水产品出口到了国际市场，远远低于世界水平。这使得我国国内水产品贸易向规模化方向发展的难度加大。我国出口的水产品品种繁多，越来越多的企业从事水产品出口贸易，但由于目前水产品出口较为无序而导致的行业组织化管理落后，致使我国水产品出口面临不利局面，难以依靠行业组织的力量应对日益增加的非关税贸易壁垒的威胁。水产品出口国际化程度不高，还导致我国水产品质量保证体系推广速度缓慢，影响我国水产品出口贸易。我国的主要出口市场美国、日本、欧盟等相继把"水产品质量保证体系"（HACCP）纳入到其国内的法律体系，强制在水产品企业实行 HACCP 质量保证计划。我国水产品质量保证体系推广不到位，使得我国企业在国际竞争、国际争端中不易取得话语权，应对风险的能力较低。

进入 21 世纪以来，国际和国内经济宏观环境不断发生新变化，给我国渔业发展带来新的挑战，也孕育了崭新的发展机遇。要使我国渔业在"十三五"及以后持续、稳步、健康发展，今后工作的重点和措施应着重注意以下几点。

（一）继续推进渔业结构的战略性调整，进一步优化产业结构

继续实施减船转产规划，引导捕捞渔民转产转业，严格控制捕捞强度，严格控制新建和购买在我国管辖海洋生产的捕捞渔船，重点压减拖网、机张网和定置作业渔船。引导远洋渔业、加工业和休闲渔业，推动渔区经济全面发展。继续按照"走出去"的战略部署，实施好《远洋渔业发展规划》，保持远洋渔业健康发展。按照政府推动、市场引导、企业运作、政策扶持、加快发展的思路，积极组织公海渔业资源探捕，通过加强双边、多边合作，推动远洋渔业的健康发展。

目前，与渔业发展相适应水产品加工业和渔业第三产业的发展相对滞后，要继续支持和引导水产加工业的发展，扶持龙头企业，形成加工企业与渔民相结合的产业化生产方式，带动渔业效益的提高。有条件的地方可以率先从渔港建设和搞活渔业流通着手，加快渔区第三产业的发展，进而带动渔区经济全面发展。要因地制宜开发集旅游、观光、休闲为一体的渔港经济，加强中心渔港建设，建设以渔港为中心、以批发市场为纽带、以人工鱼礁垂钓为热点、以餐饮、休闲娱乐为补充的资源良好、环境优美、经济繁荣的现代化渔业小城镇，充分吸纳转产转业渔民就业。

（二）扶持和鼓励水产养殖业健康发展，提高养殖业的发展质量

重点是抓好养殖水域的规划，合理利用可养水面，确定科学的养殖容量，鼓励和推广生态养殖方式，加强养殖业管理，防止养殖对水域生态环境造成破坏。推行高效、生态、优质的健康养殖方式，积极推广工厂化集约养殖、深水抗风浪网箱养殖、稻田养殖、盐碱地开发等现代养殖模式，拓展水产养殖发展空间。加

强政策引导，加强水产苗种和病害防治体系的建设，推广健康养殖技术，实现鱼塘到餐桌全过程质量管理，提高养殖产品质量。坚持以市场为导向，优化产业结构，大力发展名特优新水产品养殖，为国内外市场提供优质水产品，满足人们日益提高的生活水平的需要，增加渔民的收入。

（三）进一步加强水产品质量安全管理，促进水产品对外贸易

目前我国水产品出口面临的最大挑战是各国设置贸易障碍和我国水产品的质量安全问题。解决问题应继续采取"外谈内治"的策略，多方着手突破技术性贸易壁垒，重点是做好国内的质量管理工作，全面提高水产品质量安全水平。要注意抓好渔民和企业的宣传教育工作，提高其质量安全意识，逐步树立科学生产、科学用药、科学投饵的意识。继续加强水产品质量监测和管理体系建设，逐步建立"五项制度"即：生产日志制度、科学用药制度、水产品加工企业原料监控制度、水域环境监控制度和产品标签制度。抓好渔业水域环境、生产投入品、养殖技术规范、产品质量安全、检测检疫方法等标准的制修订，推动无公害产地认定、产品认定和出口原料基地登记。抓好出口原料基地、无公害生产基地全过程的质量管理，积极开展水产品药物残留专项整治活动，加强对水产养殖用药的指导和监督管理，严格查处违法用药行为，不断提高水产品质量。

（四）继续加强渔业资源和环境保护，促进渔业可持续发展

积极调整海洋捕捞和养殖生产结构，继续实施日臻完善的渔业基本管理制度；继续在沿海实行全面的"伏季休渔"制度，在内陆重点渔区开展"休渔期"制度，完善长江禁渔期制度，全面清理整顿"三无"和"三证"不齐的渔船，查处电、炸、毒鱼违法作业。继续开展渔业资源增殖放流和人工鱼礁建设，加强规划和管理，要按照农牧渔业部《关于加强渔业资源增殖放流工作的通知》的要求，制定增殖放流计划和人工鱼礁建设规划，努力探索资源增殖的新方式、新途径。要重视渔业生态环境监测和渔业资源调查工作，加大对渔业生态环境监测和资源调查等基础性工作，强化水生野生动物保护管理，加快自然保护区建设，加大珍稀濒危水生野生动物救护力度，严厉打击破坏水生野生动物资源的各种违法行为。

（五）大力推进渔业产业化的发展，提高渔业生产的组织化度

产业化经营是促进渔业结构战略性调整，提高渔业生产的组织化程度和自我服务能力，增加渔业生产者收入的一个重要途径。要加强培育龙头企业，实施品牌战略；加强行业协会作用，规范行业竞争秩序；应通过政府指导、政策扶持、培育一批经济实力强、科技含量高的龙头企业，并通过其辐射作用带动一大批养殖专业户和捕捞专业户，实现渔业产业化经营。同时，应加快渔业权的物权化实践进程，赋予广大渔民长期而稳定的渔业权。认真贯彻落实党在农村的各项政策

和措施，进一步稳定和完善渔业基本经营制度，夯实发展渔业经济的基础，强化渔港规划，加快渔港建设。增加渔业执法投入，建设一支适应现代化管理要求的高效渔业执法队伍。

三、建设现代渔业是我国渔业发展的方向

现代渔业的建设，是我国农业现代化建设的重要组成部分。改革开放以来，我国渔业持续快速发展，取得了举世瞩目的成就，为繁荣农村经济、增加农民收入、保障粮食安全作出了重要贡献。我们还要清醒地认识到，我国渔业发展还存在着诸如水产品质量安全形势不容乐观、抵御灾害和突发性事件的能力亟待加强、渔业资源衰退和生态环境恶化的趋势没有得到根本遏制等突出问题，解决这些问题的根本途径就是大力发展现代渔业。

（一）现代渔业的定义及特点

现代渔业就是用现代物质条件装备渔业，用现代科学技术改造渔业，用现代产业体系提升渔业，用现代经营形式推进渔业，用现代发展理念引领渔业，用培养新型渔民发展渔业，实现增长方式的良性转变。推进渔业区域化、标准化、产业化、工厂化、机械化、加工精深化、市场化、管理现代化和服务社会化水平。建设现代渔业涉及的因素较多，可以概括为："四大目标、四大指标、四大条件和四大领域"。四大目标，即产品的数量多、质量好、渔民收入高、生态环境好；四大指标，即资源产出率、劳动生产率、产品质量安全、资源利用率；四大条件，即设施装备充实、生产技术先进、组织经营高效、服务体系完善；四大领域，即水产养殖业、水产增殖业、加工流通业、休闲渔业。

现代渔业的特点就是用世界现代先进的科学技术、机械装备、管理理念来武装渔业，利用渔业机械化、电气化、水利化、信息化、生物工程化、管理科学化等，来大幅度提高渔业的生产率，实现渔业生产技术的现代化、渔业加工生产技术的现代化、渔业产品利用技术的现代化和渔业管理的现代化。同时，现代渔业还包含以下几个含义。

首先，现代渔业应是生态的渔业。即应用生态学、经济学的理论和系统科学的方法，营造、建立和发展起来的具有生态合理、生态平衡、功能协调、综合开发利用、资源再生、经济高效、良性循环、集约经营的渔业发展模式。其次，现代渔业应是可持续发展的渔业。即在渔业资源开发时，应注意保护和合理利用渔业水域和渔业生物资源，以及不断调整技术和产业运行机制，以确保获得持续满足当代以及今后世世代代人的需要，技术上适当，经济上可行，而且社会能够接受的一种发展形式。最后，现代渔业应是无公害渔业。即在渔业上采用新的技术、新的材料、新的方法、新的标准，追求经济、生态和社会效益并重，提倡保

护环境、保护人类健康的前提下发展渔业，实现经济、生态和社会效益和谐共赢的渔业产业形态。

2007 年中共中央国务院一号文件（以下简称中央一号文件）指出，发展现代农业是社会主义新农村建设的首要任务，是以科学发展观统领农村工作的必然要求。现代渔业作为现代农业体系的重要组成部分，具有鲜明的规模化、集约化、标准化和产业化特征，是技术密集、科技含量高、可控性强的产业。

建设现代渔业，是转变渔业增长方式、提升产业发展质量和水平的迫切需要，是确保水产品安全供给和渔民持续增收的迫切需要，是实现渔业资源可持续利用和渔业经济健康发展的迫切需要，是建设社会主义新农村和构建渔区和谐社会的迫切需要。

（二）现代渔业发展空间分析

1. 渔业的自然属性优势

首先，水产养殖的迅速增长，与水生动物的生物学特征是分不开的。水产动物多属变温动物，其体温会随环境的变化而升降，不像陆地恒温动物那样消耗大量的能量维持体温的恒定。另外，水生动物以水为载体，依靠水的浮力托起其躯体，与陆生动物相比，可以减少在运动中因托起自身躯体所消耗的能量。因此在比较养鱼、养禽、养畜的饲料报酬时，人们会发现养鱼的肉料比最高，饲料报酬也最高。一般来说，生产 1 千克的鸡蛋大约需 3 千克玉米，1 千克的鸡肉需 4 千克的谷物，1 千克的猪肉需 7 千克的谷物，而生产 1 千克的水产品只需 1 千克多的粮食。最后，从水生动物的食性来看，与陆生动物相比，不仅有草食性、杂食性、肉食性之分，而且还有相当一部分属于以浮游生物为食的滤食性种类。从目前全国养殖鱼类产量来看，肉食性鱼类仅占 15% 左右，养殖对象多数是节粮型的种类，对水域环境又能起到净化作用。

2. 劳动力低廉优势

据统计表明，我国现有农村劳动力总量 4.9 亿人左右，其中至少还有 2~2.5 亿人处于失业或隐性失业状态。如果扣除近 1 亿农民工跨省跨区流动转移就业，剩余劳动力至少还有 1~1.5 亿人（2003 年国民经济和社会发展统计公报）。水产业属劳动密集型产业，我国劳动力价格低廉，水产品成本较低，这正是我国水产品出口的优势所在。

3. 政策机遇

自 2004 年以来，连续多年出台了中央一号文件，预示着农业和农村经济发展的宏观环境特别是政策环境进一步优化。进入 21 世纪以来，国民经济和社会发展规划都把积极发展渔业，保护和合理利用渔业资源作为现代农业建设的重要内容。农业部办公厅《2016 渔业渔政工作要点》指出，2016 年将制发"十三五"渔业发展规划，旨在加快推进渔业转型升级，努力提升水产品安全供给能力、水生生物资源养护能力、渔业科技创新能力、渔业设施装备支撑保障能力、渔业"走出去"发展能力、渔业风险保障能力和依法治渔能力，加快形成现代渔业发展新格局。这些，为渔业发展创造了更加有利的政策环境。

4. 市场机遇及社会认同性机遇

美国国际食品政策研究学会和世界渔业中心在《2020年世界渔业展望》报告中说，到2020年，世界水产品的总消耗量将达到1.278亿吨，比1997年的9080万吨猛升近41%。其中发展中国家的消费量将从6270万吨增长到9860万吨，增幅高达57%。粮农组织预测今后30年，全球水产品要消耗1.6亿吨，而现在是1.3亿吨左右。从我国人口增长趋势看，国内的消费量也要增加。未来30年内，我国人口总量将达到16亿人，将比现在增加3亿人。新增人口若达到目前的人均占有量，将需新增水产品需求量116万吨。再者，尽管目前我国人均水产品占有量已达38.69千克，超过世界人均占有量，但人均消费量仅占人均占有量的1/3左右。伴随着我国经济的发展，对水产品的消费需求仍将是扩大趋势。在我国水产品的消费格局中，城镇的消费量占总消费量的70%多。未来20年，我国将处于城镇化加快发展时期，到2020年城镇化率将达到57%，城镇总人口8.28亿人，比2002年增加3.26亿人。城镇居民吃活鱼、吃好鱼、吃方便鱼的消费需求有上升趋势。从收入水平与食品消费关系的演进阶段来看，当收入处于相对低水平时，为解决温饱问题，消费以粮食为主；当收入跨越了这个阶段后，谷物、薯类所减少的份额由畜（渔）产品替代，畜（渔）产品消费上升；第三阶段恩格尔系数在30%左右时，畜（渔）产品消费稳定、停滞或减少。2003年城镇居民的恩格尔系数为37.1%，农村居民为45.6%。中国的食物消费正处于第二阶段，即以畜（渔）产品为主的食物消费随收入的增加而增加的时期。今后农村居民消费空间比较大，仍将保持较快的增长速度。研究业已证明：我国的主要农产品粮食、猪肉、牛羊肉、家禽和鲜蛋的需求收入弹性随着收入水平的提高而下降，但鲜菜、鱼虾的需求收入弹性是随着收入水平的提高而增加的。水产品营养价值高，食用安全性明显高于其他食品，且具有保健作用。国内外消费者对水产品的认同性明显提高。当前水产品价格不断回升，消费需求有上升趋势，这无疑为渔业的发展提供了更为广大的市场空间。水产品加工业的发展对原料需求增加，部分区域水产品市场尚待开发，潜力很大。

（三）现代渔业发展趋势展望

1. 养殖产量将继续增长，养殖结构不断调整，养殖模式向着生态养殖和工程养殖两个方向发展

《2020年世界渔业展望》报告中指出，由于世界上现有野生水产业已被充分

开发甚至过度开发，人工水产养殖业今后将会得到蓬勃发展以满足日益增长的需求。预计到 2020 年，人工养殖的水产品占总产品的比例将从 1997 年的 31% 猛升至 41%。届时，发展中国家的水产品的消费量和生产量将分别占世界总消费量和总产量的 77% 和 79%。我国渔业正处在不断调结构创新模式向现代渔业跨越的重要时期，未来水产养殖仍将是我国渔业继续有所作为、有所发展的主要领域，"以养为主"仍将是指导我国渔业发展的长期方针。

养殖结构不断调整，名优水产品养殖将稳步增长。青、草、鲢、鳙、鲤、鲫、鲂、鳊等品种是我国淡水养殖渔民从长期的生产实践中选定的优良品种，是任何时候都不能丢弃的。在稳住"当家鱼"的同时，要根据市场需求，从供给侧结构性改革入手，对养殖的品种因地制宜地进行结构调整，品种向多元化、优质化方向发展。从主养品种上、规格上进行调整，合理布局，制定出适宜本地的最佳放养模式。常规鱼类要盯住"三口之家"的消费市场，主养的名特优品种要看国内国外市场。同时要根据苗种来源及养殖技术，因地制宜，积极推行鱼蟹、鱼虾、鱼鳖、鱼龟、鱼蚌以及鱼虾蟹等多品种混养模式，使当家鱼类和特种水产品协调发展。

所谓生态养殖，就是根据生态和经济学原理并运用系统工程方法，在总结传统养殖经验的基础上，建立起来的一种多层次、多结构、多功能的综合养殖技术的生产模式。强调养殖新模式和设施渔业中新材料与新技术的运用，建立动植物复合养殖系统，实施养殖系统的"生物操纵"和"自我修复"，优化已养区域的养殖结构。所谓工程养殖，就是运用现代生物育种技术、水质处理和调控技术与病害防治技术，设计现代养殖工程设施，实施养殖良种生态工程化养殖，依靠"人工操纵"实现养殖系统的环境修复，有效地控制养殖的自身污染及因养殖活动对水域环境造成的影响。在科学技术日新月异的今天，水产养殖业迎来了前所未有的发展机遇，尤其是随着我国生物技术、渔业设施新材料以及新工艺的发展，我国水产养殖的科技化水平必然会越来越高，必然会促进水产养殖设施的不断完善，带动整个产业的不断升级。生态养殖和工程养殖都是运用现代生物学理论和生物与工程技术，协调养殖生物与养殖环境的关系，达到互为友好、持续高效。总体发展目标是：实现养殖生物良种化、养殖技术生态工程化、养殖产品优质高值化和养殖环境洁净化，最终实现水产养殖业的健康可持续发展。

2. 实施渔业资源修复行动计划，捕捞产量趋于合理、稳定

修复是恢复生态学的涵义，是人类采取包括重建、改良、修补、更新、再植等手段进行生态构建。目前，我国近海渔业资源已处于严重衰退状态，局部水域生态呈现荒漠化，对渔业的可持续发展和生态文明构成重大威胁。中国科学院和中国工程院的 10 多名院士与专家联名向国务院建议"尽快制订国家行动规划，

切实保护水生生物资源，有效遏制水域生态荒漠化"。我国组织实施了《中国水生生物资源养护行动纲要》，连续多年开展了大规模的增殖放流活动，取得了良好的生态效益和经济效益。农业部办公厅在《2016渔业渔政工作要点》中指出，推动国内捕捞业可持续发展，出台"十三五"规划海洋渔船控制目标和政策措施，修订《渔业捕捞许可管理规定》。可以看出，通过加大渔业资源保护和环境整治力度，严格执行禁渔制度，控制渔业捕捞强度，并采用人工放流、移植等措施，能有效遏制渔业资源持续衰退势头，使渔业资源和渔业生态逐步恢复并提高到健康水平。

农业部相关人士谈到关于推进渔业转方式调结构有关精神和工作部署时指出，2016年要出台《农业部关于加快渔业转方式调结构指导意见》；制发《"十三五"渔业发展规划》，紧紧围绕建设现代渔业，编制发布"十三五"渔业发展规划和专项规划，积极争取政策支持，补足现代渔业建设短板；修订《远洋渔业管理规定》，完善管理制度体系，规范有序推进远洋渔业做大做强。

3. 推广综合水产养殖，生态渔业的发展潜力巨大

综合水产养殖，是以水产养殖业为主，与种植业、畜牧业和农产品加工业综合经营及综合利用的一种可持续生态农业。随着绿色、生态渔业的进一步发展，在传统生态渔业的基础上，现代化的生态渔业将会迎来更好的发展机遇，尤其是随着人们消费观念的不断转变，改善水体生态环境、实行农牧渔多种经营、提升综合效益的生态渔业的发展思路将会越来越清晰，绿色健康、无公害产品的市场潜力也将逐渐被挖掘出来，必将会不断促进我国生态渔业的更好发展。开展生态渔业可充分利用当地资源，循环利用废弃物，节约能源，提高综合生态效益，实现渔业的可持续发展。生态渔业是建设资源节约型、环境友好型渔业的有效途径，是发展农村循环经济的重要组成部分，也是现代渔业的重要发展方向。

4. 产业融合发展迅猛，产业链条进一步拉长、拉紧，产业化经营水平进一步提高

20世纪是劳动时代，21世纪是休闲时代；20世纪是劳动型文化，21世纪是休闲文化。

休闲渔业，是把渔业和涉渔活动同旅游观光、休闲娱乐、文化、餐饮、养生等融为一体的新型产业，是对渔业资源、环境资源、人文资源的优化配置、合理利用，它既能拓展渔业发展的空间、开辟渔业新领域，又可提高渔业的社会、生态和经济效益。农业部办公厅《2016渔业渔政工作要点》通知指出，要促进产业融合发展，贯彻落实农业农村一、二、三产业融合发展指导意见，探索一、二、三产业融合发展机制；大力发展休闲渔业，出台促进休闲渔业发展的指导意见。

我国有悠久的食鱼文化和丰富的人文旅游资源，经济与社会的发展为挖掘、提升、弘扬渔文化提供了良好的物质基础，为我国休闲渔业的快速发展提供了可能，休闲旅游市场需求不断扩大。如饮食、垂钓、观光、观赏鱼开发等都可以作为我国休闲渔业的发展方向。休闲渔业的市场潜力将越来越大。休闲渔业的发展，适应了小康社会建设的要求，会进一步丰富人们的业余生活和精神需求，必将有广阔的发展前景。

"光伏+渔业"模式前景可期。光伏与渔业两个产业的跨界融合是产业互联网时代商业模式创新的有益探索，将产生一种全新的产业生态，并形成新的产业资源聚合优势，如果真正实现了光伏产业和生态渔业的跨界融合，未来的养鱼场就可能会是集光伏发电厂、观光、休闲、文化旅游于一体的产业生态。融合产生的新兴产业可以发展观光农业和休闲农业。在光伏发电和渔业养殖收入的基础上，旅游业也能帮助增收。

产业化经营是建设现代渔业的重要组成部分和必由之路。渔业产业化是20世纪末期在我国出现的新生事物，是实现渔业与相关产业系列化、社会化、一体化的发展过程。渔业产业化关键是将基地、加工、市场体系三个环节衔接起来，相互促进，协调发展。加大力度提高渔业产业化水平。做大做强产业化龙头企业，加强生产基地建设，因地制宜发展品牌渔业，拓展渔业产业链，拓展水产品精深加工、冷链物流和品牌建设，加大国内消费市场的拓展力度，促进水产品加工增值。完善龙头企业与渔民利益联结机制，使龙头企业更好地服务渔民，增强龙头企业对渔民的带动能力。

5. 渔业生产环境安全、用药安全、水产品质量安全将持续成为关注热点和工作重点

由于水产动植物生长的水域环境，越来越受到来自工业废水、生活污水、养殖用药和养殖水体自身污染的影响，而污染物往往通过食物链被水产动植物富集，从而影响水产品的食用安全。为了保证水产品的食用安全和质量，世界各国极为重视渔业环境的保护和监测、生物种类的净化、有毒物质的检测技术和有害物质残留量允许标准等的研究，欧、美、加等国家和地区陆续制订了有关的法规和标准。我们国家也相继出台了一系列法律、法规和行业标准，加快了水产品质量检测体系建设和质量认证步伐。

民以食为天，食以安为先。近几年国际上提出，凡是从事动物生产的都要遵循"ACE"原则，即世界上一切生产过程和生产的所有产品均必须对动物有利（A）、对消费者有利（C）和对环境有利（E）。按照国际惯例严格遵循"ACE"原则，实施 HACCP 管理制度，发展无公害渔业是时代对我们的要求。实施渔业标准化是提高产品质量安全水平的前提，是建设现代渔业的必由之路。

6. 新技术应用程度会进一步提高，发展"物联网+"现代渔业，是实现我国渔业规模化标准化的必然之路

利用信息技术，发展电子渔业。21 世纪是知识经济时代，微电子技术、信息技术在每一个领域里都扮演着举足轻重的角色。作为大农业的重要组成部分，渔业必须自觉利用最新的信息和技术来谋求更大的发展。计算机和信息技术可大大改善渔业分散、可控程度差等固有的行业弱势，使水域生产率和劳动生产率大大提高。水产养殖户可以根据网上的信息更科学地制定本地的生产目标，在网上可以寻找到高产高效渔业生产技术和其他信息，并可以在网上进行水产品的销售。另外，现代计算机技术在水产养殖业的应用可以加快我国设施渔业的发展，使得水体环境各种理化因子的自动监测和调控成为可能，从根本上改变我国传统水产养殖业靠天养鱼和凭经验养鱼的局面，使设施渔业成为可能。

一些高新技术在水产品加工领域得到应用，也会进一步优化产品结构，提高整个行业产业链上的附加值，水产品的深加工水平也将得到进一步的提升。水产生物资源深加工技术研发，如低质水产品加工利用技术、酶技术在水产废弃物中的利用、藻类化工产品的结构及配伍研究等会进一步加快。各国科学家对 21 世纪在海洋功能食品和海洋药物方面获得大的突破充满信心，经济发达国家已纷纷加大投入，期待获取巨大成果。

在水产专家看来，现代渔业一定是养殖技术、装备技术和信息技术的高度融合，这些都需要现代渔业同物联网的深度融合，在大数据分析基础上进行科学决策，实现精准化、自动化和智能化。

2015 年《国务院关于积极推进"互联网+"行动的指导意见》指出，推广成熟可复制的农业物联网应用模式，在基础较好的领域和地区，普及基于环境感知、实时监测、自动控制的网络化农业环境监测系统，建设水产健康养殖示范基地。渔业物联网与大数据将传感技术、无线通信技术、智能信息处理与决策技术融入到水产养殖的各个环节，实现对养殖环境与养殖设施的智能化监控、养殖过程自动化控制和养殖生产的智能化决策。切实提高安全监管水平。

2016 年我国将编制《"十三五"渔业科技发展规划》。大力推进渔业信息化建设，制定促进渔业信息化发展的指导意见，开展"互联网+现代渔业"行动，渔业科技和信息化支撑作用将得到进一步加强。在市场和国家调控的双重作用下，渔业的发展将会越来越趋向于设施智能化、生产标准化、信息自动化。

7. 水产品精深加工、冷链物流和品牌建设获得拓展和加强，水产加工产品需求将大幅度增长

水产品精深加工和综合利用是渔业生产活动的延续，具有高附加值、高科技含量、高市场占有率、高出口创汇率的"四高"特点，发展前景十分广阔。目

前，全世界的水产品总产量已超过1.0亿吨，但其中每年至少有12%的水产品变质，36%的低值水产品经加工成为动物饲料等，真正供给人类食用的仅为总产量的1/2左右。根据不同人群的消费特点，开发鲜活、冷冻、即食、保健、快餐、罐头、休闲等系列水产品的加工制造业将会蓬勃发展。品牌建设也将是发展重点。

我国水产加工产品以需求市场可分为国际市场和国内市场。水产精深加工产品和高级鱼加工产品大多出口到国际市场，其余加工产品销往国内大中城市。国内水产品需求市场消费形态是以鲜活水产品为主，以冷冻水产品为第二位，以加工水产品（冷冻品除外）为第三位。鲜活水产品中高级鱼的消费主体为饭店、宾馆、餐饮业；中低级鱼的消费主体为一般居民；冷冻水产品（主要是海水鱼）的消费主体为城市居民；加工水产品中精深加工品的消费主体为游客，干制品（主要是海水鱼）的消费主体为农村居民。另外，随着城市居民生活方式的变化和生活节奏的加快，水产品即食（方便）食品也开始受到城市居民，特别是上班族的青睐。水产加工产品的国内需求市场不断得到拓展，水产加工产品以其"营养、健康、方便、文化"之特点，正在改变着以"大饱口福"为乐事、以"风味、鲜活、特产、习俗"为特点的传统吃鱼习惯和方式。

传承传统风味的同时，传统水产食品的研究开发生产正朝着多样化和个性化方向发展。"十三五"期间及今后一段时间，我国水产品加工业的重点任务是，积极发展精深加工，生产营养、方便、即食、优质的水产加工品；挖掘海洋产品资源，加大水产品和加工副产物的开发利用力度；利用现代食品加工技术，发展精深加工水产品，加快开发包括冷冻或冷藏分割、冷冻调理、鱼糜制品、罐头等即食、小包装和各类新型水产功能食品。重点发展的食品是：方便食品、速冻食品、微波食品、保鲜食品、儿童食品、老年食品、休闲食品、健康饮料和调味品等。以便不断满足21世纪人们生活节奏加快、消费层次多样化和个性化发展的要求。

发展现代渔业离不开有文化、懂技术、会经营的新型渔民，离不开政府职能的有效发挥。我们将现代渔业划分为5个方面，相当于人的5个手指：大拇指代表市场，市场是驱动力和目的；食指代表水、种、饵、加工、流通、休闲渔业等物质层面的东西；中指代表科技；无名指代表无形的机制和政策；小手指代表渔民的经营管理与政府职能的有效发挥。只有做好这5个方面的工作，渔业才能发展，只有5个手指握紧、有力、协调、联动，现代渔业才能实现可持续发展。

第二章

《齐民要术》与水产养殖

贾思勰在《齐民要术》卷六"养鱼第六十一"篇中，对池塘养殖鲤鱼的方式方法进行了描述。体现出了养鱼种类的选择与育种、鱼池工程、池塘环境、鱼类产卵孵化、鱼种培育、密养、混养、轮捕、生态养殖等丰富内容和技术观点，开创了我国的科学养鱼纪录，为现代池塘养鱼技术的形成与发展，奠定了理论基础。

本章围绕《齐民要术》"养鱼"篇内容和技术观点，结合现代池塘养鱼实践和技术要求，分节进行叙述。

第一节　《齐民要术》与养鱼种类的选择和鱼类育种

"……所以养鲤者，鲤不相食，易长，又贵也。"

——摘自贾思勰著《齐民要术》卷六"养鱼第六十一"篇

鲤鱼是我国养鱼历史上最早的养殖品种。从史料来看，最早的养鱼方式是蓄养，即把从天然水域中捕来的小鱼，投入封闭的池塘内，任其生长，过一定时间后起捕。这种不加选择而放养的鱼，常常不是理想的品种，有的生长缓慢，有的肉味低劣，有的残食其他鱼类。人们在生产实践中慢慢发现，鲤鱼不仅肉味好，生长快，而且还能在池塘中自然产卵孵化，繁殖下一代。于是就出现了单一品种养殖的养鲤业。

贾思勰著《齐民要术》卷六"养鱼第六十一"篇中，也对选择养殖鲤鱼的原因作了上述说明，即"……所以养鲤者，鲤不相食，易长，又贵也。"，就是选定鲤鱼具备三大长处：一来鲤鱼不互相残食，在不同规格同时混养中，不会出现大鱼吃小鱼的现象，有利于繁殖；二来鲤鱼长得快，适应环境能力强，食性较广；三来鲤鱼价格高。养殖鲤鱼经济效益比其他鱼类好，所以自古选养鲤鱼，推广成大面积的养殖属于首选养殖对象，自然是很在理的。

一、关于养鱼种类的选择

正确地选择养殖的种类，是成功地进行养鱼生产所必须解决的第一个问题。那么什么样的鱼才适合养殖，以及具备了哪些条件才能够选择某种鱼来养殖呢？

（一）评价一种鱼（种或品种）是否适合于人工养殖，以及评价其作为一种养殖对象价值的高低，主要根据以下4个标准

1. 食品价值

一种鱼的食品价值一般可用4个指标来衡量。

（1）肉味。各种鱼因生化成分不同而具有不同的口味。口味是食品的一个重要品性，常对鱼的价格有重大影响。

（2）肉的含热量或蛋白质含量。这是衡量一种鱼营养价值高低的具体标准。通常营养成分含量越高的，含热量也越高。但由于脂肪的生理热量比蛋白质高一倍，所以含脂量高的鱼含热量显著地高。这一情况损害了热量作为营养价值指标的意义。因为在食品的大量成分中营养价值较高的是蛋白质而不是脂肪。所以现在人们直接用蛋白质含量作为营养价值的指标。

（3）鱼体可食用部分的比值。指鱼肉和生殖腺占鱼体总重的比数。比数越大，食品价值越高。鱼的体形和肥满度都会影响到可食部分的比值，而在正常情况下，体形的影响最大。体形是种和品种的主要特征，所以不同的种和品种往往有不同的可食比值。

（4）鱼体的大小。根据市场需求，商品鱼要求一定的规格；而小个体的种类一般不受欢迎，价格较低。

以上4个指标中，以肉味和营养价值最为重要。

2. 生产性能

同样的水体条件和管理条件，养殖不同种类的鱼，产量大不相同，这就是说，不同种类的鱼具有不同的生产性能。决定着一种养殖鱼类生产性能高低的是如下几个性状。

（1）生长速度。在同样条件下，生长速度越快的种类生产性能越高。用相对值—生长率或增重倍数表示生长速度，比用绝对值—增长重量或增长长度表示更能说明问题。鲤鱼之所以被人们最早确定为池塘养鱼的最佳品种，是其具有的

"易长"（〈齐民要术〉语）优良生产性能。

（2）是否耐密养、是否可以混养。耐密养是指在养殖密度较大的情况下，仍能保持健康和正常生长的能力；可否混养，则是说与其他种类混养时，对其他种类有无不良影响，如残食、咬伤、竞争饵料和空间等。"鲤不相食"（《齐民要术》语），也是使鲤鱼成为最早池塘人工养鱼品种的重要因素。生长速度决定着个体的生产性能，而是否耐密养和可否混养决定着群体的生产性能。在生长速度相同的情况下，越是耐密养和可以混养的种类，群体生产量或单位水体生产量也可能越高。在集约化养殖生产中这一性状特别重要。

（3）食性和饵料转化效率。在其他条件相同的情况下，食物链越短的鱼生产性能越高。浮游生物和植物食性的鱼，在粗养下由于饵料资源较雄厚，常可以提供较高的单位水体鱼产量；而在精养下，植物食性和杂食性鱼类饲料费用较低，因而养鱼的经济效率较高。饵料转化率指将吃下去的饵料转化为鱼体成分的效率（用干重的百分比表示）。在食性相同的情况下，对于饵料和饲料的转化率不同又使养殖鱼类具有不同的生产性能。在集约化养殖中饲料是养鱼的主要开支项目，因而饲料转化率的高低是评价鱼类养殖品质的最重要的标准。

3. 对环境条件的适应力

养殖鱼类对环境条件的适应力越强，养殖的局限性越小，鱼种的成活率越高，养殖中的设备和措施越简单，养鱼的成本也越低。因此，适应力的大小是养殖鱼类的一个重要品质。养殖鱼类适应力的大小主要表现在对下列环境条件的要求上。

（1）温度。鱼类按对于温度的适应范围，可分为热带性鱼类、冷水性鱼类和温水性鱼类三大类；其中前两类都属于狭温性，后一类则属于广温性。对温度变化的适应能力是养殖鱼类极其重要的一个品性。狭温性往往限制着一些很有价值的养殖鱼类的移殖和推广。

（2）盐度。根据对盐度变动的适应能力，鱼类分成广盐性和狭盐性两大类；后者包括纯粹的淡水鱼和海水鱼，前者包括各种河口性鱼类和洄游性鱼类。一些广盐性种类提供了因地制宜在各种水域中养殖的可能性，对于养殖业的生产组织带来很大便利。

（3）溶氧量。耐低氧是养殖鱼类可贵的性状之一。溶氧量通常是养殖密度的限制因素，而且也往往是鱼的生长速度的限制因素。因此，在同样条件下耐低氧的种类就可以允许较高的养殖密度并保持较高的生长速度，两者加在一起就是提供较高的鱼产量。同时养殖耐低氧的种类节约了增氧设施的开支，生产成本降低。

（4）肥水。对肥水的耐力各种鱼差别很大。肥水的特点是溶氧量变动大，有机质含量高。耐肥水的种类大都是耐密养的，而且适于在肥水池中养殖；即使在投饵养殖中对水质要求不严格，也可以降低水质调节的开支。因此这是集约化养殖对象的一个重要品质。

（5）寄生虫和致病菌。这是一类生物性的环境条件。鱼病是集约化养殖的大敌。各种鱼抗病能力有很大差别。抗病力是评价养殖鱼类品质高低的一个重要标准。

4. 苗种的来源

鱼种是养鱼的三大基本因素之一。鱼种没有来源或来源狭窄、不可靠的种类，无论其他性状怎样好也不能作为产业性的养殖对象。苗种来源有天然水域中捕捞和养殖中自行繁殖获得。一个好的养殖种类必须是能够人工繁殖而且容易繁殖获得苗种。鲤鱼之所以成为人们最早选择为池塘养殖的对象，我们分析，除了"鲤不相食，易长，又贵也"（《齐民要术》语）的优良生产性能外，最直接、最主要的原因是鲤鱼能在天然淡水水域中自然产卵孵化，苗种来源广且容易。

以上四个标准是供全面评价一种养殖鱼类用的，并不是说一种鱼只有合乎全部四条标准才适合养殖。实际上，任何一种鱼都是有所长也有所短，只要针对具体情况分清哪是主要的，哪是次要的就可以了。

（二）确定养鱼种类时必须考虑的一些主要养鱼条件

作为养殖对象的品质是一种鱼的客观属性，而一个养鱼单位究竟是否适宜于养殖这种鱼，则要看这个单位的养鱼条件怎样，只有养鱼条件和所选养殖种类的属性相符合时，养鱼生产才能够顺利进行，并获得预期经济效果。主要的养鱼条件有以下几项。

1. 养鱼水体的水温和水质

有什么水就养什么鱼这是一般的原则。例如只有水温较低（最高 24~25℃）、硬度较高、水质清澈、含氧量高、没有污染，而且有流水条件的水体，才能考虑养殖冷水性鱼类；在相反条件下，大都只适于养殖一般的温水性鱼类；其中只有一些水温较高，高温（20℃以上）季节较长的水域才适于养殖热带性鱼类。

2. 天然饵料和饲料条件

在粗养的情况下，应当根据养鱼水体中饵料资源的情况，选定养殖种类；有施肥条件时，以耐肥水的浮游生物食性种类最为理想。在精养的情况下，必须根据当地的饲料供应条件确定养殖对象。这时应特别注意当地特有的或潜力最大的饲料。

3. 鱼种供应条件

能不能自行繁殖，附近有无这种鱼的人工繁殖场，或者是否邻近这种鱼苗种的自然产地，运输苗种的条件如何，这些都是需要在确定养殖种类时加以认真考虑的。

4. 产品销售条件

产品销售条件是生产管理中的重要因素，往往关系到整个养鱼生产工作的经济效益。对于一些供外贸出口的鱼和价格高的鱼，这一条件特别重要。对于一般的鱼类，销售活鱼的条件也极为重要。活鱼的营养价值和商品价格都比死鱼高得多，在一般情况下，养鱼单位都应销售活鱼。

二、我国主要的淡水养殖鱼类

目前，我国可以养殖的淡水鱼种类较多，其中很多种类又有多个品系和品种。主要以青鱼、草鱼、鲢鱼、鳙鱼、鲤鱼、鲫鱼、团头鲂、罗非鱼等种类较为普及，约占淡水鱼养殖总量的95%以上。随着我国经济社会发展和养殖技术水平的不断提高，一些国内新开发、培育品种和国外引进品种也逐渐推广开来，如淡水白鲳、奥里亚罗非鱼、德国镜鲤、彭泽鲫、欧鳗、加州鲈及观赏性鱼类等。

现将主要淡水养殖鱼类的形态特征、生活习性、生长特点简单介绍如下。

(一) 四大家鱼（简称：家鱼）

四大家鱼是指我国人民熟悉的青鱼、草鱼、鲢鱼、鳙鱼四种大众食用鱼类。具有适应范围广、生长迅速、抗病力较强等特点。是我国传统的优良淡水养殖品种。长期以来，四大家鱼的养殖产量一直占淡水鱼养殖总量的80%左右。

1. 青鱼

青鱼是鲤科鱼类中的大型鱼类。体长筒形，腹圆，无腹棱；头稍尖，身体背部呈青灰色，体色自背部至两侧逐渐变淡，腹部呈浅灰色或灰白色；胸鳍、腹鳍和臀鳍均为深黑色。为近底层鱼类，喜活动于水体中下层及水流较急的区域。青鱼是一种肉食性鱼类，以蚬、小河蚌、湖沼腹蛤、螺类等软体动物为主要食物，也吃虾类和昆虫幼体。人工饲养条件下，还能摄食豆粕等一些植物性饲料和人工配合饲料。10厘米以下的幼鱼，以枝角类、轮虫和水生昆虫为食物；15厘米以上的个体，开始摄食幼小而壳薄的蚬、螺等。青鱼在四大家鱼中个体最大，生长速度也最快，人工饲养的青鱼，一龄鱼体重可长至0.3~0.5千克，二龄鱼体重可长至2.5~3.0千克，三龄鱼可达到4.0~7.0千克。雄鱼的生长速度比雌鱼略慢一些，特别是四龄以后，明显减慢。池塘养殖青鱼病害较多，特别是二龄鱼发病率较高；加上青鱼食性较窄，养殖区域和养殖数量受到限制，一般只作为配养品种。青鱼的肉质细嫩，商品价值较高，颇受群众喜欢。

2. 草鱼

草鱼也是鲤科鱼类中的大型鱼类。形似青鱼，体形细长，近圆筒状，体色呈淡青绿色，头部和背部色较深，腹部变浅呈灰白色。是一种生长快、适应性强、肉味鲜美、以草为食的优良养殖鱼类。仔鱼、稚鱼和早期幼鱼阶段，主要摄食以浮游动物、摇蚊幼虫为主的小型动物性饵料，也食用部分藻类、浮萍等；体长10厘米后的幼鱼，可完全摄食多数水生植物以及人工投喂的蔬菜等其他植物，也可吃食人工合成饲料。草鱼性贪食，生长迅速，一龄鱼体重可达0.5~2.0千克，二龄鱼可达1.5~3.0千克，三龄鱼可达3.0~5.0千克。草鱼通常生活在水体的中下层，生性活泼，游泳迅速，觅食时也常会集群到水体上层活动。草鱼因饲料来源广、成本低、适应性强，在我国各地普遍养殖，被引种到国外几十个国家养殖。缺点是病害较多，在草鱼饲养的各个阶段，容易感染各种鱼病，一龄鱼种发病率较高，可达30%以上。

3. 鲢鱼和鳙鱼

鲢鱼俗称鲢子、白鲢；鳙鱼俗称花鲢、胖头鱼等，都属大型鱼类。两种鱼外表大致相似，体侧扁，背部圆腹部窄，头大。差别是：鲢鱼头部较小，鳙鱼头部肥大；鲢鱼的胸鳍后缘大约与腹鳍的基部齐平，鳙鱼的胸鳍后缘大大超过腹鳍基部；鲢鱼体表呈银白色，鳙鱼身体上有较多的黑色斑点；另外，鲢鱼的性情急躁，喜跳跃，较活泼，稍受惊动即四处逃窜，鳙鱼则性情温和，行动缓慢，不善跳跃。两种鱼都生活在水体的上中层，以水体中的浮游生物、腐殖质碎屑、细菌菌落为摄食对象。鲢鱼以摄食浮游植物为主，鳙鱼以浮游动物为主食，人工养殖条件下，都可摄食人工合成饲料。鲢鱼和鳙鱼的生长速度均较快，在成鱼饲养阶段，体长的增长以二龄时最为迅速，体重的增加则以三龄时为高峰期。两者是我国优良的淡水养殖品种，在我国的养殖区域分布很广，由于生长快，抗病力强，疾病少，易饲养等优点，一直在我国淡水养殖中占有特别重要的地位。鲢鱼因其特有的短食物链食性，还被一些富营养程度高的湖泊大量移养，作为改善水质、进行生态修复的有效物种之一。近年来，随着淡水养殖对象的变化，鳙鱼在四大家鱼产量中的比例明显增加。和草鱼一样，两者也被引种到国外养殖。

（二）鲤鱼

鲤鱼俗称拐子。体长形，侧扁，腹部浑圆，背部在背鳍前隆起。呈暗褐色，鳞大，尾金黄色，吻部有须两对。鲤鱼在我国的养殖历史最久，是广适性定居鱼类，适应性极强，分布非常广，能在各种水域甚至恶劣的环境条件下生存。喜生活于水体底层，特别是喜爱水草丛生和底质松软的环境。鲤鱼是典型的杂食性鱼类。其食物可分动物性和植物性两大类。动物性食料有：螺类、蚬类、淡水壳菜、摇蚊幼虫、虾、幼鱼等，植物性食料有：藻类、苦草、芡实等水生植物的果实、腐烂的植物碎片等。人工养殖条件下，可以摄食多种人工配合饲料，被称为池塘中的"清洁工"。鲤鱼是比较大型的鱼类，生长较快，体长的增长一二龄时最快，体重的增长则以四五龄时为最快。但与青鱼，草鱼，鲢鱼，鳙鱼比较，相对较慢一些。不同水域中生长的鲤鱼，其生长差异很大。人们利用这些具有不同特点的鲤鱼进行杂交，选育出许多优质的杂交新品种，如丰鲤、建鲤、荷元鲤、芙蓉鲤、豫选黄河鲤鱼等。

（三）鲫鱼

鲫鱼又名鲫瓜子、喜头等，是我国产量较高的中型经济鱼类之一。其形态特征、习性等与鲤鱼相似，但无须，体灰白色，个体比鲤鱼小，生长也较慢。鲫分布广泛，适应能力强，我国除青藏高原外，几乎遍布全国各地的大小水体。耐低氧，病害少，通常不作为池塘主养品种，较多的时候作为配养对象。鲫鱼属广适性底层鱼类。杂食性，主食植物性食物，在人工饲养条件下食性广泛，喜食麸皮、豆饼、米糠、配合饲料等，还能直接利用各种家畜、家禽粪便。鲫鱼在我国有 2 个种（鲫鱼和黑鲫）和 1 个亚种（银鲫）。野鲫生长较慢，不同水域的鲫鱼，生长速度有一定差异。银鲫、彭泽鲫、大阪鲫比野鲫生长快。经过人工选育并在生产上广泛推广应用的有异育银鲫、彭泽鲫、湘云鲫等品种。

（四）团头鲂

团头鲂又称武昌鱼。俗称：团头鳊，平胸鳊。体高，甚侧扁，呈菱形，头后背部隆起，体长为体高的 2~2.3 倍。身体背部呈暗灰色，腹部灰白色。与团头鲂形态体征相似的还有三角鲂和长春鳊 2 个种，在分类上习惯称为鳊鱼类，团头鲂和三角鲂在日常生活中往往混称为鳊鱼，实际上是 3 个不同的种。团头鲂肉质细嫩、腴美，脂肪丰富，胜于长春鳊和三角鲂。团头鲂多见于湖泊，比较适于静水性生活。平时栖息于底质为淤泥、并生长有沉水植物的敞水区的中、下层水中。草食性，幼鱼主要以枝角类和其他甲壳动物为食；成鱼摄食水生植物，以苦草和轮叶黑藻为主，还食少量浮游动物。生长速度较快，在全国各地均有人工养殖。人工选育的新品种如团头鲂"浦江 1 号"，已推广到全国 20 多个省市。

（五）罗非鱼

俗称非洲鲫鱼。原产于非洲。我国自 20 世纪 40 年代开始引入养殖，80 年代以后大规模应用推广。目前，我国养殖的罗非鱼主要品种有尼罗罗非鱼、莫桑比克罗非鱼、奥里亚罗非鱼、红罗非鱼、奥尼罗非鱼等。罗非鱼属热带性鱼类，不耐寒，在北方地区不能自然越冬，它的生存水温 12~40℃，最适生长水温 25~35℃，17℃以下停止生长，14℃以下时便不吃食，水温降到 12℃以下时即死亡，奥里亚罗非鱼可耐 8℃低温。罗非鱼为广盐性鱼类，可在淡水中养殖，也可在半咸水中养殖。罗非鱼栖息于水体中下层，耐肥水，幼鱼时以摄食浮游动物为主，随着个体的长大，逐渐转为杂食性，在人工饲养条件下，可以驯化投喂人工配合饲料。在相同条件下，雄鱼比雌鱼具有明显的生长优势，个体大 40%~50%。养殖全雄罗非鱼是增产、高产的有效途径。

（六）人工选育的水产养殖新品种

1996—2009 年，我国经过人工选育的水产养殖新品种有 87 种，表 2-1 为我国历年审定公布的水产养殖新品种。

表 2-1　我国历年审定公布的水产养殖新品种

年份	新品种名称	数目
1996	太平洋牡蛎、虾夷扇贝、海湾扇贝、美国青蛙、牛蛙、罗氏沼虾、露斯塔野鲮、散鳞镜鲤、德国镜鲤、革胡子鲇、道纳尔逊氏虹鳟、虹鳟、斑点叉尾鮰、短盖巨脂鲤（淡水白鲳）、大口黑鲈（加州鲈）、奥里亚罗非鱼、尼罗罗非鱼、异育银鲫、芙蓉鲤、三杂交鲤、岳鲤、荷元鲤、丰鲤、颖鲤、福寿鱼、奥尼鱼、德国镜鲤选育系、荷包红鲤抗寒品系、松浦银鲫、建鲤、彭泽鲫、荷包红鲤、兴国红鲤	33
1997	吉富品系尼罗罗非鱼、松浦鲤、"901" 海带	3
2000	美国大口胭脂鱼、大菱鲆、万安玻璃红鲤、团头鲂 "浦江 1 号"	4
2001	湘云鲫、湘云鲤	2
2002	SPF 凡纳对虾、蓝花长尾鲫、红白长尾鲫	3
2003	中国对虾 "黄海 1 号"、松荷鲤、剑尾鱼 RR-B 系、墨龙鲤	4
2004	"东方 2 号" 杂交海带、"荣福" 海带、"大连 1 号" 杂交鲍、鳄龟、苏氏圆腹鱼芒、池蝶蚌	6
2005	预选黄河鲤、"新吉富" 罗非鱼、"蓬莱红" 扇贝、乌克兰鳞鲤、高白鲑、小体鲟	6
2006	甘肃金鳟、"夏奥 1 号" 奥里亚罗非鱼、津新鲤、"中科红" 海湾扇贝、"981" 龙须菜、康乐蚌	6
2007	萍乡红鲫、异育银鲫 "中科 3 号"、杂交黄金鲫、杂交海带 "东方 3 号"、中华鳖日本品系、漠斑牙鲆	6
2008	松浦镜鲤、中国对虾 "黄海 2 号"、清溪乌鳖、湘云鲫 2 号、杂交青虾 "太湖 1 号"、匙吻鲟	6
2009	罗氏沼虾 "南太湖 2 号"、海大金贝、坛紫菜 "申福 1 号"、芙蓉鲤鲫、"吉鲷" 罗非鱼、乌鳢 "杭鳢 1 号"、杂色鲍 "东优 1 号"、"富棘" 刺参	8
总计		87

三、鱼类育种

鱼类育种，就是应用各种遗传学方法，改造鱼类的遗传结构，按照人们的意愿，培育特定遗传性状（如生长迅速、抗病、耐低温或高温等）稳定的鱼类品种或品系，以选育出高产优质的生产性品种。

《齐民要术》"养鱼" 篇中说 "留长二尺者二千枚做种"。是在鲤鱼繁殖生物学方面，对苗种培育的一项很重要的技术，即留下良种继续培育，这些留养之鱼，体长、体重、体质等情况已达到较佳状态，如此将是：一来继续培育至成熟是做了提前选择，对未来亲鱼的健康养成有保障；二来对其成熟后繁衍后代也是一种优选，以利于健康健壮地传种接代。所以，在池塘放养的第 3 年，就考虑良种的问题，是属于继续再生产使养鱼业持续发展的长远考量，也才能有"不可胜计"（《齐民要术》语）的收获。

实践表明，品种是养殖生产的物质基础，良种的选择和培育是增产的有效途径。通过传统育种和现代生物技术对鱼类进行品种选育和遗传改良，获得具有优良性状的优质苗种，对促进水产养殖业向高产、优质、持续、健康方向发展具有重要意义。

（一）鱼类育种的主要技术途径

养殖鱼类的选择与育种，在很长的历史年代里，只是停留在依赖自然选择的作用上。1558 年瑞士的格斯纳进行的鲤鱼与金鱼的交配，是世界上制种的最早记载。直到 18 世纪末叶遗传学理论初步建立后，才为养殖鱼类个体间的杂交奠定了基础。此后，随着现代生物技术的发展，鱼类的育种由个体间细胞水平，走向分子水平，突破了种间不可杂交的障碍。选种及杂交育种是个体水平；染色体倍数性育种和体细胞育种属细胞水平；基因转移育种乃是分子水平。在育种实践中，这 3 个层次的手段往往相互结合，互为补充。

1. 选择育种

是鱼类育种中最经典的方法。鲤鱼是养殖历史最悠久的鱼种，我国大约从农渔时代就开始进行自发的物种选留，挑选生长快、个体大、体态健壮的鱼作亲本，淘汰含有不利特性的个体，使有利的遗传基因得以保留并逐步稳定，这种过程实际上就是种内选育。目前，鱼类选择育种的方法主要有集体选择、个体选择、家系选择、复合选择。集体选择是挑选表现型优良的群鱼为种用；个体选择是先选出优良的一窝，然后在个体发育的不同时期选用最优良的个体作为种用；家系选择是从一雌一雄选亲配合建立家系开始，在其后代中一代一代进行高度的近亲交配，以累代实行严格的全同胞交配为基础，依据个体表现型值，兼顾家系平均值，进行选择留种；复合选择是将个体选择和家系选择结合起来所进行的选择育种。在鱼类提纯复壮中常用到这些方法。

2. 杂交育种

鱼类育种中较有成效的手段之一，已由种内扩大到种间。绝大部分养殖鱼类是体外受精，为人工杂交提供了十分有利的条件。人工杂交可以把两个不同种类的优良遗传特性集中于同一个体，扩大了遗传特性的变化范围。金鱼是杂交与选择相结合进行育种最早的成功例子。鱼类杂交育种的方法有增殖杂交育种、回交育种、复合杂交育种和经济杂交。增殖杂交育种系指经由一次杂交，从杂种子代优良个体的累代自群交配后代中选育新品种；回交育种系利用杂交子代与亲本之一相互交配，以加强杂种世代某一亲本性状的育种方法；复合杂交育种系将 3 个或 3 个以上品种或群体的优良性状通过杂交综合在一起，产生杂种优势或培育新品种的育种方法；经济杂交是指利用杂种一代优势的杂交。目前我国进行的鱼类杂交多以经济杂交为主。

3. 染色体倍数性育种

包括单倍体育种和多倍体育种。

（1）单倍体育种。以雌核发育或雄核发育为手段，使发育后代的遗传信息只由母本或父本的单套染色体提供。由于单倍体育种能在很短的时间获得纯合的个体，因而成为育种的主要方法之一。

（2）多倍体育种。有同源多倍体和异源多倍体。前者是体细胞中有两套以上同源染色体，后者含有两套以上不同源的染色体。多倍体一般有 3 倍体、4 倍体、5 倍体或更高的倍数。异源多倍体是解决杂种不育的有效途径之一。

4. 体细胞育种

应用经过诱变或筛选的、具有一定目的遗传特性的体细胞系作为原始材料，以培育鱼类新品种，是鱼类育种工作中目标较为明确且较为快捷的途径。世界上第一尾"试管鱼"的试验成功，为鱼类体细胞育种解决了技术上的主要障碍。

5. 基因转移育种

高等生物的基因分离、扩增和重组转移等技术的日益完善，为鱼类基因转移育种创造了条件。人的生长激素基因成功的转移入泥鳅和鲫鱼，在受体成鱼体中得到表达，并能遗传给下一代的事实，使人们见到了这一技术途径的新曙光。

（二）我国鱼类育种的主要成就

1. 选择育种

我国已成功地选育了荷包红鲤、兴国红鲤、黑龙江野鲤、荷包红鲤抗寒品系和彭泽鲫等。荷包红鲤是采用集体选择与家系选择相结合的方法经 11 年连续 6 代的选育而获得的；兴国红鲤是采用集体选择方法经 13 年连续 6 代的选育而获得的；黑龙江野鲤是通过家系选育方法获得的；荷包红鲤抗寒品系是运用杂交和系统选育方法育成的；彭泽鲫是采用系统选育方法经 7 年连续 6 代的选育而获得的，是我国第一个从野生鲫中人工选育成的优良养殖品种。

随着鱼类育种技术的不断创新和成熟，单纯的传统技术不足以适应这个行业的发展，随之传统与现代育种技术相结合的出现，极大的推动了育种工作的进展，并能克服传统技术的不足，提高育种效率和选择强度。例如，福瑞鲤育种选育的核心技术，采用基于数量遗传学分析的家系选育方法选育而成；大口黑鲈"优鲈 1 号"以国内 4 个养殖群体为基础选育种群，采用传统的选育技术与分子生物学技术相结合的育种方法，以生长速度为主要指标，经连续 5 代选育获得的大口黑鲈选育品种，也是世界上第一个大口黑鲈选育新品种。长江水产研究所采用人工雌核发育、分子标记辅助育种和群体选育相结合的综合育种技术培育出了具有生长快、体型好、适应性强等优良性状的新品种——长丰鲢。

2. 杂交育种

我国鱼类杂交试验涉及 3 个目、5 个科、32 个种。在鱼类近百个杂交组合杂种一代（F_1）中能显出杂种优势的只局限于若干稳定的品种。

（1）种内杂交。在种内杂交方面较突出的成果有：红色散鳞镜鲤、建鲤、三杂交鲤、荷元鲤、岳鲤、芙蓉鲤、丰鲤、颖鲤等。红色散鳞镜鲤系兴国红鲤♀×苏联镜鲤♂的 F_1；建鲤是由荷包红鲤♀×元江鲤♂的杂种按增殖杂交育种法经 4 代家系选育形成新品种的雏形，然后与子 2 代的连续雌核发育子 2 代交配，经选育培育而成，其个体大，生长快于荷元鲤；三杂交鲤系（荷包红鲤♀×元江鲤♂）♀×镜鲤♂的 F_1，其生长速度快于镜鲤和杂种优势的荷元鲤，蛋白质含量和群体产量也高于镜鲤和荷元鲤；荷元鲤系荷包红鲤♀×元江鲤♂的 F_1，它综合了父本体长和母本体高背厚的优点，且增重速度也快于亲本；岳鲤系荷包红鲤♀×湘江野鲤♂的 F_1，其比亲本生长速度快，抗病力强，成活率高；芙蓉鲤系散鳞镜鲤♀×兴国红鲤♂的 F_1，其个体大，当年最大个体可达 3 千克；丰鲤系兴国红鲤♀×散鳞镜鲤♂的 F_1，其生长快，抗病力强，起捕率高；颖鲤系散鳞镜鲤♀×鲤鲫移核鱼（荷包红鲤的囊胚细胞核移植到鲫鱼的去核卵内发育而成）F_2♂杂交的 F_1，其个体增重和群体增重均比亲本快，与其他杂交鲤相比，同三杂交鲤相似但略优于三杂交鲤，比反交鱼（鲤鲫移核鱼 F_2♀×散鳞镜鲤♂）和镜鲤♀×荷包红鲤♂的杂交鲤快。

（2）种间杂交。在种间杂交方面较突出的成果主要有高邮鲫、异育银鲫、丰产鲫、兴淮鲫、湘鲫、福寿鱼、奥尼鱼等。高邮鲫系高邮湖鲫♀×白鲫♂的 F_1，其生长速度比亲本快；异育银鲫系方正银鲫♀×兴国红鲤♂所产生的雌核发育后代，其生长快，产量高；丰产鲫系彭泽鲫♀×兴国红鲤♂的 F_1，其生长速度比母本快 25%；兴淮鲫系白鲫♀×散鳞镜鲤♂的 F_1；湘鲫是红鲫♀×湘江野鲤♂的 F_1，一般鲤鲫鱼杂种生长慢于鲤鱼，但快于鲫鱼，且抗病力强，易起捕；福寿鱼系莫桑比克罗非鱼♀×尼罗罗非鱼♂的 F_1，其个体大，生长快，肉质鲜美，雌雄个体比较均匀，耐寒力较强；奥尼鱼系尼罗罗非鱼♀×奥尼亚罗非鱼♂的 F_1，其个体雄性率高达 90%，抗病力和抗寒力较强，起捕率高。此外，鲶科鱼类也开展了具有明显杂种优势的杂交育种，现已推广应用的主要有：革胡子鲶♀×胡子鲶♂、河鲶♀×南方大口鲶♂、斑点胡子鲶♀×胡子鲶♂、革胡子鲶♀×斑点胡子鲶♂、河鲶♀×六须鲶♂等。

2009—2010 年，辽宁省凤城市鱼种场根据鱼类杂交一代优势育种途径，选择德国框鲤做父本，散鳞镜鲤做母本进行杂交育种试验，成功培育出了抗病力强、生长快、成活率高的杂交一代鲤鱼苗种，提高养殖抗病力和养殖产量。浙江海洋学院通过燕尾红剑与鸳鸯剑杂交以及连续回交获得体色为红底黑纹的长鳍剑尾鱼，暂名长鳍鸳鸯剑（燕尾红剑×鸳鸯剑）。选取杂交子代群体中出现的红底黑条纹且观赏性好的长鳍鸳鸯剑与鸳鸯剑进行连续 4 次的回交，如此连续选育 5 个世代，子代中红黑体色的个体的比例从 45.1% 增加到 90.1%。珠江水产研究所采用种内杂交的方法，集中不同群体优点作为基础群，以斑鳢雄鱼为父本，乌鳢雌鱼为母本，通过生态调控和激素催熟等方法强化培育亲本，解决两种亲本之间的性腺发育不同步的问题，获得生长速度大幅提高的超级杂交鳢——乌斑鳢（乌鳢♀×斑鳢♂）。

3. 性别控制

某些鱼类雌、雄个体在大小、生长速度、成熟年龄、繁殖方式等方面存在明显的差异。人工控制鱼类性别，选择具有最佳的生长性能的性别进行单性养殖，对养殖生产具有非常重要的意义。我国鱼类性别人工控制方面的研究已跻身世界前列。全雌鲤、全雌草鱼、全雄化罗非鱼的养殖已告成功。鱼类性别控制的主要途径有性激素诱导法、种间杂交、三系配套技术、人工雌核生殖和人工雄核生殖。

（1）性激素诱导法。我国于 20 世纪 70 年代末开始用类固醇激素控制鱼类性别的研究，并获成功。通过投喂或浸泡性激素使鱼类产生生理性别的逆转，从而达到性别控制的目的。鱼类性反转的技术关键在于所使用的性激素的种类和剂量，处理的方式及控制好性激素投喂的最佳时机。性激素可使鲤科、鲑科、丽鱼科、鲷科等鱼类获得性反转。需要说明的是，原来常用的甲基睾丸酮、雌二醇等性激素类化合物，国家现已禁用。

（2）种间杂交。种间杂交产生单性后代的关键是杂交双方必须物种纯正，种质不纯达不到预期的目的。我国罗非鱼种间杂交的目的主要就是利用它们可产生 90%~100% 的全雄杂种。在罗非鱼种间杂交产生全雄鱼研究中发现，有 6 个组合可以获得全雄鱼，其中以尼罗罗非鱼♀×奥尼亚罗非鱼♂杂交组合所得子代奥尼鱼雄性比例最高，有明显的优势，现已在我国得到广泛应用。

（3）三系配套技术。三系配套技术是 20 世纪 80 年代应用性反转与杂交相结合的方法发展起来的。三系是指原系、转化系和雄性纯合系。原系是指群体中未经性反转的雌雄鱼，如对莫桑比克罗非鱼而言，可用 XX♀ 与 XY♂ 表示；转化系是指遗传型雄鱼用雌激素诱导性转化后的表型雌鱼，即雌性化雄鱼，用 XY♀ 表示；雄性纯合系是指通过原系 XY♂ 与转化系 XY♀ 交配所获得的 YY 型的雄鱼，或称为超雄鱼，用 YY♂ 表示。用雄性纯合系 YY♂ 成熟后再与自然群体中的 XX♀ 交配，则可获得全雄鱼。要想获得更多超雄鱼，满足罗非鱼全雄化生产的需要，可先将雄性纯合系 YY♂ 用雌激素反转为功能上的雌体，即雄性纯合转化系

YY♀。然后将 YY♀ 与 YY♂ 交配即可获得超雄鱼。目前，利用三系配套技术已制作出来的超雄鱼，并用于生产全雄后代的有莫桑比克罗非鱼、尼罗罗非鱼、虹鳟、金鱼、河鲶等鱼。

（4）人工雌核发育。雌核发育是指卵子依靠自己的细胞核发育成个体的生殖行为。雌核发育对鱼类育种工作具有重要的意义：它不仅能产生单性后代，还能迅速建立纯系，稳定杂种优势，提高选择效率。要获得鲤、鲫鱼纯系若按传统近亲交配方法需要用 20～30 年连续 8～10 代的连续选育，而应用雌核发育技术，只需 1～2 代；纯系亲体可以保持杂种优势的多代利用；通过雌核发育能使有害的隐性基因和致死基因暴露出来加以淘汰，选育出抗病的新型品种。我国已用雌核发育技术建立了红鲤 8305 和 8413 两个纯系。雌核发育技术已应用于生产，如方正银鲫♀×兴国红鲤♂ 所产生的雌核发育后代"异育银鲫"和银鲫♀×元江鲤♂ 所产生的雌核发育后代生长速度均比母本快得多，现已应用于生产并取得较高的经济效益。目前用人工雌核发育生产商品价值较高的全雌鱼类已有鲤、鲢、罗非鱼、泥鳅、草鱼、虹鳟、大马哈鱼和真鲷等 20 种。

（5）人工雄核发育。雄核发育是指卵子依靠雄性原核进行发育的生殖行为。雄核发育对鱼类育种工作也有重要的意义，它能产生单性后代，还能迅速建立纯系。我国在鱼类中开展人工雄核发育研究较少。

（6）细胞核移植。细胞核移植技术是选育鱼类优良品种的新型手段之一，它是应用显微技术，将一种鱼的细胞核移入到另一种鱼的去核卵细胞内的方法。我国在利用细胞核移植技术培育鱼类新品种研究方面处于世界领先地位。童弟周教授等率先在金鱼和鳑鲏鱼中进行同种鱼的细胞核移植并获得成功。接着，又在这两种鱼间进行了不同亚科之间的细胞核移植，获得多种移核的核质杂种鱼。细胞核移植技术不仅可以用于研究鱼类发生遗传，还可用于探索经济鱼类的育种途径。在淡水鱼养殖上，已利用鱼类囊胚细胞核移植到不同属、不同亚科甚至不同目的去核卵细胞内，得到几种核质杂种鱼，分别为鲤鲫移核鱼、团草移核鱼、罗非鱼鲤鱼移核鱼。我国还利用鲤鲫移核鱼 F_2 与散鳞镜鲤♀杂交培育出比双亲更优越的杂种子一代（颖鲤）。但是，并非所有的核质杂种鱼都可以培育成新品种。因此，细胞核移植技术作为鱼类育种的一种新型技术，仍处在探索阶段，离生产上的应用还有一定的距离。

（7）核酸诱导技术。核酸诱导技术为鱼类快速育种开辟了另一新途径。即从一种鱼卵细胞的细胞质中提取核酸导入另一种鱼的受精卵内，从而研究其对遗传发生的变化。我国在核酸诱导方面作了大量研究。如将鲤、鲫鱼成熟卵中提取的 mRNA 注入金鱼受精卵，使金鱼具有鲫鱼和鲤鱼的某些外部性状（如单尾鳍），有的性状（如单尾鳍）还可遗传给后代。可见，外源核酸诱导技术可用于改良鱼类的某些性状，但要应用于改良鱼类一些重要的性状还有一段距离。

目前，我国水产良种选育更加注重科研、资金和人力资源的整合，现代农业产业技术体系的启动就是例证。目前水产方面有 5 个产业体系，分别是国家大宗淡水鱼类产业技术体系、国家罗非鱼产业技术体系、国家贝类产业技术体系、国家鲆鲽鱼类产业技术体系和国家虾产业技术体系等，通过联合全国科研实力强、水产选育和培育经验丰富的科研单位、技术推广站、高校以及龙头企业进行技术攻关，发挥科研院所的带头作用，调动水产龙头企业的积极性和参与性，集中利用优势资源，提高技术创新力度，选育出遗传性状优良、生产性能良好的水产良种或养殖新品种。截至目前，共有 5 个大宗淡水鱼良种获得新品种审定，它们分别是：以中国科学院水生生物研究所桂建芳研究员为首的团队研制的异育银鲫"中科 3 号"、以黑龙江水产研究所石连玉研究员为首的团队研制的松浦镜鲤、湖南省水产研究所研制的芙蓉鲤鲫、以长江水产研究所邹桂伟研究员为首的团队研制的长丰鲢和以淡水渔业研究中心董在杰研究员为首的团队通过运用数量遗传学、PIT 标记和家系选育的综合选育方法研制的福瑞鲤。在淡水养殖虾类方面也有较大的突破。由淡水渔业研究中心傅洪拓研究员为首的科研团队，综合应用杂交、选育、分子育种等现代育种新技术，历时 10 年，成功培育出了生长周期短、个体大、肉质好、抗病性强的新品种杂交青虾"太湖 1 号"，是迄今唯一通过国家良种审定的青虾新品种，也是世界上首个淡水虾蟹类新品种。

（三）我国鱼类育种存在的主要问题及发展趋势展望

我国淡水鱼类育种在性别控制、雌核发育和转基因鱼的研究等方面居世界领先地位，但是在其他育种技术上却存在差距和不足。

1. 我国鱼类育种存在的主要问题和改进措施思考

（1）我国淡水鱼类遗传基础研究相对滞后，较国外差距明显。新中国成立以来，我国虽然做了不少工作且取得了一些进展，但主要工作仅限于少数几种鱼类（多数为鲤科鱼类）的一些酶和蛋白质基因位点的测定，线粒体 DNA 限制性内切酶酶切图谱的研究，细胞 DNA 的提取，品种调查、考种及部分性状遗传。就是所做工作较多的淡水鱼类染色体组型分析也只研究了 200 种左右，仅占我国淡水鱼类的 1/4。

（2）鱼类选育种过程中选育不严，长期自交导致优良性状衰退。如亲鱼的选择标准，20 世纪 70 年代以前，鲢鱼的年龄是 4 年，体质量 5~8 千克；而现在生产上使用的鲢鱼亲鱼普遍为 3 年，两广只有 2~3 年，体质量 1.0~1.5 千克。其他如青鱼、草鱼、鳙鱼和鲤鱼等也多有类似情况。

（3）在鱼类杂交育种方面由于遗传基础研究的薄弱和资料的缺乏，许多鱼类的杂交带有盲目性。同时我国目前进行的鱼类杂交多是利用 F_1 代的杂种优势，没能进一步定向选育出具有真实遗传性的新品种。而且凡是能显示杂交优势的 F_1 代，大多是可育的或部分生育的，不易控制其本身的自交，杂种优势的分离和衰退无法避免，结果杂交"污染"严重污染了我国鱼类种质资源。

（4）我国目前的鱼类育种工作中采用的方法普遍单一。常规育种与新技术配合或运用杂交、选育与生物工程（雌核发育）相结合的综合育种技术采用不多，至今只有在建鲤的育种过程中成功地运用了综合育种技术。

（5）我国水产业的迅猛发展，使鱼类的引种驯化骤然升温。在鱼类的国内东西南北广泛移植和境内外品种的大交融中，使得不少鱼类的引种驯化工作没有严格按引种原则和规律进行，既带来水域资源与环境的破坏，又造成鱼类基因库的严重污染。我国应加大对鱼类引种驯化工作的引导、管理和监督力度，应使引种驯化按生态学、生物学、经济学规律办事。

为了加强原种、良种管理，走科学化、法制化的鱼类育种轨道，应尽快采取以下工作措施。

（1）进一步完善国家级和省级鱼类原种、良种审定委员会制度。建立完善国家和地方各级鱼类原种场、良种场监管、激励机制，要有高等院校和科研机构为依托单位指导各类鱼类选育种。要对现有养殖群体进行遗传筛选，确定选育群体、长短期育种目标和标准，选择可持续开发利用的优良种群，加强对现有良种优良性状的基因分析和定位工作，最终把原、良种场逐步引伸为良种性状的基因库。育种过程中应采用传统选育与现代生物技术相结合，以缩短育种年限。

（2）进一步完善杂交育种技术体系。要对已有的鱼类杂交育种进行总结，找出规律，提高基础理论水平；对现有杂交种进行审核，使其规范化、标准化。今后的鱼类杂交育种中，应考虑对杂交亲本遗传标记，以区分亲本和杂种后代，而且尽可能生产不育杂种，防止杂交"污染"鱼类基因库。

（3）开展鱼类激光育种研究。激光技术在农业领域中的开展和应用业已开始，通过激光束照射植物改变染色体，既能提高产量，又可培育新品种。鱼类的配子、胚胎或鱼苗经激光照射，诱导细胞生理变化和遗传变异，能选育出具有经济性状的优良品种。

（4）开展鱼类的航天育种。目前，我国在农作物上的航天育种已迈出可喜步伐，鱼类的航天育种还没起步。利用卫星搭载种子进行太空育种，能充分利用空间的自然辐射，特别是高能重粒子和微重力对动植物细胞功能的协同作用，诱导细胞生理变化和遗传变异，选育出优良的动植物品种。

（5）对转基因鱼深入研究。我国的转基因鱼虽居世界领先地位，但外源基因在转基因鱼体中整合率低，且随机整合、表达率低的问题还未解决。因而未来有关基因转移方法和效率、基因整合位点、整合基因表达与遗传，以及鱼类有用基因的分离、各种基因元件的研究将广泛开展。

2. 鱼类育种发展趋势展望

近年来，随着科学技术的发展，现代生物技术被广泛地应用于动物的遗传改良，如转基因技术的应用、各种遗传标记的开发、遗传连锁图谱的构建、数量性状位点（QTL）技术和分子辅助育种技术（MAS）等已在育种中取得了很大成效，目前，这些技术也已被应用于鱼类的遗传改良。在未来的发展中，我国鱼类的育种工作，应采用选择育种与现代生物技术特别是分子遗传标记技术相结合的方法对其进行遗传改良，分子育种技术与数量遗传技术的结合应用可使遗传改良速度最大化，这也是当前国际上鱼类遗传育种的研究趋势。

"十三五"及今后一个发展时期，我国水产良种选育将更加注重优良品质性状（如肉质、口感等）以及抗病、抗逆性状的选育，通过研究和创新以及引进、消化和吸收国际上现代的育种技术，通过应用动物基因组学、数量遗传学、蛋白质组学、功能基因组学等现代的生物技术，选育技术体系将不断完善，逐步开发出自主的、具有中国特色的、先进的涵盖遗传育种、种质检测、检疫等全套技术体系，并通过技术更新加快良种选育进程，为我国生态健康的渔业生产提供优质的苗种。

第二节 《齐民要术》与池塘环境条件和池塘建造

"以六亩地为池，池中有九洲。……"
"池中九洲八谷，谷上立水二尺；又谷中立水六尺。……"

——摘自贾思勰著《齐民要术》卷六"养鱼第六十一"篇

池塘是鱼类生活的环境，又是鱼类天然饵料的生产基地，也是有机物氧化分解的场所。池塘养鱼要获得高产稳产，既要不断地为鱼类创造良好的生活环境，又要使鱼类不断地得到质好量多的天然饵料和人工饲料，更要促进饲料条件和水的理化条件之间的互相转化。

《齐民要术》中说"以六亩地为池，池中有九洲。"、"在池中，周遶九洲无穷，自謂江湖也"，并指明在"六亩"的养鱼池中，池底特别建成有 9 个小丘（凸起）、8 个洼坑（凹地），同时"谷上立水二尺"、"谷中立水六尺"使小丘周围的"谷上"离水面"二尺"为浅水区域，洼坑（凹地）离水面"六尺"为深水区域，形成有浅有深的类似于自然环境的池塘水体，使鲤鱼在池中不但能自由游动，还有隐蔽之处，这是对养鱼池塘环境条件和建造池塘时的明确要求。

一、池塘环境条件

人工饲养条件下，池塘环境条件的优劣对能否获得高产稳产起决定性作用。池塘的基本环境条件包括以下内容。

（一）池塘位置

池塘应位于水源充足，水质良好无污染，进排水方便，道路、电力、通讯良好的地方。建池土壤的保水性要好，沙质土、含腐殖质较多的土壤、含铁过多的赤褐色土壤以及 pH 值<5.0 或>9.5 的土壤不适宜建池。池塘周围环境要有利于注、排水，方便鱼种、饲料、成鱼运输以及其他一些养鱼技术和管理工作的展开。这是鱼池获得高产稳产的最基本条件。

（二）池塘水源

水是养鱼生产的"三要素"之一。养殖用水的水质必须符合《渔业水质标准（GB 11607—1989）》规定，对于部分指标或阶段性指标不符合规定的养殖水源，应考虑建设水源处理设施，并计算相应设施设备的建设和运行成本。

水源要保证充足，一年四季随时可注、换新水。以无污染的江河水、湖泊水、水库水为好，使用时经过一定过滤处理即可；泉水的水温和溶氧量较低，需经曝气后才能使用；沼泽水、芦苇地水通常有机物多，矿物质少，呈酸性，是养鱼的劣等水，尽量不用；井水可以作为水源，但水温和溶氧量较低，需经曝晒或延长流程后再用，或者采取多次少量添加的方式；有的井水含铁质过高，应经氧化沉淀后才能使用；工厂、矿山排出的废水，须经化验分析和试养后才能使用。高产鱼池要求池水始终保持溶氧量达 5.0 毫克/升，pH 值为 7.0~8.5，总硬度在5~8 德国度，氮、磷比在 20 左右，总氮 6.0~8.0 毫克/升，有机物耗氧量在 30毫克/升以下，不允许有硫化氢存在。

（三）池塘面积

养鱼池塘的面积要适中。《齐民要术》中说"以六亩地为池"，按汉制一亩相当于今制 0.6912 市亩，此"六亩"即为现在的 4 亩（1 亩≈667 平方米，下同）稍多。

目前，亲鱼池、鱼苗池和鱼种池为了管理和操作方便，以 3~5 亩为宜，设备和技术条件较好的，鱼种池可达 10 亩左右。成鱼池以 10~15 亩为宜，也可达20~30 亩。池塘面积大，受风和日照面积大，风浪促使池水对流，使上下层混合，提高底层溶氧量，对改善水质，促进物质循环，减少或避免池底氧债的形成都非常有利。所以，池塘面积大，各种环境条件都相对稳定，不易突变，适合鱼类和各种饵料生物的生活需要。同时，池塘面积大，鱼类活动范围广，也符合大型鱼类的习性。因此，小池塘改大池塘也是养鱼高产的经验之一。但面积过大，池塘受风面大，容易发生大浪，冲坏池埂，同时投喂、防病等管理工作也不方便，捕捞也较困难。

（四）池塘水深

俗话说："一寸水，一寸鱼"，池水的深度，与养鱼的产量高低有着密切的关系。《齐民要术》中载："谷上立水二尺""谷中立水六尺"，按西汉制1尺相当于现在的23.1厘米计，当时要求池塘浅水区水深在45厘米左右，深水区水深应该在140厘米左右。随着养鱼技术的不断发展，当代养鱼实践中，为了获得更高产量，要求的池塘水深有较大增加。

池深水宽是密放混养的基础，鱼的生长环境是根据水的立体来考虑的，池水过浅或过深都会对鱼生长造成影响。池水过浅，水质容易变化，鱼类的活动范围小，饵料生物少，有害水生植物易繁生。池水过深，下层光照弱，浮游植物量少，光合作用产氧量也少，同时风力不易使上下层水起混合作用，有机物耗氧多，容易形成下层水体缺氧；水越深，下层水温越低，溶氧量越少；在底层缺氧的情况下，有机质不能正常分解，不但影响池塘的物质循环，降低池水肥度，减少饵料生物，而且还会产生一些有毒害作用的气体，危害鱼类生长。

适宜的鱼苗池水深1.0米左右，鱼种池水深1.5~2.5米，饲养食用鱼池塘的适宜水深在南方地区为2.0~2.5米，北方地区为2.5~3.0米。在一定范围内，单位面积的放养量与鱼产量是随水深的增加而提高的。因此，浅池改深池是提高池塘鱼产量的另一有效措施。

（五）池塘的形状和方向

池塘应规则整齐，以东西长、南北宽的长方形为好，长、宽比为5:3或3:2。这样的池形池埂遮阴少，水面日照时间长，有利于促进浮游生物的繁殖和水温的提高；在养鱼季节偏东风和偏西风较多，受风面大，有利于水中溶氧量的提高；注水时易形成全池水的流转。连片的池塘要求规格化，建设必要的运输干道及注、排水系统。池底要平坦或略向排水口倾斜；池埂要坚固，池埂脚和池底间应有1米宽的池滩，地质要坚实。池堤要高出洪水位0.5米以上。

（六）池塘地质

池塘底质从多方面影响水质，对养鱼非常重要。池塘底质首先要保水性能好，这样才能保持一定的水位和肥度。

饲养鲤科鱼类的池塘，底质以壤土为好，壤土的保水与保肥能力适中，池水不会太浑，底泥不会过深，饵料生物生长好。

池塘经1~2年养鱼后，池塘内积存的鱼类粪便和生物尸体等与泥沙混合，形成淤泥，覆盖了原来的池底，土质对养鱼的作用也就让淤泥取代了。精养池塘每年沉积淤泥厚度可达10厘米以上，淤泥中含有大量的营养物质，具有保肥、供肥和调节水质的作用；新修建的池塘施肥后，肥度和水质常不稳定，就是底层缺少淤泥的缘故；淤泥过多，有机物耗氧过大，造成底层水长期缺氧，缺氧后有机物厌氧发酵，还会产生氨、硫化氢、有机酸等有害物质，甚至形成大量氧债，容易引起鱼类浮头。所以，池塘淤泥过多很容易恶化水质，抑制鱼类的生长，甚至引起死亡。在不良条件下，鱼体抵抗力降低，而病菌却容易繁殖，常发生鱼病，所以池塘淤泥不宜过多，以 10~20 厘米为宜。每年应清除过多的淤泥。

（七）池塘水色

池塘水色是水中浮游生物种类和数量的反映，也间接反映了水的物理和化学性质。根据水色判断水质优劣是我国传统池塘养鱼的主要技术之一。生产上常用"肥、活、嫩、爽"作为好水的标准，通常认为，"肥"就是水中浮游生物量应在 20~100 毫克/升；"活"指水色和透明度变化反映出水中肥水鱼能利用的藻类（如绿藻、硅藻等）占优势种；"嫩"是水质肥而不老，即形成水华的藻类处于增长期，而且蓝藻数量不多；"爽"是水质清新，除浮游生物和悬浮有机质以外的悬浮物不多，池水透明度保持在 25~40 厘米。

（八）池塘周围环境

池塘周围以开阔为好。不能有高大的树木和房屋，池边不应有敌害以及消耗水中养分、妨碍操作的杂草和挺水植物。防洪水堤坡可种植物饲料或栽桑，不仅可生产养鱼的饲料和肥料，还可招引昆虫，增加天然饵料，也有利于保护池堤，减轻雨水的冲刷，但堤坡不宜栽种高大树木，以免阻挡阳光照射和风的吹动，影响池塘内浮游生物的生长和溶氧量。

二、池塘建造设计

池塘是鱼类繁殖和生长发育的场所。所建池塘的位置、面积、结构和池水的深度等，对鱼类养殖技术的实施及其生产管理有着直接影响。

《齐民要术》中提及的"鱼池"既是亲鱼的饲养池和成鱼的养殖池，又是孵化池，还是幼鱼的培育池，即"一池兼多职"。现代养鱼实践中，随着池塘养殖技术水平的不断提高，根据饲养阶段及功能差别，养鱼池塘也进行了不断的细化和分类。

（一）池塘的种类及水系配套

1. 池塘的种类

综合型养殖场，养鱼池因饲养的阶段不同分为亲鱼池、鱼苗池、鱼种池和成鱼池四大类。一般成鱼池面积占养殖总水面的 70%，苗种池和亲鱼池面积共占 30%左右。也有的养殖场以生产食用鱼为主或以繁殖育苗、培育鱼种为主，各类池塘比例则有较大变化。

（1）亲鱼池。即为饲养亲鱼的专用鱼池。要求靠近水源，便于注、排水和技术管理。要靠近产卵孵化设备，避免亲鱼催产时的长途运输。亲鱼池面积不宜过大或过小，如果面积过大，饲养的亲鱼多，繁殖时不能一次性将一口池塘的亲鱼用完，拉网次数过多，会造成亲鱼受伤严重，影响产卵；如面积过小，水质容易变化，溶氧条件较差，影响亲鱼的性成熟，也容易造成泛池。一般每口亲鱼池的面积以 3~5 亩，水深 2.0~3.0 米为宜。

（2）鱼苗池。即由鱼苗养至夏花阶段的鱼池。因鱼苗高度密集，需要精心喂养，鱼池面积不宜过大，以 2~3 亩为宜，水深 1.0 米左右较为合适。水相对较浅，水温易升高，有利于鱼苗的快速生长。

（3）鱼种池。即由夏花鱼种养至更大的不同规格鱼种的池子。此阶段因需经常拉网过筛，按规格分养，鱼池面积以 3~5 亩，水深 1.5~2.0 米为宜。

（4）成鱼池。即鱼类饲养的最后阶段用池，又称食用鱼池。此阶段鱼类需要较大的生活空间和良好的生态环境，俗语所说的"宽水养大鱼"就在这个阶段。鱼池面积大，氧气条件好，水质良好、稳定。成鱼池面积以 5~10 亩为好，最大不宜超过 30 亩；水深 2.0~3.0 米，以 2.5 米为好。

2. 水系配套

池塘的水系有进水和排水两类，加上进水和排水动力机械、节制闸门，组成完整的池塘水系配套。

（1）进水系统。包括抽水泵站、进水拦鱼过滤设施、进水总渠、干渠和支渠，以及各通道上的节制闸、进入各鱼池的进水闸和拦鱼设施等。进水渠可用明渠或管道。

（2）排水系统。包括鱼池排水口控制闸、排水支渠和排水总渠等设施。在排水困难的地方，还需要建排水泵站。

（二）池塘建造设计

我国的池塘养鱼无论在模式还是在产量上虽然领先于世界其他国家，但随着经济与社会的不断发展，养殖设备、设施也在不断更新换代，池塘养殖技术不断发展，原来的养殖模式存在的一些弊端如生产粗放、水资源浪费严重、养殖污染较大等需要在养殖管理中不断进行改进和技术提升。

1. 新建池塘的主要模式

新建水产养殖场，要充分考虑地区经济发展水平、技术管理水平，根据环境条件、生产要素等确定建设模式。目前，主要有经济型池塘养殖模式、标准化池塘养殖模式、生态节水型池塘养殖模式和循环水池塘养殖模式等四种类型。

经济型池塘养殖模式，是目前池塘养殖生产所必须达到的基本要求模式。应具备以下条件：池塘符合生产要求，水源水质符合《无公害食品 淡水养殖用水要求（NY 5051—2001）》，有独立的进、排水系统，有生产运行必需的基础设施和生产设备，养殖生产管理符合无公害水产品生产要求等。适合于规模较小的水产养殖场，或经济欠发达地区的池塘改造建设和管理需要。

标准化池塘养殖模式，是根据国家或地方制定的"池塘标准化建设规范"进行改造建设的池塘养殖模式，其特点为"系统完备、设施设备配套齐全，管理规范"。标准化池塘养殖场应包括标准化的基础设施、配套完备的生产设备、养殖用水达到《渔业水质标准（GB 11607—1989）》，养殖排放水达到淡水池塘养殖水排放要求（SC/T 9101），还要有规范化的管理方式，有健全的产前、产中、产后生产管理制度。是目前集约化池塘养殖推行的模式，适合大型水产养殖场的改造建设。

生态节水型池塘养殖模式，是在标准化池塘养殖模式基础上，利用养殖场及周边的沟渠、荡田、稻田、藕池等对养殖排放水进行处理排放或回收利用的池塘养殖模式，具有"节水再用，达标排放，设施标准，管理规范"的特点。该模式一般要求有较大的排水渠道，可以通过改造建设生态渠道对养殖排放水进行处理，甚至可以依靠养殖排放水的处理区，构建有机农作物的耕作区。该模式的生态化处理区要有一定的面积比例，一般应根据养殖特点和养殖场的条件，设计建造生态化水处理设施。

循环水池塘养殖模式，是一种比较先进的池塘养殖模式，它具有标准化的设施设备条件，并通过人工湿地、高效生物净化塘、水处理设施设备等对养殖排放水进行处理后循环使用。循环水池塘养殖系统一般有池塘、渠道、水处理系统、动力设备等组成。循环水池塘养殖模式的水处理设施一般为人工湿地或生物净化塘。人工湿地或生物净化塘一般通过生态渠道与池塘相连，目前生态渠道的构建，一般是利用回水渠道通过布置水生植物、放置滤食性或杂食性动物构建而成，也可以通过安装生物刷、人工水草等生物净化装置以及安装物理过滤设备等进行构建。人工湿地在循环系统内所占比例一般为养殖水面的10%～20%。该模式具有设施化的系统配置设计，有相应的严格管理规程，是一种"节水、安全、高效"的养殖模式，具有"循环用水，配套优化，管理规范，安全高效，环境优美"的特点。

2. 池塘的建造

新建水产养殖场，要充分考虑当地的水文、水质、气候等因素，结合当地自然条件和经济条件，决定建设规模、建设标准。布局结构一般包括池塘养殖区、办公生活区、水处理区等。

池塘是养殖场的主体部分。按照养殖功能可分为亲鱼池、鱼苗池、鱼种池和成鱼池等。各类池塘所占的比例一般按照养殖模式、养殖特点、品种等来确定；池塘形状主要取决于地形、品种的要求。一般为长方形，也有圆形、正方形、多角形的池塘。长方形池塘的长、宽比一般为 5：3 或 3：2。池塘的朝向应结合场地的地形、水文、风向等因素，尽量使池面充分接受阳光照射，还要考虑是否有利于风力搅动水面，增加溶氧量。在山区建池，应根据地形选择背风向阳的位置。池塘面积也因养殖模式、品种、池塘类型、结构以及养殖功能不同而不同。南方地区，成鱼池一般 5~15 亩，鱼种池一般 2~5 亩，鱼苗池一般 1~2 亩；北方地区养鱼池的面积有所增加。养鱼池塘有效水深不低于 1.5 米，成鱼池一般为2.5~3.0 米，鱼种池 2.0~2.5 米。北方越冬池塘水深应达到 2.5 米以上。池埂是池塘的轮廓基础，宽度应满足拉网生产及交通等需要，池埂顶面一般要高出池中水面 0.5 米左右，埂顶的宽度一般 1.5~4.5 米。一般池塘坡比为 1：（1.5~3）。有条件的地区，最好进行护坡，护坡材料常用水泥预制板、混凝土、防渗膜等。建池时，池底一般保留 1：（200~500）的坡度，便于排水和捕鱼，并开挖相应的排水沟和集池坑；在池塘宽度方面，应使两侧向池中心倾斜。主沟最小纵向坡度为 1：1 000，支沟最小纵向坡度为 1：200（图 2-1）。

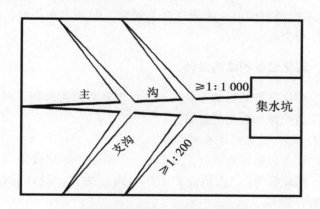

图 2-1　池塘主沟和支沟坡度示意图

面积较大的池塘可按照回字形鱼池建设，池底设台地和沟槽。台地及沟槽应平整，台面倾斜于沟，坡降为 1：（1 000~2 000），沟、台面积比一般为 1：（4~5），沟深一般为 0.2~0.5 米。为了投饵和拉网方便，可在池塘内坡上修建一条高出水面的宽度约 0.5 米的平台。

进、排水口的设置应遵循操作简单、注排方便、防渗漏等原则进行。进、排水系统的设计应做到进、排水渠道独立，尽可能采取一级动力取水或排水，合理利用地势条件设计进、排水自流形式。进、排水渠道应与池塘交替排列，池塘的一侧进水另一侧排水。

3. 旧池塘的改造提升

目前，我国对稳产、高产鱼池的一般要求为：面积适中，以 5~10 亩为好；

池水较深，一般在 2.5 米左右；有良好水源和水质，进、排水方便；池形整齐，堤埂较高较宽，池底平整不渗水，洪水不淹，便于操作，并有一定面积种植饲料作物。根据这个要求，可对老旧池塘进行以下 5 个方面的相应改造。

（1）浅改深。将原来浅的池塘挖深，达到水深 2.5 米左右，池深 3.0～4.0 米。

（2）小改大。将原来的小池塘，通过拆埂并塘，扩大成 2～6 亩的鱼池，大的可达 7～10 亩。

（3）死水改活水。采取小塘连大塘，池塘连湖、库、河、溪，扩大集水网的方法，将死水池塘改造成为有适当活水灌注的活水池塘。

（4）漏水改保水。池底和池埂铺粘土或壤土 30～50 厘米，压实，或者采取向已灌水的池塘泼洒塘泥的办法，进行防渗漏改造。池塘护坡可采用水泥板护坡、煤灰砖护坡、防渗膜护坡等。

（5）深淤泥改浅淤泥，低埂改高埂。如淤泥过多，可清除部分淤泥，池底留 10 厘米左右厚的淤泥即可；池埂加高、加宽，做到大水不淹，防止逃鱼，且有利于生产操作和交通。

三、产卵、孵化设备的建造设计

建造产卵、孵化设备的目的，是通过人工因素为鱼类产卵、孵化创造良好的环境条件，以提高产卵和孵化的效果。

（一）产卵、孵化设备的平面布局

产卵、孵化设备包括蓄水池（或水塔）、产卵池、孵化设备（孵化环道、孵化缸、孵化槽、孵化桶等）。占地面积 100～150 平方米。设计的技术要求较高，排列位置也必须合理。

1. 高程位置

蓄水池是产卵池和孵化池的供水设备，必须建筑在最高位置。要保证蓄水池与产卵池、孵化池有 1.0 米以上的水位差，以使蓄水池有足够的水压。

2. 平面位置

蓄水池必须靠近水源，并与产卵池、孵化池紧密相靠，彼此成三角形排列，以尽量缩短输水管道距离。

（二）产卵、孵化设备的建造设计要求

1. 蓄水池

可采用砖石或钢筋混凝土结构，也可以利用地势较高的土池作蓄水池。

（1）容积。根据产卵、孵化设备的最大用水量决定，同时还应考虑抽水动力机械有 1 小时以上的间歇机会。如建水塔，容积一般为 60～80 立方米。塔底较孵化环道墙面高1～1.5米，以保持具有一定的水压力。水塔形状有正方形、长方形和圆形等，以圆形池为好。圆形池直径为6～8米，池深以2～2.5米较宜。

（2）过滤设备。蓄水池内要安装过滤设备。一般采用G60目的筛网纱窗过滤，清除水中剑水蚤等有害生物。有效过滤面积应保持在4平方米以上。

（3）供水管道。水塔底部或侧面安装若干供水管道，每根管道装有相应规格的阀门以控制进水量。一根管道进入产卵池。在孵化环道中每环设一根管道。管道直径为100～150毫米。

2. 产卵设施

是模拟江河天然产卵场的生态条件而建造的产卵用设备。包括产卵池、集卵池和进、排水设施。产卵池的种类很多，常见的为圆形产卵池（图2-2），目前也有玻璃钢产卵池、PVC编织布产卵池等。

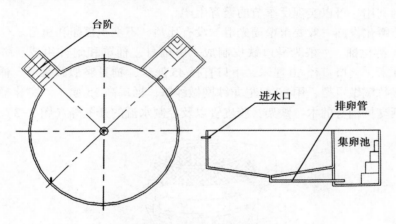

图2-2　圆形产卵池结构

（1）圆形产卵池的设计容积。根据鱼苗生产的规模，确定圆形产卵池的直径大小，一般为7～10米，池深1.5～2米。池底呈锅底状，池底向中心倾斜，池底边缘与中心深度相差20～30厘米。池底中心有一个方形或圆形出卵口，上盖拦鱼栅。

（2）进水管。产卵池一般设直径15～20厘米的进水管，进水管与池壁成40°切线，进水口距池顶端40～50厘米。进水管设有可调节水流量的阀门，进水形成的水流不能有死角。进水和排水同时进行，以使池水形成涡流，使漂浮的鱼卵向池底中央集中，由池底出水口流出，进入集卵池绠网内。

（3）排水管。这是产卵池和集卵池的连通管，埋设于池底，一端与产卵池的池底中央排水口相通，另一端直通集卵池。排水管一般为水泥管、搪瓷管或PVC塑料管，直径一般为20～25厘米。

（4）集卵池。为产卵池的附属设施。用于安装绠网，收集鱼卵。集卵池长2.5~3.0米，宽2.0米，深1.8米。集卵池的底部比产卵池底低25~30厘米。集卵池尾部有溢水口，底部有排水口。池底与排水管下缘相平，便于排干池水，排水口由阀门控制排水。集卵池墙一边有阶梯，便于操作。集卵绠网与出卵暗管相连，放置在集卵池内，以收集鱼卵。

3. 孵化设施

鱼苗孵化设施是一类可形成均匀的水流，使鱼卵在溶氧充足、水质良好的水流中孵化的设施。鱼苗孵化设施的种类很多，传统的孵化设施主要有孵化桶（缸）、孵化环道和孵化槽等，也有矩形孵化装置和玻璃钢小型孵化环道等新型孵化设施系统。

近年来，出现了一种现代化的全人工控制孵化模式，这种模式通过对水的循环和控制利用，可以实现反季节的繁育生产。

鱼苗孵化设施一般要求壁面光滑，没有死角，不堆积鱼卵和鱼苗。

（1）孵化桶。一般为马口铁皮制成，由桶身、桶罩和附件组成。孵化桶一般高1.0米，上口直径60厘米，下口直径45厘米，桶身略似圆锥形。桶罩一般用钢筋或竹篾做罩架，用60目尼龙纱网做纱罩，桶罩高25厘米。孵化桶的附件一般包括支持桶身的木、铁架，胶皮管以及控制水流的开关等（图2-3）。

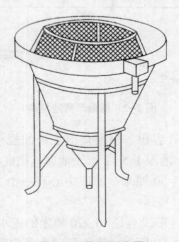

图2-3　常用孵化器

（2）孵化缸。小规模鱼苗情况下使用的一种孵化工具，一般用普通水缸改制而成，要求缸形圆整，内壁光滑。孵化缸分为底部进水孵化缸和中间进水孵化缸。孵化缸的缸罩一般高15~20厘米，容水量200升左右。孵化缸一般每100升水放卵10万粒。

（3）孵化环道。设置在室内或室外利用循环水进行孵化的一种大型孵化设施。孵化环道有圆形和椭圆形两种形状，根据环数多少又分为单环、双环和多环几种形式，其中以单环和双环使用较为普遍。椭圆形孵化环道水流循环时的离心力较小，内壁死角少，在水产养殖场使用较多。

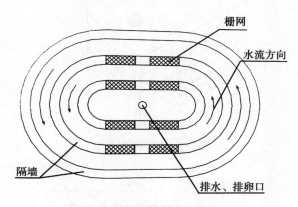

图 2-4　椭圆形孵化环道结构

孵化环道一般采用水泥砖砌结构，由蓄水、过滤池、环道、过滤窗、进水管道、排水管道和集苗池等组成（图 2-4）。环道的水体容量，单环直径为 4~5 米，深 1~1.2 米，环宽 0.8 米，容水量 7~9 立方米，可孵化鱼卵 700 万~900 万粒。双环直径 6 米，其他规格与单环相同，容水量 18~19 立方米，可孵化鱼卵 1 800 万~1 900万粒。三环孵化环道直径 8 米，总容水量 35~36 立方米，可孵化鱼卵 3 500 万~3 600万粒。孵化环道的孵卵量，一般按每立方米水体放卵 100 万~120 万粒计算。

孵化环道的蓄水池可与过滤池合并，外源水进入蓄水池时，一般安装 60~70 目的锦纶筛绢或铜纱布过滤网。过滤池一般为快滤池结构，根据水源水质状况，配置快滤池面积、结构。孵化环道的出水口一般为鸭嘴状喷水头结构。

孵化环道的排水管道直接将溢出的水排到外部环境或水处理设施，经处理后循环使用。出苗管道一般与排水管道共用，并有一定的坡度，以便于出水。集苗池长 1.5 米、宽 1.0 米、深 0.8 米，为排水和集苗的过水池。

滤过纱窗一般用直径 0.5 毫米的乙纶或锦纶网制作成网，高 25~30 厘米，竖直装配，略向外倾斜。环道宽度一般为 80 厘米。

（4）矩形孵化装置。一种利用孵化黏性卵和卵径较大沉性卵的孵化装置。矩形孵化池一般为玻璃钢材质或砖砌结构，规格有 2 米×0.8 米×0.6 米、4 米×0.8 米×0.6 米等形式（图 2-5）。

（5）玻璃钢小型孵化环道。主要用于沉性和半沉性卵脱黏后孵化的设施。

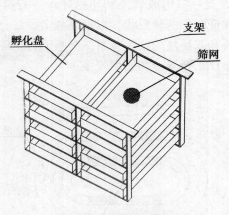

图2-5　矩形孵化装置

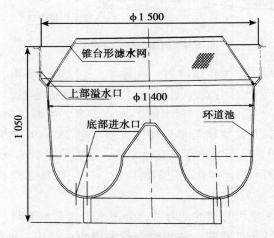

图2-6　玻璃钢小型环道孵化装置（单位：毫米）

图2-6所示为一种玻璃钢池体的孵化环道，孵化池有效直径为1.4米、高1.0米、水体约0.8立方米。采用上部溢流排水，底部喷嘴进水。其结构特点是环道底部为圆弧形，中间为向上凸起的圆锥体，顶部有一进水管，锥台形滤水网设在圆池上部池壁内侧。

第三节　《齐民要术》与主要养殖鱼类的人工繁殖

"……求怀子鲤鱼，长三尺者，二十头，牡鲤鱼，长三尺者，四头；以二月上庚日，内池中，令水无声，鱼必生。"

——摘自贾思勰著《齐民要术》卷六"养鱼第六十一"篇

《齐民要术》在以上文字中，既阐明了选取"长三尺"的怀卵雌鲤鱼 20 尾、搭配"长三尺"的雄鲤鱼 4 尾的雌雄亲鱼配比，又说明了在"二月上庚日，内池中"的亲鱼放养时间，同时特别提示要做到"令水无声"，这是对鲤鱼亲鱼培育和自然产卵孵化的池塘环境条件的要求。在 2 000 多年前，群众就有这样的池塘养鱼的经验，是难能可贵的。

我国主要养殖淡水鱼类中，有的鱼（如鲤鱼）能在水体中自然产卵孵化，但产卵不集中，鱼苗成活率低；四大家鱼等在静水水体特别是在池塘养殖条件下不能自然繁殖。1958—1963 年，我国水产科技工作者创造了鲤科鱼类鲢鱼、鳙鱼、草鱼、青鱼、鲮鱼等亲鱼培育、催情产卵和孵化的一整套人工繁殖技术，使淡水鱼类的鱼苗生产完全摆脱过去依靠天然捕捞的局面，满足了正常渔业生产对苗种的需要。

一、鲤鱼、鲫鱼、团头鲂的人工繁殖

鲤鱼、鲫鱼和团头鲂均为草上产卵性的鱼类，产黏性卵，卵粒黏性强。性成熟要求的条件较低，在池塘静水或流水中可以发育成熟，并能自然产卵繁殖，但因个体差异，产卵时间不集中，给集中孵化带来一定困难。人工繁殖可以使它们集中产卵，集中孵化。

鲤鱼、鲫鱼和团头鲂的繁殖习性相似，人工繁殖方法也大致相仿，本部分主要以鲤鱼为例，介绍人工繁殖的方法。

（一）亲鱼选择

亲鱼是指年龄、体重均达到性成熟要求，可用于繁殖的雌鱼和雄鱼。亲鱼品质优劣，直接关系到所产鱼卵及育出苗种的质量。

1. 亲鱼选择的标准

（1）亲鱼来源。以池塘饲养的为好，若池养的亲鱼不足，可以在江、河、水库捕捞选留，但在繁殖季节以前要在池塘中放养一段时间，使其适应池塘环境。杂交鲤不能用作亲鱼。

（2）年龄和体重。雌鱼 3 龄以上，体重 1.5~5.0 千克；雄鱼 2~3 龄，体重 1.5~2.5 千克。

（3）体质与体形。体色鲜艳，鳞片和鳍条完整，无严重病伤。体形以体高、背厚，头部较小为好。

（4）血缘关系。最好选择不同品系的雌、雄亲鱼，避免长期的近亲交配，导致优良性状的退化。

2. 雌、雄鱼鉴别和选留比例

在生殖季节，雌雄鱼极易鉴别。非生殖季节，从雌雄鱼的外部形态特征，亦不难鉴别（表2-2）。

表 2-2　鲤鱼亲鱼雌雄鉴别

季节	性别	体　形 （同一来源）	胸腹鳍	腹　部	生殖孔
生殖 季节	雌性	背高、体宽、身短、头小	胸腹鳍没有或很少珠星，光滑	大而较软，外观饱满	肛门和生殖孔较大略红肿，凸出
	雄性	体狭长，头较大	胸腹鳍及鳃盖有珠星	成熟时，轻挤有精液流出	肛门、生殖孔较小不红肿，略向内凹
非生殖 季节	雌性	背高、体宽、身短、头小	无珠星	大而松软	肛门略向后凸出，肛门孔周围有辐射皱褶，生殖孔凸出
	雄性	体狭长，头较大	无珠星	狭小而略硬	肛门略向内凹陷，肛门前无纵皱褶

雌雄亲鱼的比例一般为 1∶1，雄鱼也可略多于雌鱼。但大批生产时，雄鱼也可少于雌鱼，其雌雄比可为 1.5∶1。

（二）亲鱼培育

亲鱼是鱼类繁殖的物质基础，亲鱼培育的好坏，直接影响其性腺的成熟度、催产率、鱼卵的受精率以及孵化率。亲鱼培育的过程，就是创造一个能使亲鱼性腺得到良好发育的饲养管理过程。

1. 亲鱼池

面积一般为 1~3 亩为宜，水深 1.5~2.0 米。宜选择池底淤泥较厚，腐殖质较多，排灌方便，向阳背风的池塘。每年要求清塘 1 次。

2. 亲鱼放养

要专池培育或混养少量鲢、鳙鱼，以便控制水质。放养密度为 150 千克/亩。放养方式分雌雄分养和混养两种。

因鲤鱼在池养条件下，春季水温达 17~18℃时就能自然产卵，为了控制产卵期，使之集中分批产卵，尽量避免零星产卵，一般将雌、雄亲鱼分池饲养。到了繁殖季节，当天气晴暖、水温适宜时，再将雌、雄亲鱼集中在一起产卵。若池塘不足，也可将雌、雄亲鱼直接放入产卵池中分养，即用两道拦网或竹箔从池塘当中隔开，到条件适宜时，将网撤掉，使雌、雄亲鱼全池产卵。分养时，两道拦网之间距离 1.0 米，隔离网高出水面 1.0 米，安装隔离网一定要牢固，以防亲鱼逃脱；同时，雌、雄亲鱼必须严格分开，一尾异性亲鱼也不能混杂。

若池塘有限，也可混养。到了春季，在产卵前 1 个月，当水温在 10℃以下时，就要把雌、雄亲鱼分开饲养，否则当水温超过 10℃后，亲鱼可能在池塘中自然流产。当水温上升到 14~15℃，就将雌、雄亲鱼捕起，按 1：1 或 1：1.5 的比例放入产卵池，等候自然产卵或人工催产。

3. 饲养管理

鲤鱼为杂食性，喜食底栖动物。人工投喂以精饲料为主，辅以动物性饵料及适口的青料。投喂时，一般每天上、下午各一次，每次投喂量以 1~2 小时内吃完为宜。每天投喂量为亲鱼体重的 3%~5%。为增加动物性食物，晚上可在亲鱼池上设置诱蛾灯或黑光灯，以诱使昆虫掉入水中。为减少投饵量，可适当施肥，培育天然饵料。由于鲤鱼亲鱼开春后不久就产卵繁殖，所以，早春所用饲料的蛋白质含量应高于 30%。同时，鲤鱼以 IV 期性腺越冬，故秋季只要适当强化培育，即可顺利产卵。水质调控不太严格，全期只要水质清新即可。在越冬前，亲鱼池要灌满水。在北方的冬季要及时清扫冰上的积雪，以利于水中浮游植物的光合作用，增加溶氧量。

（三）产卵前的准备

1. 产卵池

产卵池面积以 1~2 亩为宜，水深 1.0 米左右。产卵前 7~10 天清塘消毒，并清除过多淤泥。亦可用苗种池或家鱼的催产池做鲤鱼的产卵池。

2. 孵化池

一般用苗种池作孵化池，鱼苗孵出后就地培育。这样可以减少出苗、搬运的麻烦，但不容易掌握苗种数目。有条件的地方可利用孵化环道、孵化缸、孵化桶等进行流水孵化。

3. 鱼巢的制作

鲤鱼卵具黏性。在自然条件下，鲤鱼选择有水草、树根的地方产卵，以使受精卵黏附在这些植物上发育，孵出的鱼苗在最初的 2~3 天，也是附在这些物体上。

生产上常用杨柳树的根须、棕榈树皮、冬青须根、水草及一些陆草，如稻草、黑麦草等，制作人工鱼巢。杨柳树的根须和棕榈树皮需用水煮过晒干，除去单宁酸等有害物质；水、陆草要洗净。为建鱼巢要扎成束，棕榈皮剪除硬质部分，每束大小与 3~5 片棕皮所扎的束相仿，吊系在竹竿上。系巢的形式可单把插在池边，也可以平列式或环式布巢，布巢面要大，让亲鱼能在巢间游动自如，连续产卵。

（四）配组产卵

1. 产卵季节

鲤鱼的产卵期由水温决定。一般晚间水温升至 15~16℃，下午水温达 17~18℃时，鲤鱼即开始产卵，但大批产卵时的水温为 18~21℃。两广地区从 3 月上、中旬开始，长江中下游在 3 月底至 4 月，黄河中下游在 4 月底至 6 月，东北地区在 5 月底至 7 月上旬为产卵季节。鲤鱼的产卵期一般可持续 2 个月左右。

2. 自然产卵

雌、雄分养的亲鱼，当天气转暖且气温相对稳定，水温 18~20℃ 时，即可将成熟较好的雌、雄亲鱼按 1：1 或 1：1.5 比例配组放入产卵池。每亩放养亲鱼 40~60 组。雌、雄混养的亲鱼，当水温上升到 14~15℃，就将雌、雄亲鱼捕起，选择较成熟亲鱼按上述比例和密度放入产卵池，等候产卵。

并池时，宜选晴暖无风或雨后初晴的天气。亲鱼入池后，最好下午冲水 1~2 小时，以刺激亲鱼发情产卵。

鱼巢放置要适时。鲤鱼通常在黎明前后产卵，延续到上午 8：00—9：00 停止，所以最好在产卵前一天傍晚布巢，鱼巢要全部浸在水下，但巢的下部不能触泥，每尾雌鱼要放 4~5 束鱼巢。取巢也十分重要，若第二天上午仍未产卵，应将鱼巢捞起洗净晒干，至傍晚再放；如发现巢上附卵已很多，也要及时取出，移入孵化池孵化，同时再放入新鱼巢。

如并池后几天仍不产卵，可采用"晒水并池法"。将池水排出一部分，使鲤鱼背露出水面，日晒半天，俗称"晒背"，傍晚再注入新水至原水位，这样 1~2 天，一般就可促使亲鱼产卵；或将 2~3 池的亲鱼合并到 1 个池子，也可促使产卵。

若亲鱼还不产卵，应对亲鱼进行检查，如果是性腺还没成熟，就把亲鱼放回池塘继续培育；若已成熟，可以采用人工催产方法促使其产卵。

3. 人工催产

当水温达 18℃ 以上，天气晴暖时，选择成熟较好的亲鱼按雌、雄 1：1 的比例配组，注射催产剂促使亲鱼产卵。雌、雄鱼同批注射，用一次注射法即可达到催产目的。鲤鱼对激素的剂量要求不很严格，雌鱼每千克体重注射脑垂体 4~6 毫克，或绒毛膜促性腺激素 800~1 000 单位，或用促黄体生成素释放激素类似物 20 毫克，雄鱼的注射量为雌鱼的 1/2。

一般下午 16：00—17：00 注射，注射后即放入产卵池，冲水用时一二小时，傍晚放入鱼巢。一般当晚或次日清晨就能产卵。

（五）孵化

受精卵在水温 15~30℃ 时都能孵化，最适水温为 20~22℃。孵化的方法有池塘孵化、流水孵化和脱黏孵化。

1. 池塘孵化

孵化池放鱼巢前 10~15 天要彻底清池、消毒。注水时必须严格过滤，严禁敌害生物进入池塘。鱼巢放入前应用 3%~4% 的食盐水浸泡 10~15 分钟，鱼巢固定排列在水位较深、向阳的池角，位于水下 10~15 厘米，间距 1.0 米为宜。每亩可放卵 20 万~35 万粒。遇刮风下雨或气温骤降时应将鱼巢沉入池底。鱼苗孵出后，要等到具有游泳能力，能主动摄食后才能取出鱼巢。

孵化期间，应保持池水水质清新，溶氧充足。每天坚持早晚巡塘，发现蛙卵及时清除，若池中大型浮游动物多，要用 90% 晶体敌百虫溶液 0.2~0.5 毫克/升，全池泼洒。鱼巢取出后，可泼洒一些豆浆，并可适当施肥，以培育天然饵料。

2. 流水孵化

流水孵化有附巢流水孵化和脱黏卵流水孵化两种。附巢流水孵化是将附卵鱼巢放入孵化环道（槽）利用流水孵化。脱黏卵流水孵化是将脱黏卵放入家鱼的孵化设备中进行人工孵化，每立方水体可放脱黏卵 80 万~100 万粒，水流速以卵轻微翻动不下沉为宜，其他管理同家鱼孵化。

3. 脱黏孵化

鲤鱼卵为黏性卵，孵化时间长，孵化过程中易受到水霉菌的感染。大批量生产时常用人工授精和脱黏孵化工艺，亲鱼经人工催情后，放入网箱，待发情后进行人工授精，受精卵相遇时能够黏在一起，因此要采用干法或半干法人工授精（见家鱼人工授精部分），将人工授精后的受精卵经脱黏处理后放入家鱼孵化设备进行流水孵化，一般孵化率可高达 80%。生产中常用的脱黏方法有泥浆脱黏法和滑石粉脱黏法两种。

（1）泥浆脱黏法。用细泥土（一般用黄泥土）加水搅拌成浓度 20%~25% 的泥浆水，经 40~60 目筛网过滤。把干法授精的鲤鱼卵缓缓撒入泥浆水中，并不停用手搅动，待全部撒完后，再继续搅动 2~3 分钟，将鱼卵和泥浆水一同倒入网箱过滤，洗去泥浆，筛出鱼卵，放入孵化设备中流水孵化。

（2）滑石粉脱黏法。取 100 克滑石粉、20~25 克食盐和 10 升清水，混合搅拌成悬浮液，把干法授精的鱼卵缓缓倒入悬浮液中，边倒边搅动，经半小时搅动后，用水冲去多余的悬浮液，然后将鱼卵放入孵化设备中流水孵化。每 10 升滑石粉悬浮液可脱黏受精卵 1.0~1.5 千克。

二、家鱼、鲮鱼的人工繁殖

家鱼即青鱼、草鱼、鲢鱼、鳙鱼，是我国特有的大型淡水经济鱼类，它们和鲮鱼都是敞水性产卵的鱼类，其卵均为漂流性卵，它们的繁殖生态要求和繁殖技术相似。

（一）亲鱼选择

1. 种质选择

用于产卵的亲鱼，必须是年龄适宜、体质健壮、无病、无害、性能力旺盛的青壮年群体，更重要的是雌、雄亲鱼血缘关系要远，以防近亲繁殖。

生产上往往采用以下方法获得优质亲鱼：

（1）对鱼类进行提纯复壮。从鱼苗到成鱼养殖的每个阶段，都进行严格挑选，选择生长快、体型大、不同批次、不同来源、抗病力强的个体作为亲鱼。

（2）异地交换。可以与附近亲鱼来源不同，或生态条件差异较大的渔场定期交换亲鱼，可以起到改善苗种质量的效果。

（3）引进天然原种，自己育成亲鱼。近些年来，我国许多家鱼原产地兴建了一大批原种场，专门培育原种苗种，以提高家鱼的种质，保证商品鱼健康养殖成功。

2. 性成熟年龄和体重

家鱼的性成熟年龄，除受年龄制约外，还和生长环境相关。一般南方地区成熟较早，个体较小；北方地区成熟较迟，个体较大。雄鱼较雌鱼早成熟 1 年（表2-3）。

表2-3　池养家鱼性成熟年龄及体重

种类	华南（两广）地区		华东（江浙）地区		东北（黑龙江）地区	
	年龄（年）	体重（千克）	年龄（年）	体重（千克）	年龄（年）	体重（千克）
青鱼			7	15左右		
草鱼	4~5	4左右	4~5	5左右	6~7	6左右
鲢鱼	2~3	2左右	3~4	3左右	5~6	5左右
鳙鱼	3~4	5左右	4~5	7左右	6~7	10左右
鲮鱼	3	1左右				

选留亲鱼时，同龄鱼应尽量选择个体大，生长性能良好的。选留雌、雄亲鱼的比例以 1∶（1~1.2）为宜。几种家鱼的雌雄鉴别，主要从胸鳍上的副性征来加以区别，达到性成熟的雄鱼，在生殖季节，其胸鳍上常有"珠星"出现，有的胸鳍则生出骨质的小栉齿或刀刃状物，并终生存在，手摸胸鳍有粗糙感或刺手感。而雌鱼的胸鳍上没有或很少有"珠星"等副性征物，手摸是光滑的。

（二）亲鱼培育

1. 亲鱼培育池

一般选择靠近水源，水质良好，注排水方便，环境开阔，向阳、安静，交通便利，临近产卵池和孵化场的位置。亲鱼池面积一般以 3~5 亩，池塘水深 1.5~2.5 米为宜。鲢鱼、鳙鱼的池底以壤土并稍带一些淤泥为佳，草鱼、青鱼以沙壤土为好，池底应少含或不含淤泥，鲮鱼亲鱼池以沙壤土稍有淤泥较好。亲鱼池每年清池一次，以生石灰为好。

2. 亲鱼放养

亲鱼可以单养，也可以混养。通常是以一种鱼为主，适当搭配 1 ~ 3 种其他后备亲鱼。

主养鲢鱼的亲鱼池，每亩放养 100 ~ 150 千克，搭养鳙鱼后备亲鱼 2 ~ 3 尾；主养鳙鱼的亲鱼池，每亩放养 80 ~ 100 千克，可搭养适量草鱼、青鱼和其他肉食性鱼类，不搭养鲢鱼；主养草鱼的亲鱼池，每亩放养 150 ~ 200 千克，可搭养鲢鱼或鳙鱼后备亲鱼 3 ~ 4 尾，肉食性鱼类，如鳜鱼、乌鳢等 2 ~ 3 尾，池内螺蛳多时可搭养 2 ~ 3 尾青鱼；主养鲮鱼的亲鱼池，每亩放养 1 千克/尾左右的鲮亲鱼 120 ~ 150 尾，可搭养少量鳙鱼亲鱼或鳙鱼、草鱼的食用鱼，但不能搭养鲢鱼；主养青鱼的亲鱼池，每亩放养 8 ~ 10 尾，总重量在 200 千克以内，雌雄比为 1 : 1，可搭养鲢鱼亲鱼 4 ~ 6 尾或鳙鱼亲鱼 1 ~ 2 尾，不搭养草鱼，不搭养其他规格的小青鱼、鲤鱼、鲫鱼或其他肉食性和杂食性鱼类。

3. 饲养管理

亲鱼饲养的主要工作，包括投喂、施肥、调节水质和防病。

根据不同季节亲鱼性腺发育特点和生理变化，可将亲鱼的培育划分为产后恢复期、秋冬培育期和春季强化培育期 3 个阶段。

产后恢复期：是从亲鱼产卵后至高温季节前，一般从 5 月底至 7 月上旬，约 40 天。产卵后的亲鱼体质虚弱，鱼体上常带有伤，易感染疾病，甚至引起死亡。因此，除给鱼体涂擦或注射抗菌药物防治伤病外，还应加强营养和改善环境条件。池水水质肥度要适中，溶氧要充足，饲料要新鲜适口，经常冲水。在亲鱼体质恢复前，最好不要动网，待鱼体质恢复后，再分池归类，调整放养比例。

秋冬培育期：从 7 月中旬至翌年 2 月，这个阶段是亲鱼育肥和性腺发育的关键时期。又可分两个阶段：一是 7 月中旬至 9 月中旬，此时鱼已康复，而水温仍较高，鱼大量摄食，为越冬和性腺发育打基础，因此饲料要充足、适口，适时加注新水，保持一定的水量和良好的水质；二是 9 月底至翌年 2 月，进入秋冬育肥保膘时期，此时要适当施肥，培肥水质，保持肥水和满水越冬，在天气晴好时适量投喂精饲料，以保膘。

春季强化培育期：从立春后到 5 月上旬，是亲鱼性腺发育成熟的阶段。这个阶段亲鱼所需的营养在数量和质量上都要超过其他时期，因此加强水、肥、饵管理，进行强化培育，促进性腺发育，尽最大努力提高受精率、孵化率和成活率。强化培育不能增加怀卵量，但能使已形成的卵母细胞顺利发育成熟，为提高催产效果创造条件。

（1）鲢鱼、鳙鱼亲鱼的饲养管理。鲢鱼、鳙鱼是肥水鱼，都是以浮游生物为食的，整个鲢、鳙亲鱼培育过程就是保持和掌握水质的过程。放养前，施用基肥，每亩300~500千克。放养后，根据季节和池塘具体情况施用追肥，其原则是少施、勤施、看水施肥。基肥一般施用有机肥，追肥施用无机肥或有机肥，鲢鱼池适宜施用绿肥混合人粪尿，鳙鱼池则以畜禽粪便为佳。在冬季和产前适当补充精饲料，鲢鱼每年每尾补充约15千克（干重），鳙鱼则补充20千克左右。整个饲养过程中，池水透明度保持在25厘米左右为宜。

产后恢复期的饲养管理：产后亲鱼对缺氧的适应力很差，容易发生泛池死亡事故。要注意观察天气和池水变化情况，看水施肥，多加新水，采用大水、小肥的培育形式。

秋冬培育期的饲养管理：入冬加强施肥，培肥水质，入冬后再少量补肥，保持较浓的水色，可适当投喂精饲料，采用大水、大肥的培育方式。

春季培育期的饲养管理：开春后降低池水深度，保持水深1.0米左右，以利于提高池水水温，培肥水质，适当增加施肥量，并辅以精饲料。采用小水、大肥的培育形式。

产前培育期的饲养管理：随着亲鱼性腺的发育，对溶氧量要求提高，一旦溶氧量下降，会发生泛池事故。因此，在催产前15~20天，停止施肥，并要经常冲水，即采用大水、小肥到大水、不肥的培育方式。

（2）草鱼亲鱼的饲养管理。草鱼喜清瘦水质，培育期很少施肥，水色浓时要及时加注新水或更换部分池水，防止亲鱼患病或浮头。透明度保持在30厘米左右为宜。饲料投喂上，应采用以青绿饲料为主、精饲料为辅的方法。青绿饲料的种类主要有麦苗、黑麦草、各类蔬菜、水草和旱草等。精饲料种类主要有大麦、小麦、麦芽、饼粕等。

产后恢复期的饲养管理：每天喂2次，采用青绿饲料与精饲料相结合的投喂方式，上午投喂青绿饲料，下午投喂精饲料。青绿饲料用量为鱼体重的20%~40%，以当天吃完为度；精饲料日投喂量占鱼体重的1%~2%。

秋冬培育期的饲养管理：前期水温仍较高，鱼摄食量大，应以青绿饲料为主，搭配少量精饲料，此时日投喂量，青饲料占鱼体重的30%~50%，精饲料2%~3%。随着气温下降，草源枯竭，逐步改为全部投喂精饲料。每天每尾鱼投喂25克左右，每2~3天投喂1次。

春季培育期的饲养管理：清明后将培育池池水换去1/2，加注新水，保持水深1.0~1.5米，以改善水质，促使水温回升。3月水温达15℃以上时，鱼开始摄食，每天投喂少量豆饼、麦芽等，日投喂量为鱼体重的1%~2%。要尽早开食，并尽早投喂青饲料。

培育过程中，要经常冲水。冲水量和频率要根据池水水质、鱼类摄食情况、季节等灵活掌握。秋末及冬季水温低时，一般每2周或1个月冲水1次；水温高时，每隔 3~5 天冲水 1 次；临催产前半月，每隔 1~2 天冲水 1 次；催产前几天，最好每天冲水或给予流水刺激。定期冲水，保持池水清新，是促进草鱼性腺发育成熟的重要技术措施之一。

临近产卵时，要根据亲鱼的摄食情况，减少投喂量或停止投喂。如果草鱼的摄食量明显减少或停食，则说明亲鱼性腺发育成熟，可以催产了。

（3）青鱼亲鱼的饲养管理。管理中心工作是投喂和调节水质。以投喂活螺蛳和蚌肉为主，辅以少量饼粕、大麦芽等，全年投喂活螺蛳和蚌肉至少应为亲鱼体重的 10 倍。水质管理方法同草鱼。

（4）鲮鱼亲鱼的饲养管理。与鲢鱼、鳙鱼亲鱼饲养管理方法相似，以施肥为主，投喂精饲料为辅。施肥尽量少施、勤施，其管理方法与鲢鱼、鳙鱼亲鱼培育相似。

（三）人工催产

亲鱼经过培育后，性腺已发育成熟，但在池塘内仍不能自行产卵，须经过人工注射催产激素后方能产卵繁殖。

1. 催产期

亲鱼的性腺发育成熟后，如果不及时催产，性腺就会退化、吸收，进入另一个性周期，未发育成熟或已开始退化的性腺，催产都不能成功。从性腺成熟后到开始退化之前这段适宜催产的时间就是催产期。一般只有 15~20 天。

春末至夏初是家鱼催产的最适宜季节。我国各地气候各异，水温回升时间不同，催情产卵时间亦不同。在华南地区适宜催产时间为 4 月中旬至 5 月中旬，长江中下游地区推迟 1 个月，华北地区在 5 月底至 6 月底，东北地区在 7 月上旬。鲮鱼的催产时间相对比较集中，是每年的 5 月上旬，过了这段时期卵巢就逐渐趋向退化，催产效果不好。

决定催产期的重要因素是水温。催产水温为 18~30℃，而以 22~28℃ 为最佳。当天气晴暖，早晨最低水温持续稳定在 18℃ 以上，就可开始催产。

家鱼催产顺序，一般是先进行草鱼和鲢鱼的催产，鳙鱼次之，青鱼最晚。为了正确判断催产时间，通常在大批生产前 1~1.5 个月，对典型的亲鱼培育池进行拉网，检查亲鱼性腺，根据亲鱼性腺发育情况，正确判断催产时间和亲鱼催产的前后顺序。

2. 催产剂和催产方法

目前我国广泛使用的催产剂主要有 3 种，即鱼类的脑垂体（简称垂体，PG）、绒毛膜促性腺激素（简称绒膜激素，HCG）和促黄体生成素释放激素类似物（简称类似物，LRH-A）。此外，还有一些提高催产效果的辅助剂，如多巴胺排除剂（RES）、多巴胺拮抗物（DOM）等。

（1）脑垂体（PG）。一般为自制，多用鲤鱼脑垂体。

（2）绒毛膜促性腺激素（HCG）。为市售成品，商品名称为"鱼用（或兽用）促性腺激素"。为白色、灰色或淡黄色粉末，易溶于水，遇热易失活，使用时现用现配。它是从孕妇尿液中提取的，主要成分是促黄体激素（LH）。

（3）促黄体生成素释放激素类似物（LRH-A）。为市售成品，是人工合成的，目前市售的商品名称为鱼用促排卵素 2 号（LRH-A2）和鱼用促排卵素 3 号（LRH-A3）。为白色粉末，易溶于水，具有副作用小、可人工合成、药源丰富等优点，现已成为主要的催产剂。

要掌握好催产剂的用量和注射方法。目前，生产上常用一次或二次注射的方法进行催产。一次注射即将全部的催产剂量一次注射到鱼体内；二次注射则是先注射少量的催产剂，过若干小时后再注射全部的剂量。两次注射的间隔时间为6~24 小时。一般的原则是水温低或亲鱼成熟不好时，间隔时间长些，反之则短些；亲鱼成熟度好，水温适宜时，鲢鱼、鳙鱼通常只注射一次，草鱼一次或二次。雄鱼一般也只注射一次。但催产青鱼时，目前均采用二次注射法。

二次注射法的催产效果一般较一次注射为好，其产卵率、产卵量和受精率都较高，效应时间更稳定些。

催产剂的注射量，可参考表 2-4。

确定催产剂量时，应注意以下几个问题。

（1）催产的早期，水温较低时，或亲鱼成熟不够充分时，剂量可略大些。

（2）如果以前用的剂量较大时，不宜再降低。经多次催产且年龄较大的亲鱼，应适当增加剂量。

（3）不同种类的亲鱼，对催产剂的敏感性有差异。一般鲢鱼和草鱼用量较少，鳙鱼可稍大些，青鱼最大。

（4）用 LRH-A 或绒毛膜促性腺激素催产时，加适量的垂体，催产效果更好。

表 2-4　家鱼人工繁殖常用催产剂量

亲鱼	一次注射法		二次注射法			
			第一针		第二针	
	雌亲鱼	雄亲鱼	雌亲鱼	雄亲鱼	雌亲鱼	雄亲鱼
青鱼	①PG 5~8 毫克/千克体重； ②LRH-A 500 微克/千克体重； ③LRH-A 80~100 微克/千克体重+PG（或HCG）4~6 毫克/千克体重；	雌鱼剂量的 1/2	总注射剂量的 1/10	总注射剂量的 1/14	剩余量	总注射剂量的 1/2

（续表）

亲鱼	一次注射法	二次注射法				
	雌亲鱼		第一针		第二针	
		雄亲鱼	雌亲鱼	雄亲鱼	雌亲鱼	雄亲鱼
草鱼	①PG 3~5 毫克/千克体重；②早期 PG 4 毫克/千克体重+HCG 4 毫克/千克体重；中期 PG 2~3 毫克/千克体重+HCG 3 毫克/千克体重；晚期 PG 2 毫克/千克体重+HCG 2 毫克/千克体重；③LRH-A 5~20 微克/千克体重；	雌鱼剂量的 1/2	总注射剂量的 1/10	不注射	剩余量	总注射剂量的 1/2
鲢鱼	①PG 3~5 毫克/千克体重；②HCG 800~1 200 单位/千克体重（1 毫克/千克体重）；③早期 PG 2~3 毫克/千克体重+HCG 4 毫克/千克体重；中期 PG 1~2 毫克/千克体重+HCG 3 毫克/千克体重；后期 PG 1 毫克/千克体重+HCG 3 毫克/千克体重（或仅用 HCG 3 毫克/千克体重）；	雌鱼剂量的 1/2	总注射剂量的 1/10	不注射	剩余量	总注射剂量的 1/2
鳙鱼	早期 PG 4 毫克/千克体重+HCG 4 毫克/千克体重；中期 PG 2~3 毫克/千克体重+HCG 3 毫克/千克体重；晚期 PG 2 毫克/千克体重+HCG 2 毫克/千克体重；	雌鱼剂量的 1/2	总注射剂量的 1/10	不注射	剩余量	总注射剂量的 1/2
鲮鱼	①PG 3~4 毫克/千克体重；②LRH-A 400~1 500 微克/千克体重；	雌鱼剂量的 1/2	—	—	—	—

生产上通常控制亲鱼在凌晨或上午产卵。所以，要根据天气、水温和效应时间，掌握适当的注射时间。若一次注射，多在下午进行，次日凌晨产卵；若采用二次注射，则根据第二针的注射时间，确定产卵时间。一般第一针在上午或中午注射，傍晚或晚上注射第二针，以使亲鱼在次日凌晨产卵。气候寒冷或昼夜温差较大的地区，也可相应推迟注射时间，以使亲鱼在一天中水温较高和稳定的时间段产卵。

3. 效应时间

从最后一次注射催产剂到排卵或产卵所需的时间，称为效应时间。效应时间的长短与亲鱼种类及性腺成熟度、水温以及催产剂种类、注射次数等有关，同时也与亲鱼种类和年龄等因素有关。水温高，效应时间短；反之则长。一般情况下，温度每升高 1℃，效应时间相对缩短 1~2 小时。当水温 24~26℃时，一次注射的效应时间一般为 9~12 小时（如只用 LRH-A，效应时间需延长至 20 小时左右），若二次注射（间隔 6~12 小时），假如超过催产适温范围，效应时间会有变化，将对亲鱼产卵和孵化不利。性腺成熟度好，产卵生态条件适宜，效应时间短；性腺成熟度差，产卵生态条件不适宜（如水中缺氧、水质污染等），往往延长效应时间，甚至导致催产失败。鱼是变温动物，亲鱼发情产卵的效应时间受多种因素影响，其中主要因素是水温。因此，在生产上往往根据当时的水温及变化情况，来预测催产后的产卵时间。

4. 发情、自然产卵受精

亲鱼注射催产剂后，经过一定时间，雌、雄亲鱼便出现相互追逐的兴奋情况，这就是发情。起初，雌、雄亲鱼在水下追逐，水面常出现大的波纹或漩涡，以后逐渐加快，并不时露出水面，形成浪花，这便进入发情高潮期。发情达到高潮后，常可见到雄鱼紧紧追逐雌鱼，并用头部摩擦和顶撞雌鱼腹部，使雌鱼侧卧水面，其腹部和尾部激烈收缩，卵球随即排出。同时，雄鱼紧贴雌鱼腹部排精。有时雌、雄鱼扭在一起产卵、排精，并借助尾鳍搅动水流，使精子和卵子充分接触而受精。这种亲鱼自行产卵、排精、完成受精的过程，生产上称为自然产卵受精。亲鱼开始产卵后，一般每隔几分钟或十几分钟产卵 1 次，经过 2~3 次产卵后完成产卵过程。

整个产卵过程时间的长短，随鱼的种类、催产剂的种类和环境条件等而有差异。亲鱼注射催产剂后，要注意管理，观察亲鱼动态，保持环境安静；每 2 小时冲水 1 次，在预计效应时间前 2 小时左右，开始连续冲水，亲鱼发情约半小时后，便可产卵。要及时检查收卵箱，待鱼卵大量出现后，要及时捞卵，移送至孵化器中孵化。

5. 人工授精

就是用人工的方法使精子和卵子混合在一起完成受精的过程。在进行杂交育种或在雄鱼少、鱼体受伤较重及产卵时间已过而未产卵的情况下，可采用此法。

鱼卵受精时间很短。在水温 25℃左右，亲鱼排卵后能正常受精的时间仅 1~2 小时，而过熟卵离体后，在淡水中能保持正常受精的有效时间更短，仅 20~30 秒。同样，精子在淡水中 30 秒后，绝大部分失去受精能力。因此，人工授精的关键是准确地掌握采卵和进行授精的时间。一般亲鱼发情后 15~20 分钟，即发情较激烈时，将亲鱼捕起，轻挤雌鱼腹部，如果有大量卵粒从生殖孔流出时，就可进行人工授精。

人工授精可分为干法人工授精、半干法人工授精和湿法人工授精。进行人工授精时，一般有 3 人同时操作。

（1）干法人工授精。将发情至高潮期或到了预期发情产卵时间的亲鱼捕起，一人将亲鱼用布（或用受精夹）包裹，头向上尾向下，另一人用手按住生殖孔（以防卵子自动流出），擦干鱼体水分（操作人员手上也不带水分）。将卵挤入擦干的脸盆中。用同样的方法立即向脸盆内挤入雄鱼精液，用手或羽毛轻轻搅拌1~2分钟，使精、卵充分混合。然后加少量清水，再轻轻搅拌1~2分钟，静置1~2分钟，倒去污水，重复用清水洗卵2~3次，即可移入孵化器中孵化。一个脸盆约可放卵50万粒。

（2）半干法人工授精。将精液挤出，用0.3%~0.5%生理盐水稀释。然后倒在卵上，操作同干法人工授精。

（3）湿法人工授精。将精、卵挤在盛有清水的盆中，然后再按干法人工授精方法进行。

人工授精时，尽量避免精、卵受阳光直接照射，操作人员配合要默契，动作要既轻又快，尽量防止鱼体受伤；采卵和采精的时间间隔越短越好，最好是同时进行；通常情况下，1尾雄鱼的精液可供2~3尾同样大小的雌鱼受精。

卵子计数一般采用重量法或体积法。重量法，就是雌鱼产卵前与产卵后的重量之差，即为雌鱼的产卵重量，再乘以单位重量的卵粒数，便可算出总的卵数量。未吸水的草鱼、鲢鱼卵700~750粒/克，鳙鱼卵为600~650粒/克。体积法，即用容器量出鱼卵的总体积，再乘以单位体积的卵粒数即可；计数时，每次舀卵的浓度应尽量一致。

6. 产后亲鱼的护理

产后的亲鱼体质较虚弱，特别在催情产卵过程中，亲鱼经常在运输、拉网、发情过程中跳跃撞伤、擦伤，进行人工授精的亲鱼受伤的可能性更大。因此，必须将产后的亲鱼放在水质清新、溶氧充足的池塘中，让其充分休息，精养细喂，使它们迅速恢复体质。对已受伤的亲鱼，要伤口涂药和注射抗菌药物。轻度外伤可选用高锰酸钾溶液、磺胺药膏、抗生素药膏等；受伤严重的除涂擦药物外，还要注射消炎类药物。

7. 人工孵化

孵化是指受精卵经胚胎发育到孵出鱼苗的全过程。人工孵化就是根据受精卵胚胎发育的生物学特点，人工创造适宜的孵化条件，使胚胎能正常发育，孵出鱼苗。

家鱼的胚胎期较短，但胚后期较长。在孵化的适温条件下，20~25个小时就会出膜（出苗），刚出膜的鱼苗，机体发育不全，无鳔，不能主动摄食，只是依靠身体内的卵黄营养生活，只能在水中做子了运动，到鳔充气、卵黄囊消失，能主动摄食独立生活还需3~3.5天时间，这段时间，都需要在孵化设备中度过。

（1）孵化条件。主要包括3个方面。

①水流和溶解氧：家鱼卵均为半浮性卵，无黏性，它们在流水中漂浮，在静水中沉底堆积。因此，人工孵化时要以一定的水流冲卵，使其在孵化时，在水中

不停地翻动，不下沉且均匀分布，直到孵化出鱼苗。水流可使卵漂浮，更能为卵的发育提供充足的溶解氧，并溶解和带走鱼卵孵化过程中排出的二氧化碳和其他废物。水流应控制适当，过急会使卵膜经不住急流和硬物摩擦而破碎，水流速度一般控制在 20~25 厘米/秒，水中溶氧量不能低于 4.0~5.0 毫克/升。

②水温：家鱼孵化水温范围为 18~31℃，最适水温范围为 25~28℃，在正常水温范围内，胚胎才能正常发育，发育速度随水温升高而加快。水温低于 18℃、高于 31℃或温差过大（±5℃以上），都会引起胚胎发育停滞或发育不健全，畸形怪卵较多，孵化率很低。

③水质：孵化水质要求为符合渔业水质标准的天然水。使用时要经过 60~70 目筛网过滤，水的 pH 值应在 7.5 左右。为保证杀灭敌害，可在孵化器中泼洒 90%晶体敌百虫溶液，使水中药液浓度达到 0.1 毫克/升。

（2）孵化工具。根据不同的生产规模，选用孵化缸（桶）、孵化槽或孵化环道等。孵化工具要求结构合理，内壁光滑，不会积卵，滤水部分尽量宽裕，透水性好，操作方便。鱼卵放入孵化设施前，应清除混在其中的杂物，然后计数放入，放卵密度一般为每毫升水放卵 1~2 粒。鱼卵放在孵化设施中经 4~5 天的孵化，待鱼苗鱼鳔充气（见腰点）、卵黄囊基本消失、能开口摄食、行动自如后，即可出苗。

（3）计算受精率和出苗率。

①受精率：鱼卵孵化 6~8 小时后，可随机捞取鱼卵百余粒，放在白瓷盘中用肉眼观察，将浑浊发白的卵（死卵）分出计算，然后计算已受精的卵数，其占总卵数的百分比即为受精率。

②出苗率：是指可以下塘的鱼苗数占受精卵的百分比。鱼苗孵出后，待卵黄囊消失，能主动摄食后，才可下塘，一般为鱼苗孵出后的 4~5 天。

三、罗非鱼的人工繁殖

罗非鱼具有生长快、食性杂、群体产量高、繁殖快、养殖周期短、适应力强、疾病少等优点，是世界上重要的水产养殖对象。

罗非鱼的繁殖不需要进行人工催情产卵和流水刺激，只要水温稳定在 18℃以上，将成熟的雌、雄亲鱼放入同一繁殖池中，待水温上升至 22℃时，就能自然杂交繁殖鱼苗。在水温为 25~30℃条件下，每隔 30~50 天即可杂交繁殖 1 次。

下面以奥尼罗非鱼杂交繁殖过程为例，介绍罗非鱼的繁殖技术。

（一）繁殖习性

罗非鱼与其他养殖鱼类相比，性成熟早，产卵周期短。只要水温适宜，一年可繁殖多次。

罗非鱼的产卵习性非常特殊（除少数种类）。产卵前，雄鱼先在池边挖窝筑巢，窝的大小、深浅随雄鱼的大小、池底底质而定。一般直径几十至百余厘米，深几厘米至数十厘米。窝成后，雄鱼守卫在窝旁逗引和拦截雌鱼入窝。雌鱼入窝后，雄鱼常用吻端或头撞擦雌鱼腹部。一旦雌鱼产卵，雄鱼立即排精。雌鱼产完一部分卵后，即回头将卵和精液一起吸入口中，并作咀嚼动作，使口内卵子充分受精。经过2~3分钟后，又重复上述产卵动作，直至产完。受精卵在雌鱼口腔内孵化。

（二）繁殖池的准备

1. 繁殖池的条件

在选择亲鱼繁殖池时，要考虑以下几个方面：繁殖池应选择在水质良好、水源充足、注排水方便、环境安静、向阳背风的地方。繁殖池面积0.5~2.0亩为宜，亲鱼刚入池时，水深控制在1.0~1.5米；亲鱼杂交繁殖时，水深以0.8~1.0米为好。繁殖池形状最好为东西向的长方形，池边要有浅水滩，以利于亲鱼挖窝产卵。土质以壤土或沙壤土为好，池底要平坦，不能生长有水草。

2. 繁殖池的清整消毒与施肥管理

亲鱼放养前，繁殖池必须进行清整消毒。一般在冬季或早春排干池水，挖去过多的淤泥，平整池底，修补池埂和漏洞，清除杂草，在亲鱼放养前10~15天进行药物清池。常用清池药物有生石灰、漂白粉等，以生石灰效果更好。清池方法是将池水排出，池底剩5~10厘米的水，用生石灰60~75千克/亩，先把生石灰加水化成浆，然后全池泼洒；用漂白粉消毒4.0~5.0千克/亩，加水溶解后全池泼洒。

在亲鱼放养前5~7天，向池内加注过滤新水至1.0~1.5米。施腐熟基肥，如粪肥、绿肥等，一般施粪肥500~600千克/亩或绿肥400~500千克/亩。粪肥要加水稀释全池泼洒，绿肥堆放在池边浅水处，使其腐烂分解。

（三）亲鱼放养与培育

亲鱼放养的具体时间应根据当地的气温、水温而定。只要水温稳定在18℃以上，就可以将亲鱼放进繁殖池。长江流域一般在4月底至5月初放养，广东、福建地区约在3月下旬，北方地区约在5月上旬。放养时，选择晴天无风的天气进行，以一次放足为好。放养时雌雄亲鱼的配比一般以（3~4）:1较好，雌鱼要多于雄鱼。放养密度根据雌鱼的大小，可放养1~2尾/平方米。一般放养250~500克/尾的雌亲鱼600~750尾/亩。

亲鱼移入繁殖池后，要经常施肥和投喂。施肥要掌握少量多次的原则，一般每隔5~6天施发酵的粪肥100~200千克/亩或绿肥200~300千克/亩。天气晴朗、水质清瘦，鱼活动正常，可适当多施肥，以控制水质达到中等肥度。如水质过肥，应停止施肥，并立即加注新水或增氧，防止亲鱼浮头造成吐卵、吐苗。为促进亲鱼性腺发育，每天还要投喂人工饲料 1~2 次。常用的饲料有豆饼、花生饼、菜籽饼、米糠、麸皮、玉米粉等，最好将几种饲料交替混合使用。也可投喂配合饲料。投喂量一般为池鱼总重量的 3%~5%。

（四）产卵孵化

亲鱼放养后，当水温上升到 23℃ 以上时，便开始陆续产卵、出苗。生产中应按时巡塘，观察亲鱼活动、摄食等情况，掌握亲鱼发情、产卵日期和出苗的情况。当水温为 25℃ 时，约 15 天就可见到池边水面上有一小群、一小群游动的鱼苗，这时就要及时捞苗。

（五）捞苗

捞苗一般在早晨或傍晚见苗较多的时间进行。比较好的捞苗方法是用小拖网顺池四周捕捞。捞出的鱼苗先放在网箱中暂养，待捞到一定数量后，即可过数放入培育池中进行苗种培育。鱼苗过数一般采用抽样计数法，即选择有代表性的一杯计数，然后按公式进行计算：总尾数＝杯数×每杯尾数。罗非鱼有大鱼苗吃小鱼苗的习性，2~3 厘米的幼鱼就能捕食刚脱离亲鱼的鱼苗，因此需每隔 10~15 天用网捞出捞苗时存池的大鱼苗。

第四节　《齐民要术》与鱼苗、鱼种培育

"至来年二月，得鲤鱼：长一尺者，一万五千枚；三尺者，四万五千枚；二尺者，万枚。……"

"至明年：……。留长二尺者二千枚作种，所余皆货。……"

——摘自贾思勰著《齐民要术》卷六"养鱼第六十一"篇

苗种是养鱼生产的基本物质基础，发展养鱼必须优先发展苗种生产。《齐民要术》"养鱼"篇中提及的"留长二尺者二千枚作种"，就是对养鱼生产中苗种培育重要性的最好诠释。我们的先人在 2 000 多年前的养鱼实践中，已经认识到"鱼种"的重要性，实属不易。它提示我们，养鱼生产要有计划性，要有长远考量，要做到"干当年、为明年、想后年"，只有这样才能保证整个养鱼生产的有序进行和持续发展。

苗种培育在养鱼生产中是一项管理要求严格且技术性强的工作。苗种培育一般分为两个阶段，即鱼苗培育和鱼种培育。鱼种培育又可分为一龄鱼种培育和二龄鱼种培育。

鱼类在这个时期处于生命的早期，具有许多不同于成鱼的生物学特点，所以

在这个生产过程中需采取特殊、细致的技术管理措施，使鱼苗、鱼种的成活率和规格尽量提高，为成鱼饲养生产准备好数量充足、质量上乘的物质基础。同时，专门从事鱼苗、鱼种培育，也是一种经济效益较高的水产养殖方式。

一、鱼苗、鱼种的生物学

鱼苗、鱼种阶段是鱼类生长发育的旺盛时期，其形态结构、生理特点和生活习性不断变化，具有明显的阶段性。

（一）鱼苗、鱼种成长阶段划分

我国渔民根据生产实践和养鱼习惯，将鱼苗、鱼种的生产过程分为三个阶段。

第一阶段：鱼苗培育。刚孵化出的仔鱼称鱼苗，俗称水花、鱼花、鱼秧等。鱼苗经过近1个月的培育，全长达到3~5厘米，称夏花鱼种，俗称乌仔或火片、寸片鱼种。这个培育过程生产上称为鱼苗培育。

第二阶段：一龄鱼种培育。是指从夏花鱼种再经过4~5个月培育，到当年12月底左右出池，鱼全长12~17厘米，称一龄鱼种，俗称仔口鱼种。秋天出池称秋片，冬季出池称冬片，养至第二年春天出池称春片鱼种。这个培育过程，生产上称为一龄鱼种培育。

第三阶段：二龄鱼种培育。部分地区把一龄鱼种再饲养1年，到第二年冬季出池，称为二龄鱼种，俗称过池鱼种或老口鱼种。鱼种体重达150~250克，青鱼、草鱼可达500克，团头鲂也达到50克左右。这个培育过程，生产上称为二龄鱼种培育。

（二）生长特点、生活习性和对水质的要求

1. 生长特点

一般来说，主要养殖鱼类的鱼苗养至鱼种，绝对生长（日增长和日增重）前期慢于后期，即鱼苗养成夏花鱼种阶段慢于夏花养成一龄鱼种阶段；相对生长（日增长率和日增重率）则相反，即前期快于后期。如鱼苗下塘后3~10天生长最快，日增长率为15%~25%，日增重率30%~57%，然后逐渐减慢。正常培育情况下，鱼苗1年可养成全长10~15厘米、体重25~50克的鱼种，如果饲养得法，可达到100克左右。其中鲢鱼、鳙鱼的生长前期增长快；草鱼、青鱼的生长后期增长较快；鳊鱼、团头鲂、鲤鱼的体长和体重增长都较慢。

影响鱼苗、鱼种生长速度的因素很多，主要有放养密度、食物、水温、水质等。在一定的放养密度范围内，营养和水质条件对鱼苗、鱼种生长的影响远远大于密度的作用。因此在通常情况下，加速生长的关键是保证有足够的食物和适宜的水质条件。所以，苗种饲养的前期更要重视供给足够的饲料，后期由于鱼苗、鱼种的不断生长，相对密度增加，要重视改善水质条件，特别是溶氧条件。

2. 生活习性

刚下塘的鱼苗通常在池边和水面分散游动，第二天开始趋于集中，下塘5~7天后逐渐离开池边，但尚不成群活动，10天以后鲢鱼、鳙鱼苗在池塘中央处的上、中层集群活动，特别是晴天的10：00—18：00，成群迅速地在水表层游泳。草鱼、青鱼自下塘5天后逐渐移到池水的中、下层活动，特别是草鱼鱼苗体长达15毫米时，喜欢成群沿池边循环游动。鲤鱼苗在体长12毫米之前，分散在池塘浅水处游动，体长达15毫米左右时开始成群在深水层活动，对惊动反应敏感，较难捕捞。

3. 对水质的要求

鱼苗、鱼种的代谢强度较高。所以，鱼苗、鱼种池必须保持充足的溶氧量，并投给足量的饲料，以保证苗种的旺盛代谢和迅速生长的需要。否则，池水溶氧量过低、饲料不足，苗种的生长就会受到抑制，甚至死亡。这是饲养鱼苗、鱼种过程中必须注意的。

鱼苗、鱼种对水体 pH 值的适应范围较小，最适 pH 值为 7.5~8.5。对盐度的适应也较弱，鱼苗在盐度为 0.3% 的水中生长便很缓慢，且成活率很低。鱼苗对水中氨的适应力也比成鱼差。

在鱼苗阶段，以肥水为好，但在鱼种饲养阶段各有不同，鲢鱼、鳙鱼终生滤食浮游生物，要求浮游生物多，所以要求较肥的水；草鱼、鳊鱼、团头鲂由于食性的转化，要求水质比较清新；青鱼、鲤鱼主要摄食底栖生物，也食大型浮游动物，因此适当肥水饲养效果较好。

（三）鱼苗的质量鉴别及运输

1. 鱼苗（水花）质量优劣的鉴别

生产上可以根据鱼苗的体色、游泳情况以及挣扎能力等来区别其质量优劣。鉴别方法见表 2-5。

表 2-5　家鱼鱼苗质量优劣鉴别

鉴别方法	优质苗	劣质苗
体色	群体色素相同，无白色死苗，身体清洁，略带微黄或稍红	群体色素不一，为"花色苗"，具白色死苗；鱼体拖带污泥，体色发黑带灰
游泳情况	在容器内，将水搅动产生漩涡，鱼苗在漩涡边缘逆水游泳	在容器内，将水搅动产生漩涡，鱼苗大部分被卷入漩涡
抽样检查	在白瓷盆中，口吹水面，鱼苗逆水游泳；倒掉水后，鱼苗在盆底剧烈挣扎，头尾弯曲成圆圈状	在白瓷盆中，口吹水面，鱼苗顺水游泳；倒掉水后，鱼苗在盆底挣扎力弱，头尾仅能扭动

2. 乌仔质量优劣的鉴别

水花经过 7~10 天的饲养，体长达 15~20 毫米的鱼苗称为乌仔。乌仔体质强弱首先看体色和规格，体色鲜艳，有光泽，而且大小整齐一致，为质量优的苗；体色发暗无光、变黑或变白，个体大小不一致，为质量较差的苗。其次可抽样检查，将乌仔放入白瓷盆内观察，头小背厚，身体肥壮，鳞、鳍完整，不停狂跳者为强苗；身体瘦弱，头大背窄，鳞、鳍残缺，或体伤充血，很少跳动者为弱苗。最后看游泳情况，行动敏捷，集群游动，受惊后迅速潜入水底，不常停留于水面，抢食能力强者，为强苗；行动迟缓，游泳不集群，在水面慢游或静止不动，抢食能力弱者为弱苗。

3. 鱼苗的运输

目前，苗种多数采用塑料袋充氧运输。塑料袋采用聚乙烯薄膜制成，规格一般为长 70~80 厘米、宽 40~50 厘米白色透明的圆柱状长袋，袋的一端有一狭长突出的袋口，用于装苗、水或充氧。装水量一般为袋子容量的 1/3，充氧量占 2/3。运输时，装苗密度要根据苗种规格兼顾水温、运输时间、运输距离等综合考虑。一般情况下苗种规格越大，装运密度要相应减少；水温越高、运输时间越长或运输距离越长，装苗的密度就越少。具体装运密度参考表 2-6。

表 2-6　塑料袋装运鱼苗密度（25℃左右）

运输时间（小时）	运输密度（万尾/袋）	运输工具
10~15	15~18	汽车、火车、飞机
15~20	12 左右	汽车、火车、飞机
20~25	10 左右	汽车、火车、飞机
25~30	7 左右	汽车、火车、飞机

装运过程中还需注意：

（1）充氧量要恰当，袋子的膨胀程度要适中，既要防止充氧太少，发生苗种缺氧死亡，又要防止充氧过多，发生袋子爆裂；袋口扎紧后，注意检查有无漏气现象。

（2）塑料袋装苗、充氧、扎口过程中，地面上铺垫柔软平整的材料，如塑料布、帆布、麻袋片等，防止杂物刺伤袋膜；切勿将塑料袋在太阳直射下曝晒以及与吸烟人或火种接近，防止爆炸起火。

（3）为保证运输途中和装卸搬运安全，一般采用双层袋装苗，并用防止塑料袋滚动的方形纸箱装运。

二、鱼苗培育

鱼苗培育，是指鱼苗、鱼种饲养的第一阶段，即从刚孵化出的仔鱼，经过近1个月的饲养，全长达到3~5厘米的夏花鱼种这一过程。鱼苗培育是养鱼生产过程中十分重要的环节之一。这个阶段，鱼苗身体弱小，摄食能力低，对环境的适应性和躲避敌害的能力非常差。因此，必须提供良好的池塘环境条件、饵料条件，精心进行培育，才可能获得理想的生产效果。

鱼苗培育过程中需完成的生产指标，要求成活率达到80%以上，规格要求3厘米左右，且群体整齐、健壮无病伤。

（一）鱼苗培育池的选择

选择鱼苗池时，要考虑有利于鱼苗的生长、饲养管理和拉网操作等。具体应具备下列条件。

（1）水源充足，注排水方便，水质清新，无任何污染。

（2）池形整齐，鱼池应通风向阳、最好呈长方形东西走向，长、宽比约5：3。面积以1~4亩为宜，前期池水深可在0.5~0.8米，逐渐加水至后期1.0~1.5米。

（3）池底土质以壤土为宜，池堤牢固，池底平坦，池底向出水口一侧倾斜，淤泥厚度少于20厘米，无杂草。

（二）放养前的准备工作

1. 池塘清整

每年进行一次，最好是在秋天出池后或冬季进行。方法是排干池水，平整塘底，铲除杂草，挖出过厚的淤泥，同时整修加固损坏的池堤，堵塞漏洞裂缝。鱼苗放养前1个月要进行第2次排水。日晒后进一步修整，池底形成从入水口向排水口3‰~5‰的倾斜度，以利于出苗。

2. 药物清塘

清塘一般在鱼苗放养前10~12天进行。不能过早或过晚。清塘常用的药物和方法有多种，但以生石灰效果较好。

（1）生石灰清塘。方法是将池水排干，用刚出窑的生石灰溶解成生石灰浆，均匀泼洒全池，第二天用泥耙耙动塘泥，使石灰浆与塘泥充分混合，用量为60~100千克/亩。也可以带水清塘，即不排出池水，将生石灰浆全池泼洒，用量为水深1.0米的水面120~200千克/亩。一般采用干塘清塘法，在水源不便或无法排出池水的情况下才采用带水清塘。水的硬度高，pH值低，淤泥厚的池塘，应适当增加生石灰用量。清塘要选择晴朗无风的天气进行。

（2）漂白粉清塘。池水碱性大的池塘以及急需放鱼的池塘，应改用漂白粉清塘。干池清塘时漂白粉用量为 5~8 千克/亩。使用方法是将池水排低至 5~10 厘米,将漂白粉用清水溶解后,立即遍池泼洒,2 天后可向池中注水,池塘注水一周后方可放鱼。带水清塘时漂白粉用量为水深 1.0 米的水面用 15 千克/亩。

(3)茶粕清塘。茶粕也称茶籽饼,能杀死泥鳅等各种野杂鱼类、螺蛳、河蚌、蛙卵、蝌蚪和一部分水生昆虫。一般用茶粕带水清塘,将茶粕捣碎,放入缸内浸泡,隔日取出,连渣带水泼入池中,用量为 1.0 米水深的水面用 40~45 千克/亩。

3. 肥水

目前,各地普遍采用鱼苗肥水下塘。施肥的作用是培养鱼苗生长发育所需的适口饵料生物。施肥时间要看天气和水温而定,不能过早也不宜过迟。一般鱼苗下塘以中等肥度为好,水体透明度为 25~30 厘米。如用腐熟发酵好的粪肥,可在鱼苗下塘前 5~7 天,投放 200~500 千克/亩。施肥后注意观察水色变化,一般认为,鱼苗下塘时池水以黄绿、浅黄色或灰白色(主要是轮虫)为好。如池水中有大量大型枝角类出现,可用 0.5 毫克/升的 90%晶体敌百虫溶液,全池泼洒,并适当施肥。

4. 检查水质

放鱼苗前 1~3 天要对池水水质做一下检查。其目的是测试池塘药物毒性是否消失。方法是从清塘池中取一盆底层水放几尾鱼苗,经 12~24 小时观察,如鱼苗生活正常,证明毒性消失,可以放苗。检查池中有无有害生物方法是用鱼苗网在池塘内拖几次,俗称"拉空网"。如发现大量丝状绿藻,应用硫酸铜杀灭,并适当施肥。如发现有大量蛙卵、蝌蚪、水生昆虫或残留野杂鱼等敌害生物、须重新清塘消毒。如池水过肥则应加些新水。如池中大型浮游动物过多,可用 1.0~1.5 毫克/升的 2.5%敌百虫杀灭,也可放 13 厘米左右的鳙鱼 20~30 尾/亩,吃掉大型浮游动物。尔后将鳙鱼全部捕出后再放鱼苗。

(三)鱼苗放养

1. 放养密度和培育方式

鱼苗的放养密度对鱼苗的生长速度和成活率有很大影响。在确定放养密度时,应根据鱼苗品种、水源条件、肥料和饵料来源、鱼池条件、放养时间的早晚和饲养管理水平等情况灵活掌握。

青鱼、草鱼、鲤鱼、鲫鱼、团头鲂等主要养殖鱼类的鱼苗,在培育期间食性差别不大,特别是在培育早期食性基本相同,所以可以单养,也可以混养。为了利于分塘和销售,一般进行单养。但在鱼苗池数量和面积有限或某一种、几种鱼苗数量较少的情况下,也可 2~3 种鱼苗同池培育,即混养。目前,鱼苗培育方式可分两种：一是由下塘鱼苗开始，经 15～20 天的培育，直接养成 3 厘米左右的夏花，称为一级培育法；二是先由鱼苗养成 1.7～2.0 厘米的乌仔，再分塘养到 4～5 厘米的大规格夏花，称为二级培育法。采用一级培育法，放养密度可参照表 2-7。

表 2-7　一级培育法鱼苗放养密度　　　　　　　（单位：万尾/亩）

地区	鲢鱼、鳙鱼	鲤鱼、鲫鱼、鳊鱼、团头鲂	青鱼、草鱼	鲮鱼
长江流域以南地区	10～12	15～20	8～10	20～25
长江流域以北地区	8～10	12～15	6～8	—

采用二级培育法，草鱼、鲢鱼、鳙鱼、鲂鱼鱼苗先以 10 万～15 万尾/亩密度放养，培育 7～10 天后，鱼体全长达到 1.7～2.7 厘米时，再分塘。必须注意，无论采用哪一种方式，鱼苗放养时都要准确计数，一次放足。

2. 鱼苗下塘时注意事项

鱼苗放入培育池塘时，应注意以下事项。

（1）鱼苗孵出 4～5 天后，只有当鱼苗发育到鳔充气，能自由游泳，能摄食外界食物时，方可下塘。

（2）下塘的鱼苗须规格整齐。最好是同一孵化池出池的同一批鱼苗。

（3）凡是经过长时间运输而来的鱼苗，须先放在鱼苗暂养箱中暂养半小时以上，并在箱外划动池水，当暂养箱中的鱼苗能集群在箱内逆水游动，方可下塘。

（4）鱼苗下塘前先喂食。将蛋黄用双层纱布包裹后，在盆内漂洗出蛋黄水，均匀泼洒入鱼苗暂养箱内，待鱼苗饱食后，肉眼可见鱼体内有一条白线，方可下塘。一般每 10 万尾鱼苗喂 0.5～1 个鸡蛋黄。

（5）注意温差不能太大。如温差太大，应进行调节，使温差符合要求。鱼苗下塘前所处的水温与池塘水温相差不能超过 3℃。

（6）下塘时应将盛鱼苗的容器放在避风处倾斜于水中，让鱼苗自己游出，防止鱼苗被风浪推至岸边或岸上。

（7）鱼苗下塘的安全水温不能低于 13.5℃，放苗时间选择晴天的上午 9 时以后气温回升时，最好无风。忌傍晚放苗。

（四）鱼苗培育

1. 培育方法

鱼苗培育阶段，主要养殖鱼类的鱼苗体长 20 毫米前，均主要以轮虫、无节幼体和小型枝角类等浮游动物为食；体长 20 毫米后，不同品种鱼苗的食性开始分化。因此，培育的前期，一般以施用肥料肥水培养饵料生物为主；培育的后期，根据鱼苗种类的不同，配养浮游植物（鲢鱼苗）、浮游动物（鳙鱼苗）和养草，青鱼苗同时补充投喂人工饵料。江浙一带多采用豆浆饲养法，两广一带则用青草、牛粪等直接投入池中沤肥饲养鱼苗，同时在草鱼、鲮鱼等池中辅喂部分商品饲料。另外，还有粪肥饲养法、有机肥料和豆浆混合饲养法、无机肥料饲养法、有机和无机肥料混合饲养法等。培育方法的选择要因地制宜，选择适合自身条件的方法，才能达到较大的经济效益。下面简单介绍几种方法。

（1）豆浆培育法。用黄豆磨成豆浆泼入池中进行肥水和喂鱼，目前已改单一的豆浆培育为豆浆和有机肥料相结合的培育方法。豆浆一部分直接被鱼苗摄食，而大部分则起肥料的作用，繁殖浮游生物，间接作为鱼苗的饵料。黄豆磨浆前须先加水浸泡，每 1.5~1.75 千克黄豆加水 20~23 千克，25~30℃水温浸泡 6~7 小时，豆浆磨好后滤出豆渣，立即投喂。豆浆泼洒要均匀，少量多次，一般每天泼洒 2~3 次。每亩水面每天需用黄豆 3~4 千克，5 天后增至 5~6 千克，以后根据水质肥度再适量增加。泼洒豆浆 10 天左右，水质转肥，这时草鱼、青鱼可投喂豆糊或磨细的酒糟。

（2）大草培育法。这是两广地区传统的鱼苗培育方法。大草泛指凡是无毒而茎叶较柔嫩的植物，包括蔬菜类和栽培的草类（如象草）等，都作为大草用来肥水，培养浮游生物。其具体操作是：在池边浅水处或四角处堆施，一般以150 千克左右为一堆。待草料腐烂分解，水色渐呈褐绿色，每隔 1~2 天翻动一次草堆，促使养分向池中央水中扩散。7~10 天后将不易腐烂的残渣捞出。投草的量一般根据培育鱼苗的种类来定，滤食性鱼类，草量可大些，如培育鲢、鳙鱼等；而培育草鱼鱼苗的池塘，投草量可少些。

（3）粪肥培育法。利用各种畜、禽粪尿和人粪尿用作鱼苗培育池的肥料，通过预先充分发酵腐熟，将粪肥加水稀释后向全池均匀泼洒。施肥量和间隔时间必须视水色、鱼苗浮头情况和天气等灵活掌握。一般鱼苗下塘后每天施肥 1 次，用量为 50~100 千克/亩。

（4）综合饲养法。要点如下：鱼苗放养前 3~5 天，用混合堆肥做基肥，去除水中有害生物；改一级塘饲养为二级塘饲养，即鱼苗先育成 1.6~2.6 厘米的火片（放养 15 万~20 万尾/亩），再分稀（3 万~5 万尾/亩），育成 4~5 厘米夏花；二级塘也要先施基肥，供足食料，每天用混合堆肥追肥，保持适当肥度，后期辅以人工饲料；分期注水，防治病虫害；做好鱼体锻炼和分塘出苗工作。

2. 鱼苗池的管理

日常管理工作，主要包括以下几个方面。

（1）分期注水。鱼苗饲养过程中分期注水，是加速鱼苗生长和提高鱼苗成活率的有效措施。方法是，在鱼苗入池时，池塘水深 50~70 厘米；然后每隔 3~

5 天加水一次，每次加注 10~15 厘米。注水时需用密网过滤，防止野杂鱼和害虫进入鱼池，同时避免水流直接冲入池底把水搅浑，注水时间和数量要根据池水肥度和天气情况灵活掌握。

（2）巡塘。每日黎明前和傍晚各巡塘一次。巡塘要"三看"：一看鱼情，即观察鱼苗活动、生长和摄食情况；二看水情，即观察水色变化情况；三看天情，即注意天气变化。平日管理中，管理人员要做到"三查三勤"，早晨查看鱼苗有无浮头现象，有无鱼病发生，勤捞蛙卵、蝌蚪、清除敌害；午后查看鱼苗生长活动情况，勤清除消灭有害昆虫、害鸟、池边杂草等；傍晚查看水色水质和鱼的摄食情况，勤清除水面的白色油膜，保持水质清爽。发现问题，及时采取相应的措施。

3. 拉网锻炼与出塘

（1）拉网锻炼。鱼苗下塘 20 多天后，一般已达 3 厘米以上，应及时分池转入下阶段鱼种养殖。出塘前要进行 2~3 次拉网锻炼。拉网锻炼时，速度要慢些，与鱼的游泳速度相一致，并且在网后用手向网前撩水，促使鱼向网前进方向游动，否则鱼体容易贴到网上，特别是第一次拉网，鱼体质差，更容易贴网。第一次拉网将夏花围集网中，提起网衣，使鱼在半离水状态密集 10~20 秒后，放回原池。隔天拉第二网，将鱼群围集后，移入网箱中，使鱼在网箱内密集，经 1~2 小时放回池中。在密集的时间内，须使网箱在水中移动，并向箱内撩水，以免鱼浮头。若要长途运输，应进行第三次拉网锻炼。

拉网锻炼应注意的事项：

①拉网应选择在晴天上午 9：00—10：00 进行，拉网前一天停止喂食，要清除池中水草和青苔，以免妨碍拉网或损伤鱼体。

②午间炎热或雨天均不能拉网，鱼浮头当天或得病期间、水质不良以及当天喂过的鱼都不应拉网。

③拉网要缓慢，操作要小心，如发现鱼浮头、贴网严重或其他异常情况，应立即停止操作，把鱼放回鱼池。

④污泥多且水浅的池塘，拉网前要加注新水。

（2）出塘。鱼苗生长发育到 3~5 厘米的夏花时，需要拉网出塘销售或分塘继续下阶段的鱼种培育。出塘过数的方法，各地不一，目前生产上常用体积法和重量法两种。

体积法：即以量杯或其他器具计算，计量过程中抽取有代表性的一杯计数，然后按以下公式算出总尾数：

$$鱼苗总尾数 = 总杯数 \times 每杯的鱼苗尾数$$

$$成活率（\%） = 夏花出塘数 / 下塘鱼苗数 \times 100$$

重量法：是在体积法的基础上，改计体积为称其体重，并计数单位体重的尾数，然后计算总尾数。

三、一龄鱼种培育

一龄鱼种培育，就是将夏花鱼种养至当年年底或越冬后开春出塘，培育成10~12厘米规格鱼种的过程。这个阶段的主要任务就是培育符合要求、数量足够的大规格鱼种。培育方法主要有以下几种。

（一）常规培育法

目前，生产上大多采用混养形式。这是因为在夏花培育鱼种阶段，各种鱼的活动水层、食性和生活习性已明显分化并存在较大差异，因此可以进行适当的搭配混养，即确定一种主养鱼，混养一种或几种配养鱼，以充分利用池塘水体和天然饵料资源，发挥池塘的生产潜力。在投喂方式上，往往采用以肥料和青绿饲料为主，辅以精饲料（配合饲料或粉状料）的方法。

1. 鱼种池的选择及清整

鱼种池面积以3~5亩为宜，水深1.5~2.0米。其他条件及池塘清整要求同鱼苗池。

2. 注水和施基肥

（1）注水。在池塘消毒后、鱼种下塘前一周左右注水。注水时要严格过滤，严防敌害生物和野杂鱼等进入池中。开始注水深度在1.0米左右，随着鱼体的长大，陆续加水至2.0米左右。

（2）施基肥。是为了鱼种下塘后能吃到充足的天然饵料，提高鱼种的生长速度。可施用畜粪200~300千克/亩，采用全池泼洒或泼洒粪汁的方法；也可用人粪尿100千克/亩左右，全池泼洒；混合堆肥用200~250千克/亩，全池泼洒；化肥最好当追肥施用。

施肥时间主要根据水温、天气和鱼的种类来决定。主养鲢鱼鱼种，施肥后3~4天浮游植物达到高峰时即可放鱼；主养草鱼、青鱼、鳙鱼、鲤鱼、团头鲂等鱼种则需5~7天时间，当浮游动物达到高峰时再放鱼。

3. 夏花鱼种的放养

（1）夏花鱼种质量鉴别与选择。夏花鱼种的质量优劣，主要从以下两个方面鉴别：一是外观鉴别，主要包括出塘规格、体色、体表、体形、活动情况等（表2-8）。二是通过可数指标进行鉴定。从每批鱼种中随机抽取100尾，肉眼观察并计数，畸形率、损伤率应小于1%；检查体表、鳃、肠道等，带病率应少于1%，且不能有危害性大的传染病个体。

放养夏花鱼种要健康无病、头小背厚、鳍鳞完整不缺、色泽鲜明、行动敏捷、跳跃有力，每一批次规格齐整。

（2）放养方式及混养搭配比例。夏花一般在5月下旬至7月中旬放养，条件允许的情况下，尽可能把时间提前。放养时最好先进行集中消毒。搭配混养时，主养鱼要先放，2~5天后再放配养鱼。尤其是以青鱼、草鱼为主的池塘，青鱼、草鱼先下塘，依靠青鱼、草鱼的粪便培肥水质，然后过20天左右再放配养的鲢鱼、鳙鱼、鲤鱼等，这样可使青鱼、草鱼逐步适应肥水环境，也为鲢鱼、鳙鱼等准备了天然饵料。

表2-8　主要养殖鱼类夏花鱼种质量鉴别要点

鉴别项目	优质	劣质
出塘规格	同种鱼出塘规格整齐	同种鱼出塘个体大小不一
体色	体色鲜艳，有光泽	体色暗淡无光，变黑或变白
体表	体表光滑，有黏液	体表粗糙或黏液过多
活动情况	行动活泼，集群游动，受惊后迅速潜入水底，不常在水面停留，抢食能力强	行动迟钝，不集群，在水面漫游，抢食能力弱
抽样检查	鱼在白瓷盆中狂跳；身体肥壮，头小、背厚；鳞、鳍完整，无异常现象	鱼在白瓷盆中很少跳动；身体瘦弱，背薄；鳞、鳍缺损，有充血现象或异物附着

根据各种鱼类的食性和栖息习性不同而搭配混养。混养种类要选择彼此争食少，相互有利，并有主有次，这样可充分挖掘水体生产潜力，提高饵料、肥料的利用率。

鲢鱼、鳙鱼是滤食性鱼类，食性基本一致，但鲢鱼性情活泼、动作敏捷、争食力强，鳙鱼行动缓慢，食量大，常因得不到足够的饵料使生长受到限制，所以生产中鲢鱼、鳙鱼很少同池混养，即使混养也要拉开比例。如以鲢鱼为主的池塘，鲢鱼占60%~70%，搭配20%~25%的草鱼或鲤鱼，搭配5%~10%的鳙鱼。而以鳙鱼为主的池塘，仅搭配20%的草鱼而不搭配鲢鱼。

草鱼和青鱼均喜食精饲料。草鱼争食力强且贪食，而青鱼摄食能力差，故一般青鱼、草鱼不同池混养。如以草鱼为主的池塘，可搭配30%的鲢鱼或鳙鱼；而以青鱼为主的池塘，可搭配30%的鳙鱼。

鲤鱼是杂食性鱼类，常因在池底掘泥觅食把水搅浑，影响浮游生物繁殖，所以鱼种池中一般不搭配鲤鱼，如要搭配，也不得超过10%，如果进行鲤鱼单养，可搭配少量的鳙鱼。

综上所述，鱼种培育阶段，多采用中下层的草鱼、青鱼、鳊、鲂、鲤、鲫等分别与中上层的鲢、鳙以2~3种或4~5种鱼混养。其中以一种鱼为主养鱼（主体鱼），占比例较大；其他鱼为配养鱼，占比例较小。搭配混养比例可参照表2-9。

表2-9 主养鱼和配养鱼比例 （%）

主养鱼及比例		配养鱼及比例						
		青鱼	草鱼	鲢鱼	鳙鱼	鲤鱼	鲫鱼	团头鲂
青鱼	70	—	—	—	25	—	5	—
草鱼	50	—	—	30	—	10	—	10
鲢鱼	65	—	20	—	5	10	—	—
鳙鱼	65	—	20	—	—	10	—	5
鲤鱼	70	—	10	—	20	—	—	—
团头鲂	70	—	—	20	—	10	—	—

（3）放养密度。放养密度与鱼种的计划出塘规格、放养时间的早晚、池塘条件、饵料条件、培育技术等有密切关系。同时也与主养品种相关，如以青鱼、草鱼为主的池塘，放养密度应稀些；以鲢鱼、鳙鱼为主的池塘，可适当密一些。

一般每亩水面放养夏花鱼种 4 000~15 000 尾，出塘规格在 10~17 厘米。例如，每亩水面放养夏花鱼种 10 000尾左右，可养成 10~13 厘米的鱼种；每亩水面放养 6 000~8 000尾，可养成 13~17 厘米的鱼种；每亩水面放养 4 000~6 000尾，则可养成100~150 克/尾以上规格的鱼种。根据出塘规格要求，可参照以下表中数据决定放养密度（表2-10、表2-11、表2-12）。

表2-10 主养草鱼、青鱼夏花放养量和出塘规格

主养鱼			配养鱼			每亩放养总量（尾）
鱼名	每亩放养量（尾）	出塘规格（厘米）	鱼名	每亩放养量（尾）	出塘规格（厘米）	
草鱼	4 000~5 000	16.7	鲢鱼或鳙鱼	3 000~4 000	16.7	7 000~9 000
青鱼	3 000~4 000	16.7	鳙鱼	3 000~4 000	16.7	6 000~8 000

表2-11 主养鲢鱼、鳙鱼夏花放养量和出塘规格

主养鱼			配养鱼			每亩放养总量（尾）
鱼名	每亩放养量（尾）	出塘规格（厘米）	鱼名	每亩放养量（尾）	出塘规格（厘米）	
鲢鱼	6 000	16.7	草鱼	1 500	17	7 500
鳙鱼	5 000	16.7	青鱼	1 500	17	6 500

表 2-12　一般地区夏花放养量和出塘规格

主养鱼			配养鱼			每亩放养总量（尾）
鱼名	每亩放养量（尾）	出塘规格（厘米）	鱼名	每亩放养量（尾）	出塘规格（厘米）	
	2 000	150 克	鲢鱼	1 000	100~200 克	4 000
			鲤鱼	1 000	13~15	
草鱼	5 000	13.3	鲢鱼	2 000	50 克	8 000
			鲤鱼	1 000	12~13	
	8 000	12~13	鲢鱼	3 000	13~17	11 000
	10 000	10~12	鲤鱼	5 000	12~13	15 000
	3 000	150 克		2 500	15~17	5 500
青鱼	6 000	13	鳙鱼	800	125~250 克	6 800
	10 000	10~12		4 000	12~13	14 000
	5 000	13~15	草鱼	1 500	50~100 克	7 000
			鳙鱼	500	15~17	
鲢鱼	10 000	12~13	团头鲂	2 000	10~13	12 000
	15 000	10~12	草鱼	5 000	13~15	20 000
	5 000	13~15		2 000	100~150 克	7 000
鳙鱼	8 000	12~13	草鱼	3 000	17 左右	11 000
	12 000	10~12		5 000	15 左右	17 000
鲤鱼	5 000	12 以上	鳙鱼	4 000	12~13	10 000
			草鱼	1 000	50 克左右	
团头鲂	5 000	12~13	鲢鱼	4 000	13 以上	9 000
	10 000	10 以上	鳙鱼	1 000	13~15	11 000

以上为二级培育法，即鱼苗养成夏花鱼种（一级），分塘后再养成一龄鱼种（二级）。这种方式也存在一定缺点，由于夏花放养前期鱼小水大，水体生产力得不到充分发挥。因次，有些地区采取三级培育法，即从夏花鱼种养到 5.0~6.6 厘米后再分塘一次；还有的地区在夏花分塘后，每隔 15 天拉网一次，不断提大留小，大小归队，调整密度，进行多级培育，达到充分发挥鱼池生产潜力和提高鱼种产量的目的。

4. 夏花鱼种的饲养

生产中，根据主养鱼品种的不同，采用的饲养方法也有所不同。

（1）主养草鱼的饲养方法。草鱼喜欢生活于清新的水环境。鱼种培育中，采用以天然饵料为主，精饲料为辅的饲养方法。鱼种下塘后，先投喂芜萍，平均每日投 20~25 千克/万尾，以后逐渐增至 40 千克/万尾；20 天后可改喂小浮萍，每日投 50~60 千克/万尾；鱼种体长 8 厘米以上时，可投喂紫背浮萍、切碎的水草和嫩的陆草。投喂量要根据鱼类摄食情况和水温、天气等灵活掌握，以当天吃完为度。草鱼鱼种容易暴食患病，提高成活率的关键是饵料新鲜，适口适量，摄食均匀，一般吃八成饱为宜。精饲料每日投喂一次，每次投 1.5 千克/万尾，以后增至 2.5 千克/万尾。投饵时，先投草类，让草鱼先吃饱，再投精饲料，保证其他鱼种摄食，以免草鱼与其他鱼争食。同时还要加强水质管理。池塘内一般 10 天左右施肥一次，施混合堆肥 200 千克/亩。

（2）主养青鱼的饲养方法。青鱼夏花鱼种放养后，先用少量豆渣、饼浆或人工配合精饲料引诱青鱼到食台摄食，以后每日投喂 2 次豆糊或新鲜豆渣，每次 2~3 千克/万尾豆糊或 10~15 千克/万尾新鲜豆渣，亦可少量辅助投喂芜萍；青鱼鱼种长至 7 厘米以上时，可改喂浸泡磨碎的豆饼、菜籽饼或大麦粉与蚕蛹等的混合糊，每天 5~6 千克/万尾；体长 10 厘米以上时，就可投喂轧碎的螺、蚬等，每日 20~30 千克/万尾，以后逐步增加。

（3）主养鲢鱼、鳙鱼的饲养方法。该方法以施肥为主，培养足够的天然饵料，适当辅以精饲料。鱼种放养前施好基肥肥好水，鱼种放养后，每 2~7 天施追肥一次，根据水质、天气变化等情况，每次施腐熟的堆肥或粪肥 200~1 000 千克/亩。每日投喂精饲料 2 次，每次投喂豆浆饼 1.5~2.0 千克/万尾，以后逐步增加到 2.5~4.0 千克/万尾。主养鳙鱼的池塘投喂量比主养鲢鱼的池塘应多些，配养草鱼的池塘每天在投喂精饲料前先投喂草料。

（4）主养鲤鱼、鲫鱼的饲养方法。本方法是以颗粒精饲料为主的饲养方法，鱼种下塘前施有机肥料做基肥，以后一般不再施肥。鲤鱼、鲫鱼在饲养初期，以摄食底栖动物和浮游动物为主，生产管理中为了训练鲤鱼早开食，一般夏花鲤下塘第 2 天起，就要开始投喂人工配合饲料，每日投喂 2~4 次，7 月中旬后增加到每日 4~6 次，9 月下旬后投饵次数可减少，10 月每日投喂 1~2 次。投饵时间集中在白天 9：00—16：00。投饵时，设投饵点，敲打铁桶，驯化鲤鱼形成上浮摄食的条件反射；投饵频率要缓慢、小把撒开，每次投喂时间持续 20~30 分钟。日投饵率一般掌握在鱼种体重的 5%~8%。可参照表 2-13 执行。

表 2-13　鲤鱼种的日投饵率　　　　　　　　　　　　　　　（%）

水温（℃）	体重（克）				
	1~5	6~10	11~30	31~50	51~100
15~20	4~7	3~6	2~4	2~3	1.5~2.5
21~25	6~8	5~7	4~6	3~5	2.5~4
26~30	8~10	7~9	6~8	5~7	4~5

（5）主养团头鲂的饲养方法。鱼种下塘前，先施用基肥，施腐熟的堆肥 200 千克/亩。培养天然饵料生物。鱼种下塘后，每日投喂豆饼浆 2 次，用豆饼 1.5~2.0 千克/万尾磨浆投喂，以后可改喂芜萍和小浮萍，饲养后期可投喂紫背浮萍、

水草或嫩的陆草。

5. 夏花鱼种的日常管理

鱼种入池后，日常管理随即开始。通过早、午、晚巡塘，观察鱼种生长发育动态状况和水质变化，及时采取相应的管理措施。

（1）适时注水施肥，改善水体环境。春秋季每月注水 1~2 次，每次 10~15 厘米，使池塘水位保持在 1.5 米左右。水质过肥或天气燥热时，可多注水，必要时排出一部分老水，再加注新水。同时，还可通过巧施无机化肥补磷、加施微生物菌肥、药杀控制蓝藻和浮游动物等措施，改善水体生态。池水透明度保持在 30~35 厘米，水体颜色以绿褐色、茶褐色为宜。

（2）掌握鱼种动态，及时调节投饵。一是每月检测鱼体平均体重，适时调节投饵量和投饵次数；二是根据鱼种活动状况、吃食状态、生长状况和天气变化等，及时调节投饵量和投饵次数。通过人工调节，使鱼种饱食度保持在 70%~80%。一般每隔 10 天清洗一次食台，经日光曝晒消毒后再用。

投饵的"四看""四定"原则。坚持"四看"（看季节、看天气、看水、看鱼）和"四定"（定时、定量、定质、定位）原则投喂。早春、晚秋水温低应少投；晴天多投，阴雨天少投，大雨不投；水肥少投，水瘦多投；摄食旺盛多投，食欲不振少投。定时投喂；投喂量相对固定，不能忽多忽少；饵料新鲜、清洁适口；投饵应固定位置。

（3）坚持巡塘观察，防病害防泛塘。坚持每日早、午、晚巡塘，观察水色变化和鱼的活动情况，决定是否注水、施肥、调节投饵量等，发现鱼病，及时治疗；注意水质恶化、天气突变等突发状况，防止泛塘；经常清扫食台下的残饵等物，随时清除池边杂草、杂物。还要做好防敌害、防洪、防逃等工作。

（二）快速培育法

即从鱼苗直接养成大规格鱼种。实质上就是稀养促进生长。鱼苗放养密度要小，每亩放养 2 万~2.5 万尾。

鱼苗下塘前，施足基肥，培肥水质，肥水下塘。鱼苗下塘前过数，进行混养。同一池塘中，同种鱼苗一次放足，不同种鱼苗 5 天内放齐。

混养比例如下：主养草鱼时，草鱼占 70%，鲢鱼或鳙鱼占 20%，鲤鱼占 10%；主养鲢鱼时，鲢鱼占 70%，草鱼占 20%，鲤鱼占 10%；主养鳙鱼时，鳙鱼占 70%，草鱼占 20%，鲤鱼占 10%；主养鲤鱼时，鲤鱼占 70%，草鱼占 10%，鲢鱼或鳙鱼占 20%。

采用这种方法培育鱼种，对池塘水肥条件和清塘操作要求较高，因前期培育鱼苗小，池塘水体相对大，鱼苗下塘后 15 天内，施肥培养的天然饵料生物可以满足鱼苗的需要。以后随着鱼苗的生长，要加强投喂，并及时追肥。

（三）高产培育法

为充分挖掘池塘的生产潜力，提高鱼种产量和规格，适应成鱼养殖对大规格鱼种的需要，很多地区采用高密度混养的高产技术措施，进行大规格鱼种高产培育法，使每亩的鱼种产量达到 600 千克甚至更高，规格达到 15 厘米以上。

这种方法适用于鱼种池水系完整、水电路和增氧设施配套水平高的渔场。

1. 设施配套

培育池水深 2.0 ~ 2.8 米，水源清新，进、排水分开；每 3 ~ 5 亩水面配置一台叶轮式增氧机，并根据池塘总动力负荷的 70% 配置备用发电设备，以备停电急救之用。

2. 夏花鱼种放养

确定 1 ~ 2 种主养鱼，主养鱼夏花鱼种放养密度为 1.5 万 ~ 2.5 万尾/亩；吃食鱼夏花比肥水鱼夏花提前 20 ~ 30 天放养，以免出塘时规格不匀，影响产量。表 2-14、表 2-15、表 2-16、表 2-17、表 2-18 是高产培育法的几种养殖模式，供参考。

表 2-14　以鲢鱼、草鱼为主的放养与收获（江浙地区）

鱼名	放养				收获			
	每亩放养尾数	体长（厘米）	尾均重（克）	比例（%）	体长（厘米）	尾均重（克）	每亩产量（千克）	成活率（%）
鲢鱼	10 949	2 ~ 2.7	0.16	50.8	14	23.7	226.3	87.2
鳙鱼	1 095	2 ~ 2.7	0.1	5.1	18	66.7	61.4	84.1
草鱼	8 759	2 ~ 2.7	0.14	40.7	15.3	42.3	310.9	83.9
鲤鱼	730	2 ~ 2.7	0.13	3.4	14	63.3	38.3	83.8
合计	21 533						635.8	

表 2-15　以草鱼为主的放养与收获（江浙地区）

鱼名	放养				收获			
	每亩放养尾数	体长（厘米）	尾均重（克）	比例（%）	每亩收获尾数	尾均重（克）	每亩产量（千克）	成活率（%）
草鱼	6 628	4.5	0.77	45	1 505	80	120	23
青鱼	2 674	3.4	0.32	18	1 193	17	203	45
鲫鱼	1 744	3.3	0.26	11.8	1 167	60	70	67
鲢鱼	2 535	3.1	0.24	17.2	2 074	100	207.5	82
鳙鱼	1 172	5.2	1.19	8	1 101	70	77.5	94
合计	14 753				7 048		678	

表 2-16　以鲤鱼为主的放养与收获（北京市郊区）

鱼名	放养			收获		
	每亩放养尾数	体长（厘米）	尾重（克）	尾均重（克）	成活率（%）	每亩产量（千克）
鲤鱼	10 000	4.5	1.0	100	88.2	882
鲢鱼	200	3.5	—	500	95.0	95
鳙鱼	50	3.5	—	500	95.0	24
合计	10 250	—	—	—		1001

表 2-17　以团头鲂为主的放养与收获（上海市郊区）

鱼名	放养			收获			
	每亩放养尾数	规格（克）	每亩放养重量（千克）	规格（尾/克）	成活率（%）	每亩产量（千克）	每亩净产（千克）
团头鲂	18 520	0.21	3.9	26.7	91.4	452.3	448.4
鲢鱼	2 600	6.00	15.6	128.5	93.1	310.8	295.2
鳙鱼	600	1.50	0.9	108.0	99.4	64.5	63.6
异育银鲫	900	3.5	3.2	83.3	93.0	69.7	66.5
合计	22 620		23.6			897.3	873.7

表 2-18　以异育银鲫为主的放养与收获（天津市郊区）

鱼名	放养			收获		
	每亩放养尾数	体长（厘米）	尾重（克）	尾均重（克）	成活率（%）	每亩产量（千克）
异育银鲫	10 000	6~7	17.5	100	96	965
鲢鱼	2 500	3.5	—	91	82	186
鳙鱼	250	3.5	—	260	65	43
合计						1 194

3. 施肥

采用粪肥和化肥相结合的方法。施肥主要用于鱼种培育前期，粪肥多用于施基肥，化肥多用于追肥。施肥要根据水中饵料生物的多少而定，每次用量不宜过多，一般每次施尿素 1.5 千克/亩。

4. 投喂

根据主养鱼不同生长阶段所需营养不同选取相对应的饲料。在不同生长时期配合饲料时，主养鱼生长所需的氨基酸要达到要求，营养平衡，动物性蛋白和植物性蛋白配合适当。要选取没有受到污染的饲料原料，不能受潮、生虫、腐败变质。豆粕要经过破坏蛋白酶抑制因子的处理。

采用"四定"投喂法。在固定投喂点搭饲料架。每次投喂时间相对固定，两次投喂时间间隔 3~4 小时。每次投喂量控制在鱼体重的 5%~7%，以八成饱为宜。固定技术熟练的工人专职专塘投喂。不同季节可适当调节投喂次数。每天投喂配合饲料前辅投青绿饲料 1~2 次，以满足养殖对象生理需求，降低饵料系数。

5. 调节水质

（1）勤加水。下塘初期，为在短期内培育出丰富的天然饵料，池水深度可控制在 0.8~1.0 米。随着鱼体长大，水温升高，应逐渐提高水位，7 月达到最高水位。

（2）泼洒生石灰。泼洒生石灰能提高水的硬度，调节水的酸碱度、透明度，增加水中溶氧量，还能改善浮游生物的种群结构。生石灰用量为每次 20 千克/亩左右。

（3）提高水位，增大水体。当水深在 2 米以上时，水中生物和理化因子变化较慢，水质较好且稳定。当阴雨天池水溶氧量下降至 3 毫克/升以下时，应及时开增氧机；高温天气，也可在午后开机 1~2 小时。

6. 鱼病防治

采取以防为主，综合防治的措施。主要注意以下几点：一是用生石灰彻底清塘；二是注意调节水质，减少池鱼染病机会；三是精心饲养，使鱼体健壮，增强抗病力；四是在鱼病流行季节，每 5~10 天泼洒一次漂白粉；五是严格管理，坚持早晚巡塘，及时发现问题，及时采取措施。

（四）并塘和越冬

秋末冬初，水温 10℃以下时，按鱼种类、规格分类并塘，集中围养于深水越冬池。尤其我国北方冬季长，气候寒冷，必须保证鱼种安全越冬。并塘操作应在水温 5~10℃时的晴天进行。

越冬鱼塘应选择背风向阳、池底平坦有少量淤泥、池堤坚固不渗漏的池塘。一般要求池塘面积 2~6 亩，水深 2.0 米以上。鱼种规格 10~13 厘米，可放养 5 万~6 万尾/亩。冬季清扫冰面积雪，有利阳光透射，结冰后每日要坚持破冰增氧，每月换（加）水 20 厘米以上。

生产实践中，有的地区取消了并塘越冬阶段，采取一龄鱼种出塘后即有计划地放入成鱼池或二龄鱼种池直接饲养的做法，可以参考借鉴。

（五）鱼种出塘和鱼种质量鉴别

1. 鱼种出塘

是指已养成的大规格鱼种转塘养成成鱼、分塘稀养或并塘越冬。凡要出塘的鱼种，都要进行 1~2 次拉网锻炼，即使在养殖场内并塘越冬或近距离运输，也要拉网锻炼。否则极易造成鱼体受伤。远距离运输，最好停箱暂养一夜后再起运。

2. 鱼种质量鉴别

根据生产经验，优质鱼种的标准如下：同池同种鱼的规格整齐，大小均匀；体质健壮，背部肌肉丰厚，尾柄肌肉肥满，争食力强；体表光滑、体色鲜艳有光泽，无病无伤，鳞片和鳍条完整无损；游泳活泼，集群活动，朔水性强，受惊时迅速潜入水中，在密集环境下头向下，尾不断扇动，倒入鱼盆中活蹦乱跳，鳃盖紧闭。

四、二龄鱼种培育

二龄鱼种培育，就是将一龄鱼种继续饲养一年，再放入成鱼池饲养，这一过程称为二龄鱼种培育。由于鱼的养殖周期要 2~4 年，因此，在鱼种培育上，必须做到"干当年、为明年、想后年"，才能保证成鱼生产有符合规格要求的优质鱼种，生产实践证明，适量放养二龄鱼种，是成鱼饲养获得高产、稳产的一项重要措施。

目前生产中，二龄鱼种的培育方法有成鱼饲养池套养培育法和专池培育法等。

（一）成鱼饲养池套养培育法

这种模式是目前生产中满足鱼种放养的主要方法。所谓套养，就是将同一种鱼类不同规格的鱼种按比例混养在成鱼池中，经过一段时间饲养后，将达到食用规格的鱼捕捞上市，适时适量补放小规格鱼种。随着鱼类的生长发育，各档规格鱼种逐级提升，相应长成大中规格鱼种供第二年放养。用这种方法，成鱼饲养池产量中有 80% 左右上市，20% 左右为第二年放养的鱼种。这些鱼种可基本满足成鱼池冬放的放养量。不同鱼类适宜套养鱼种的规格也不同，草鱼、青鱼等适宜套养大规格鱼种；鲫鱼、鲤鱼、团头鲂适宜套养中规格鱼种；鲢鱼、鳙鱼、鲮鱼适宜补放夏花或小规格鱼种。

这种培育方法的优点是，由于成鱼池饵料充足，适口饵料来源广泛，套养的鱼种、夏花生长速度较快、成活率高；节约了鱼种池，扩大了成鱼池面积，降低了生产成本，提高了产出率；同时也挖掘了成鱼池的生长潜力，获得了大批大规格鱼种。成鱼池套养鱼种，可以做到大规格鱼种原塘自给。但要取得理想效果，关键是掌握好合理的套养时间和密度，同时加强饲养管理。在夏秋轮捕过程中，操作要轻快，避免损伤套养的鱼种。

根据养殖周期，成鱼池可套养二龄鱼种，也可以混养一、二龄鱼种。这样，比例适当就可以实行逐年升级，即二龄鱼种养成成鱼，一龄鱼种养成二龄鱼种。下面是成鱼池套养青鱼为主的搭配放养方式（表 2-19）和成鱼池套养草鱼、团头鲂为主的搭配放养方式（表 2-20），供参考。

表 2-19 以青鱼为主的搭配放养方法

放养鱼类	放养			成活率（%）	收获			
	规格（克/尾）	尾/亩	千克/亩		规格（克/尾）	尾/亩	千克/亩	增重倍数
青鱼	1 000	50	50	98	3 500~4 500	49	200	4
	250	60	15	90	750~1 250	54	54	3
	25	200	5	30	150~300	60	15	3
鲤鱼	80	128	10.65	98	750~1 250	125	122	11.4
	0.5	1 000	0.5	50	85	500	46.65	83.3
团头鲂	36	154	5.5	95	250~350	146	40	7.3
	0.5	1 000	0.5	20	36	200	7.1	14.2
鲢鱼	33	240	8	95	600~750	228	153.9	19.2
鳙鱼	38	60	2.15	95	600~750	57	38.45	17.9
合计		2 892	97.3			1 419	677.1	6.9

表 2-20 以草鱼和团头鲂为主的搭配放养方法

放养鱼类	放养			成活率（%）	收获			
	规格（克/尾）	尾/亩	千克/亩		规格（克/尾）	尾/亩	千克/亩	增重倍数
草鱼	750~1 250	50	50	98	3 000~3 500	49	150	3
	200~500	65	22.5	90	750~1250	58	60	2.6
	25	200	5	70	250~500	140	62.5	10.5
	62	160	10	95	250~750	152	45.6	4.56
团头鲂	3.7	200	0.75	80	62	160	10	13.3
	0.5	1 000	0.5	30	8.3	300	2.5	5
鲢鱼	4.5	240	8	95	650~800	228	171	21.4
鳙鱼	3.6	60	2.15	95	750~900	57	48.45	22.5
合计		1 975	98.9			1144	550.05	5.56

成鱼池套养鲢、鳙鱼种的方式：一般是年初放养大、中、小或大、小规格的鲢、鳙鱼种，均在夏、秋季轮捕上市，7月再套养夏花。套养数量视要求出塘鱼种和成鱼规格而定。可达数百至数千尾。团头鲂采取二级或三级放养，即二龄、一龄鱼种在同塘套养时，二龄团头鲂能长成150克以上起水上市，大多数一龄团头鲂每尾也达到150克上市，少数上升为二龄团头鲂供第二年放养。

（二）专池培育法

这种方法的放养密度和混养比例，因各地区的技术和生产习惯不同而有差别，但都是根据池塘条件、主养鱼类、饲料和肥料来源以及饲养管理水平等决定。一般主养鱼应占70%~80%，配养鱼占20%~30%，放养密度以3 000~5 000尾/亩为宜。

1. 二龄草鱼的培育

（1）混养模式。以草鱼鱼种为主的混养模式，可参考表2-21。

表2-21　以草鱼为主的混养模式

鱼名	每亩放养			每亩收获			成活率（%）
	体长（厘米）	尾数	总重量（千克）	尾均重（克）	尾数	总重量（千克）	
草鱼	50 克	800	40	300	640	192	80
青鱼	165 克	10	1.65	750	10	7.5	100
团头鲂	11.5	200	2.65	165	190	31.35	95
鲤鱼	3	300	0.15	175	180	31.5	60
鲫鱼	3	600	0.4	125	360	45	60
鲢鱼	250 克	120	30	500	120	60	100
鳙鱼	125 克	30	3.75	500	30	15	100
夏花鲢	3	800	0.4	100	760	76	95
合计		2 860	79		2 290	458.35	

注：夏花鲢在6月底至7月初放养，7月中旬将体重达500克以上的鲢鱼、鳙鱼捕出

二龄草鱼也可以单与鲢鱼、鳙鱼混养，混养密度掌握在每亩放养体长13.2厘米的草鱼800~1 000尾，混养体长12厘米的鲢鱼200尾、鳙鱼40尾。

（2）饲养管理。饲养管理中，应根据草鱼的生长情况和饲料的季节性、适口性进行选择饲料投喂。一般在3月开食后，投喂糖糟等饲料，每亩投2.5~5.0千克，每隔2天投喂一次；4月投喂浮萍、宿根黑麦草、轮叶黑藻等；5月投喂苦草、嫩旱草、莴苣叶等。投喂时做到"四定"。对草鱼塘中混养的鲢鱼、鳙鱼，一般无须另外投喂，只要视水质的肥度，适当施肥和注水调节水质即可。

2. 二龄青鱼的培育

（1）混养模式。以青鱼为主的混养模式，可参考表2-22。

表2-22　以青鱼为主的混养模式

鱼名	每亩放养			每亩收获			成活率（%）
	体长（厘米）	尾数	总重量（千克）	尾均重（千克）	尾数	总重量（千克）	
青鱼	13.2	700	14.0	0.35	490	171.5	70
草鱼	11.5	150	2.15	0.4	105	42	70
团头鲂	10	220	1.85	0.2	198	39.6	90
鲢鱼	13.2	250	5.65	0.5	238	119	95
鳙鱼	13.2	37	0.85	0.65	35	22.75	95
鲤鱼	3.3	500	0.25	0.4	300	120	60
合计		1 857	24.75		1 366	514.85	

（2）饲养管理。由于二龄青鱼是从摄食精饲料转为摄食螺、蚬等动物性饲料，而且青鱼贪食易生病，因此可采取精饲料领食补食，小螺、蚬开食，逐步投喂螺、蚬的饲养方法。

投喂时，掌握好以下几点。

①早开食、晚停食：特别注意如果投放的鱼种规格不一，应在同一池内设置小鱼的专门食台。

②选择适口饵料：饲料做到由细到粗、由软倒硬、由少到多，逐级交叉投喂，过好青鱼转食关。

③投喂均匀：适时适量投喂，保证鱼能吃饱、吃匀、吃好。

3. 二龄鲢鱼、鳙鱼的培育

在以鲢鱼、鳙鱼为主养鱼的地区，可以专设饲养二龄鲢鱼、鳙鱼鱼种池，每亩放养 13 厘米的鱼种 1 500~2 000 尾，饲养到 150~200 克出塘，再配养其他吃食性鱼种，单产可达 500 千克以上，其中二龄鲢鱼、鳙鱼鱼种可达 250 千克以上。

4. 以二龄草鱼为主套养成鱼的培育

即在二龄草鱼鱼种饲养池充分利用水体空间，进行多品种混养，套入大、中、小（夏花）规格的鱼种同时混养的培育方式。在饲养的中后期随着鱼体的长大，捕出已达到食用鱼规格的个体，使池塘不断保持合适的容纳量，因而不同规格的鱼类都能保持较快的生长。长江中下游地区在 7 月成鱼池扦捕后每亩套养 50~100 尾当年鲢鱼、鳙鱼夏花，年终出塘时每尾规格可达 0.2 千克；在广东地区还可混入鲮鱼和异育银鲫夏花，在产出二龄草鱼的同时生产出肥水鱼食用鱼和一批异育银鲫、鲮鱼一龄鱼种，取得很高的产量和效益（表 2-23）。

表 2-23　以二龄草鱼为主的混养模式（广东省顺德市）

鱼名	每亩放养			每亩收获			成活率（%）
	体长（厘米）	尾数	总重量（千克）	尾均重（千克）	尾数	总重量（千克）	
草鱼	3~17	1 071	32	0.325	1 017	330.2	95
鲮鱼	4.8	10 714	14	0.034	10 261	347.6	95.8
鳙鱼	10~17	630	5.7	0.392	589	230.9	93.5
鲢鱼	7.5	143	1	0.552	139	76.8	97.2
异育银鲫	1.9	1 429	0.04	0.05	1 175	58.8	82.2
合计		13 987	52.74		13 181	1 044.3	

五、鱼种的运输

鱼种运输时，应根据鱼种规格数量、交通条件、运输距离等综合考虑，选择适宜的运输工具和方法。常见的有：

（一）尼龙袋（塑料袋）充氧运输

苗种袋规格一般长 70 厘米、宽 40 厘米，装水 10~12.5 千克，每袋可装运夏花鱼种 2 500~3 000 尾，7.0~8.0 厘米的鱼种 300~500 尾，可保证 24 小时内成活率 90% 以上。本方法一般作为铁路、航空、汽车等长途运输，较多用于运输鱼苗和夏花鱼种。

（二）帆布桶运输

常用的帆布桶体积约 1 立方米。装水 0.5~0.7 立方米，可装 5~7 厘米的鱼种 1 万~1.2 万尾，7~10 厘米的鱼种 0.3 万~0.7 万尾。运输中，最好安装充气泵往水中送气，没有充气泵时必须人工击水增氧。适用于短途或长途运输，多用于鱼种运输，较少用于鱼苗运输。

第五节　《齐民要术》与混养、密养和轮捕轮放

> "至四月，内一'神守'；六月，内二'神守'；八月，内三'神守'。（'神守'者，鳖也。）……内鳖，则鱼不复去；……"
>
> "至明年，得长一尺者，十万枚；长二尺者，五万枚；长三尺者，五万枚；长四尺者，四万枚。留长二尺者二千枚作种，所余皆得钱，……"
>
> ——摘自贾思勰著《齐民要术》卷六"养鱼第六十一"篇

我国的淡水鱼类养殖有池塘养殖、网箱养殖、稻田养殖、流水养殖、大水面养殖、工厂化养殖、综合养殖等多种模式。池塘养殖是历史最悠久并且仍是当前最主要的淡水养殖模式。目前我国池塘养殖总产量约占淡水养殖总产量的 70% 以上。

《齐民要术》"养鱼"篇中所载"水畜，所谓'鱼池'也"就是指开发池塘养鱼业。古代渔业文献《诗经》《尔雅》就载有"王在灵沼，于牣鱼跃"（庶民替周文王在灵沼中养的鱼在跳跃）；而后，《吴越春秋》《山阴志》则载有"畜鱼三年，其利可以致千万""南池在会稽，有上下二池"；直到《齐民要术》提及齐威王在后苑凿池养鱼，"一年得钱三十余万"。说明当时池塘养鱼业兴起，而至成文的后魏朝代，从事池塘养鱼生产的地区很广，除了江浙太湖四周，还发展到山东以及多地。同时，养鱼技术也已有很大的提高，所以获利也大。

《齐民要术》又说，到"四月""六月""八月"养鱼池中各放进一、二、三个"神守"，"'神守'者，鳖也。"，之所以要"内鳖"，是因为池塘中放进鳖，"则鱼不复去"鱼就不会再走了。这其实说明，鱼和鳖是能在一个池塘中混养的。多品种混养、合理密养和轮捕轮放都是当代池塘养鱼中提高池塘鱼产量的重要措施之一，是我国池塘养鱼的一个显著技术特点。它贯穿养鱼生产特别是成鱼养殖的全过程，取得显著的增产效果。

本节主要围绕成鱼池塘养殖中混养、密养和轮捕轮放的生产方式方法及技术观点进行叙述。

一、池塘养鱼"八字精养法"

影响池塘鱼产量的因素很多，如养殖区域的气象条件、池塘的地理条件、池塘的设施条件、水质条件、饲料条件以及养殖鱼类的生产性能和养鱼的方式与技术等。在池塘生产条件、养殖品种相同的情况下，采取的养殖方式、技术水平、管理措施不同，鱼产量也会存在巨大差别。

我国的水产科技工作者创造性的总结出了"水、种、饵、密、混、轮、防、管""八字精养法"，全面系统地概括了池塘养鱼高产技术经验，对指导群众科学养鱼，推动渔业生产发展发挥了积极作用，也把我国的科学养鱼水平推向了一个新的阶段。

现将"八字"内容解读如下。

"水、种、饵、密、混、轮、防、管"是淡水渔业生产的八字精养法。其中，"水、种、饵"是养鱼的物质基础，"密、混、轮"是技术措施，"防、管"是关键条件。

水：要求达到"活、肥、嫩、爽"。指养鱼池塘的环境条件包括水源、水质、池塘面积和水深、土质、周围环境等必须适合鱼类生活生长要求。"活"即池水水质养分与溶解氧丰富无毒害，浮游生物处于健康活跃期，水色不死滞，随光照强弱而变化（浮游生物的逐光习性）；"肥"即池水中营养物质（浮游生物）丰富，品种优良；"嫩"即池水中浮游生物鲜嫩不老化，易消化的品种多；"爽"即池水颜色清爽、美观、正常，不深沉、不浓稠、透明度 25~35 厘米。一般油绿、豆绿、黄褐、茶褐为理想水色。

水的酸碱度要求 pH 值 6.5~8.5，偏碱性为最好。溶解氧 5 毫克/升以上，一般不能低于 3 毫克/升。

种：即种良体健。要求苗种品质优良、体质健壮，抗病力强。苗种来源方便、充足，食性广、生长快、肉味鲜美、适应当地环境条件和养殖要求。

饵：即饵精量足。饵料数量要充足，营养要全面。要按"四定"原则投喂。

定质就是质量要求"精"而"鲜","精"即营养丰富，加工精细，"鲜"即新鲜不变质；定量就是不同生长阶段、不同的环境条件有不同的投饵率，要做到既保证营养充足，又不浪费饲料；定时就是季节上早开食、晚停食，每天在确定的时间点投饵（条件反射，到点来吃）；定位就是无论密度大小，要在固定的地点投喂饵料，好处是便于观察摄食情况，便于防病治病。

密：即合理密放。在保证商品鱼规格的前提下，根据池塘条件、鱼种、饲料、肥料的供应情况、增氧设备和管理水平等，适当增加放养密度。

混：即多种混养。实行不同种类、不同年龄、不同规格的鱼类合理混养，达到充分利用水体的目的。

轮：即轮捕轮放。可一次放足，分次轮捕。也可分次放养，分次轮捕。在饲养过程中始终保持池塘鱼类较合理的密度。

防：即防除病害。做到"四防"，即防病、防逃、防盗、防浮头。

管：即精心管理。实行精细科学的池塘管理工作，及时全面清塘，注意巡塘，调节水质，合理投饵、施肥，防治病害，防重于治。

二、混养和密养

《齐民要术》"养鱼"篇中"鱼""鳖"共生互利的实例，给了我们后人最大的有益启示，就是在池塘养殖生产中，可以进行不同种类间、不同品种间、不同规格间的混合养殖。下面主要以成鱼养殖中的鱼类间混养为例说明其技术要点。

（一）成鱼养殖阶段的混养特点

成鱼养殖阶段的混养，一般都采用一种或两种鱼类为主，同时搭配其他鱼类进行混合放养的方法。其中为主的鱼类，叫主养鱼，它们在放养的数量或重量上占有较大比例，产出时，也占较大比例，是重点管理对象。其他搭配放养的鱼类，叫配养鱼，它们是为了充分发挥水体和饵肥的潜力而增加放养的。通常情况下，配养鱼主要以池中的天然饵料生物及主养鱼的残剩饵料为食，在同池混养中无碍于其他鱼类，而且还可以促进主养鱼的生长。所以，配养鱼的种类是由主养鱼决定的，在池中处于从属地位。

（二）混养的优点和原则

1. 混养的优点

混养是根据养殖鱼类的生物学特点，充分利用其相互有利的一面，尽可能地限制和缩小其有矛盾的一面，让不同种类和同种异龄鱼类在同一空间和时间内生活和生长，从而最大限度地发挥池塘的生产潜力。混养的优点主要有以下几方面。

（1）可以充分利用池塘水体，提高放养量。从目前我国的主要养殖鱼类看，其栖息生活的水层有所不同，分为上层鱼、中层鱼和底层鱼三类。鲢鱼、鳙鱼等生活在水体的上层；草鱼、鳊鱼、团头鲂等生活在水体的中下层；而青鱼、鲤鱼、鲫鱼、鲮鱼等生活在水体的底层。将这些鱼类按照一定比例组合在一起，同池养殖，可以充分利用池塘的各个水层，在不增大各水层放养密度的情况下，增加全池的鱼种放养量，为提高鱼产量奠定了基础。

（2）能有效提高池塘中天然饵料的利用率。水体中的天然饵料包括浮游生物、底栖生物、各种水旱草以及有机碎屑等。由于养殖鱼类形态结构、生活习性等的不同，各种鱼的食性也有差别，如鲢鱼、鳙鱼主要摄食浮游生物，草鱼、鳊鱼、团头鲂食草，青鱼吃螺、蚬等底栖贝类；鲤鱼、鲫鱼除摄食底栖动物外，还和团头鲂以及多种幼鱼摄食有机碎屑。

（3）可以充分发挥养殖鱼类共生互利的优势。我国的常规养殖鱼类多数都具有共生互利的作用。鱼类的合理混养可以使它们处于互为生存、互相促进的生态平衡之中。如青鱼、草鱼、鲂鱼、鲤鱼等吃剩的残饵和排泄的粪便，可以培养大量浮游生物，使水质变肥，而鲢鱼、鳙鱼则以浮游生物为食，控制水体中浮游生物的数量，又改善了水质条件，可促进草鱼、青鱼、鲂鱼、鲤鱼等生长。渔谚"一草带三鲢"就是这个道理。而鲤鱼、鲫鱼、鲮鱼、罗非鱼等杂食性鱼类，不仅可以通过它们的摄食活动消除池塘中的腐败有机物，清洁池塘，还可翻动底泥和搅动水层，促进池底有机物的分解和营养盐的循环利用，也能起到增加水体溶解氧的作用。

生产实践中，有时在成鱼塘中混养少量乌鳢、黄颡鱼、鲶鱼等凶猛鱼类，既可清除池中与家鱼争夺饲料的野杂小鱼虾，还可收获一定量的优质鱼类。

2. 混养的原则

在混养过程中，各种鱼类之间也有互相矛盾和排斥的一面，要限制和缩小这种矛盾，就必须根据自然条件、池塘环境、饲料供应等，确定主养鱼和配养鱼的放养密度、规格，合理密养，才能达到相互促进，提高产量的目的。

要实现合理混养，需注意以下几点。

（1）种间、规格间关系要互补。混养在于合理的利用池塘水体和饵料，这就要求养殖的鱼类在食性和生活环境上必须有一定的分化，各种鱼及规格之间必须基本上是互补关系，而不能是竞争关系。

（2）饵料、水体相对充裕。各种鱼类在食性和环境上的分化并不是绝对的，当饵料和水体呈现紧张状态时，鱼类习性的分化逐渐消失，混养的积极意义也随之消失。因此，要合理确定搭配种类，合理确定搭配比例，合理确定放养量，使之与池塘的生产力相适应。

（3）避免种间互相残食。混养的肉食性鱼类多为经济价值较高的品种。但混养这些品种必须以不能吃食其他鱼种为前提。混养时，既要注意控制混养鱼的规格，又要控制混养鱼的放养数量。

（三）合理密养

合理密养是增加池养鱼产量的重要措施之一。鱼种放养密度较低，鱼类生长速度虽快，但不能充分利用池塘水体和饲料资源，难以发挥池塘生产潜力，单产水平难以提高；但放养密度也不能无限增大，当放养密度超过一定程度时，即使供给充足的饲料，也难以获得好的效益。

1. 确定放养密度的依据

影响放养密度的因素较多。要想实现高产、稳产，就必须弄清制约密度的各种因素，并根据这些因素的相互关系和具体要求，确定合理的放养量。

生产中，合理的放养密度应根据池塘条件、养殖种类和规格、肥料和饲料的供应情况以及饲养管理水平等因素来确定。

（1）池塘条件。有良好水源、水质的池塘，放养密度可适当增加；水源条件差，或没有注水条件的池塘，放养密度就应适当减小。较深的池塘放养密度大于较浅的池塘。

（2）养殖鱼类的种类和规格。混养多种鱼类的池塘，放养量可大于混养种类较少或单一种鱼类的池塘。规格较大的鱼放养尾数应较少而放养重量较大，体型较小的鱼放养尾数应较大而放养重量较小。不同种类的鱼，其鱼种规格、生长速度和上市规格有所不同，因此放养密度也不同，同种类不同规格的鱼种放养密度也是同样。

（3）饲料和肥料的供应量。在养殖生产过程中，能充分保证饲料和肥料的供应，则放养量可多一些，反之应相应减少。

（4）饲养管理水平。管理精细、养鱼经验丰富、技术水平高时，放养量可大些；养鱼设备条件较好，也可适当增加放养量。

在确定放养密度时，历年的不同放养量、产量、产品规格以及其他同类鱼塘的高产经验等，都是重要的参考依据。

2. 放养密度的确定

密养必须是在合理密养的基础上，并服从主养鱼的需要来考虑各种鱼的适当放养量。

所谓适当就是根据鱼的生长规格和池塘水质、水源条件等客观条件，通过鱼种配套、增投肥料、饲料，增加溶氧量，加强饲养管理等措施，最大限度地提高池塘各种鱼的放养量，增加复养次数，这是池塘养鱼增产的关键。

各种鱼类的放养密度，可根据单位面积净产量和该种鱼的养成规格以及养殖成活率，根据下列公式计算：某品种的放养尾数=该品种的净产量/〔（养成重量-鱼种重量）×成活率〕。

（四）常见的混养模式

池塘养鱼一般采用以 1~2 个品种为主养鱼的多种鱼类、多种规格的鱼种按不同的数量进行搭配混养的养殖模式。养殖模式的合理与否，直接影响养殖成本的大小和池塘产出效益。

混养比例是根据多种因素确定的，一般情况下可参考表2-24。

表2-24　池塘养鱼混养比例

养殖方式和池塘条件	各种鱼类的搭配比例（%）		
	上层主养鱼	底层主养鱼	底层配养鱼
投喂与施肥的精养池	鲢鱼、鳙鱼占 40~50	青鱼、草鱼、鲤鱼占 30~40	团头鲂或鳊鱼、鲮鱼或鲴鱼、鲫鱼占 20
施肥不投喂的池塘	鲢鱼、鳙鱼占 70~85	鲤鱼、鲫鱼、鲴鱼或鲮鱼占 10~15	青鱼、草鱼、团头鲂或鳊鱼占 5~10
水质较肥的粗放池	鲢鱼、鳙鱼占 60~70	鲤鱼、鲫鱼、鲴鱼或鲮鱼占 20~30	青鱼、草鱼、团头鲂或鳊鱼占 5~10
水质中等的粗放池	鲢鱼、鳙鱼占 40~50	鲤鱼、草鱼、青鱼占 40~50	团头鲂或鳊鱼、鲴鱼或鲮鱼、鲫鱼占 10
水交换快或有微流水、水质清瘦的投喂池	鲢鱼、鳙鱼占 10~15	青鱼、草鱼、鲤鱼占 70~80	团头鲂或鳊鱼、鲴鱼或鲮鱼、鲫鱼占 10~15
水质清瘦的粗放池	鲢鱼、鳙鱼占 5~10	青鱼、草鱼、鲤鱼占 65~70	团头鲂或鳊鱼、鲴鱼或鲮鱼、鲫鱼占 20~25

目前，我国渔民在长期的养殖实践中，形成了一套适合各地特点的池塘放养模式。主要有以下几种。

1. 以草鱼、团头鲂为主养鱼的混养模式

通过给草食性鱼类投喂草料，利用它们的粪便肥水，产生大量腐屑和浮游生物，饲养鲢、鳙鱼等。

这种混养模式以水草和种植青饲料为主，可适量添加部分精饲料。由于饲料来源较容易解决，成本低，产量和经济效益较好，该混养模式在我国较普遍，并逐渐演变发展为主养草鱼、青鱼和草鱼、鳙鱼、鲮鱼等模式（表2-25）。

表 2-25　以草鱼和团头鲂为主每亩净产 750 千克的混养模式（长江中下游地区）

鱼名	每亩放养			每亩收获			
	规格（克）	尾数	重量(千克)	规格（克）	尾数	重量(千克)	净产（千克）
草鱼	250~300	120	32	1 500~2 000	102	185	153
	25~50	250	8	250~500	185	65	57
	9.3	300	2.8	150	167	25	22.2
团头鲂	75	150	11.3	350	136	47.5	36.2
	10	180	1.8	75	153	11.5	9.7
鲢鱼	200	150	30	600	142	85.5	55.5
	50	240	12	750	228	171	159
	夏花	300	0.3	200	180	36	35.7
鳙鱼	200	40	8	650	38	24.5	16.5
	50	60	3	900	57	51.5	48.5
	夏花	80	0.1	200	50	10	9.9
异育银鲫	15	700	10.5	175	665	116.5	106
	夏花	1 400	1.4	15	730	11	9.6
青鱼	500	10	5	2 500	9	22	17
	25	20	0.5	500	10	5	4.5
鲤鱼	25	50	1.3	750	48	37	35.7
合计			141			904	776

2. 以鲢鱼、鳙鱼为主养鱼的混养模式

即以滤食性鱼类为主养鱼，适当混养其他鱼类，特别是混养摄食有机碎屑能力较强的鱼类如罗非鱼、银鲴等。这种模式以施肥为主，同时投喂草料。这种模式适用于肥料来源丰富和水质易肥的水体。由于肥源广，成本较低，也是我国不少地区普遍采用的养殖模式。

目前，随着人们对优质鱼类的需求增加，该种养殖类型也逐渐增加了优质鱼类的放养量（表 2-26）。

3. 以草鱼、青鱼为主养鱼的混养模式

该模式中，以投喂天然饵料和施有机肥为主，辅以青饲料和颗粒饲料的投喂。主养鱼青鱼、草鱼的放养量相近。青鱼、草鱼放养一至三龄鱼种，分别养成商品鱼和大规格鱼种，同时轮养一龄鲢、鳙和鲤夏花，为第二年成鱼放养提供鱼种（表 2-27）。

4. 以杂食性鱼类为主养鱼的放养模式

以鲤鱼或鲫鱼为主养鱼。前者北方多见，后者南方多见。以鲤鱼为主养鱼的养殖类型以投精饲料为主，养殖成本较高；以鲫鱼为主养鱼的养殖类型以施肥为主，养殖成本较低。可参考表 2-28，表 2-29。

表 2-26 以鲢鱼、鳙鱼为主每亩净产 450 千克的放养模式（湖南省衡阳市）

鱼名	每亩放养			每亩收获	
	规格（克）	尾数	重量（千克）	毛产量（千克）	净产量（千克）
鲢鱼	0.203	301	61.1	310.5	224.8
	0.125	197	24.6		
鳙鱼	0.23	96	22.1	92.3	66.56
	0.04	91	3.64		
草鱼	0.12	87	10.44	55.4	44.96
鲤鱼	0.09	49	4.41	21.3	16.89
银鲴	0.005	1 500	7.5	68.5	61
鲫鱼			0.45	10.7	10.25
罗非鱼	0.005	500	0.25	25	24.75
团头鲂	0.005	30	0.15	7.6	7.45
合计			134.64		456.66

表 2-27 以草鱼、青鱼为主养鱼每亩净产 750 千克的放养收获模式（江苏无锡）

鱼类		放养				成活率	收获（千克）		
		月份	规格（克）	尾数	重量(千克)	（%）	规格	毛产量	净产量
草鱼	过池	1~2	500~750	60	37	95	2 以上	120	117.5
	过池	1~2	150~250	70	14	90	0.5~0.75	37	
	冬花	1~2	25	90	2.5	80	0.15~0.25	14	
青鱼	过池	1~2	1 000~1 500	35	37	95	4 以上	140	138
	过池	1~2	250~500	40	15	90	1~1.5	37	
	冬花	1~2	25	80	2	50	0.25~0.5	15	
鲢鱼	过池	1~2	350~450	120	48	95	0.75~1.0	100	213
	冬花	1~2	100	150	12	90	1.0	135	
	春花	7	50~100	130	10	95	0.35~0.45	48	
鳙鱼	过池	1~2	350~450	40	16	95	0.75~12	40	75
	冬花	1~2	100	50	6.5	90	1.0	45	
	春花	7	50~100	45	3.5	90	0.35~0.45	16	
团头鲂	过池	1~2	150~200	200	35	85	0.35~0.4	60	52.5
	冬花	1~2	25	300	7.5	70	0.15~0.2	35	
鲫鱼	冬花	1~2	50~100	500	40	90	0.15~0.25	90	154
	冬花	1~2	30	500	15	80	0.15~0.25	80	
	夏花	7	4 厘米	1 000	1	50	0.05~0.1	40	
合计					302			1 052	750

表 2-28   以鲤鱼为主养鱼每亩净产 500 千克的放养模式（辽宁省宽甸市）

鱼名	每亩放养			每亩收获			
	规格（克）	尾数	重量（千克）	规格（克）	尾数	重量（千克）	净产（千克）
鲤鱼	100	650	65	750	590	440	375
鲢鱼	40	150	6	700	145	101	101.5
	夏花	200	—	40	165	6.5	
鳙鱼	50	30	1.5	750	30	22.5	23.5
	夏花	50	—	50	40	2.	
合计			72.5			572	500

表 2-29   以异育银鲫为主养鱼每亩净产 900 千克的放养模式（江苏省无锡市）

鱼名	每亩放养			每亩收获			
	规格（克）	尾数	重量（千克）	规格（克）	尾数	重量（千克）	净产（千克）
异育银鲫	33	2 000	66	305	1857	566.4	500.4
	夏花	3 000	6	33	2000	66	60
鲢鱼	夏花	775	—	320	625	200	200
鳙鱼	夏花	385		510	331	169.4	169.4
合计			72			1 001.8	929.8

5. 以肉食性鱼类为主养鱼的放养模式

该模式主养鱼以青鱼为代表。对青鱼投喂螺、蚬等贝类，利用青鱼粪便和残饵饲养鲢、鲫、鳙、鲤等鱼类。

随着目前青鱼颗粒饲料已研制成功，这种模式会有较快发展（表 2-30）。

表 2-30   以青鱼为主养鱼每亩净产 750 千克的放养模式（江苏省吴县）

鱼名	放养			成活率（%）	收获（千克）		
	规格（克）	尾数	重量(千克)		规格	毛产量	净产量
青鱼	1 000~1 500	80	100	98	4~5	360	
	250~500	90	35	90	1~1.5	100	355.5
	25	180	4.5	50	0.25~0.5	35	
鲢鱼	50~100	200	15	90	1 以上	200	185
鳙鱼	50~100	50	4	90	1 以上	50	46
鲫鱼	50	500	25	90	0.25 以上	125	124
	夏花	1 000	1	50	0.05	25	
团头鲂	25	80	2	85	0.35 以上	26	24
草鱼	250	10	2.5	90	2	18	15.5
总计			189			939	750

注：1. 青鱼池饲养鲤效果很好，但鲤当地市场价格低，故采用“以鲫代鲤”法；2. 不实行轮捕轮放；3. 鱼种自给率为 67.7%

6. 以罗非鱼为主混养模式

这是我国南方肥源充足的池塘采用的养殖形式。这类池塘肥源足，适宜饲养罗非鱼。

广东省陆丰县南石镇有鱼池 3.7 公顷，承受全镇 4 万人的生活污水和 300 头猪的肥料，每亩放养 1 500~3 000 尾、规格为 5.0~7.0 厘米的罗非鱼鱼种和 50 对亲鱼，同时混养规格为 10 厘米的鲢鱼、鳙鱼和草鱼，其中鲢鱼 300 尾，鳙鱼和草鱼均为 40 尾，可产商品鱼 1 000~1 500 千克/亩。

7. 常规养殖鱼类和特种水产养殖对象的混养模式

随着经济与社会的发展，水产养殖水平不断提高。近年来，为增加池塘养殖的经济效益，各地都进行了传统池塘养鱼和特种水产养殖对象的混养探索，并取得了明显的经济和社会效益。

常见的混养方式有成鱼池塘混养鳗鱼、混养鳜鱼、混养淡水白鲳、加州鲈、斑点叉尾鮰、革胡子鲶等；另外，还出现了池塘鱼虾混养、鱼蟹混养、鱼鳖混养、鱼蚌混养、鱼龟、螺、鳅混养等，多数混养方式已形成规模和效益，有的混养模式尚处于探索阶段，还未形成成熟的生产技术规程。

三、多级轮养和轮捕轮放

《齐民要术》"养鱼"篇中所载《陶朱公养鱼经》，详细地记述在放养亲鱼后，以跨年度来计算，"至来年二月"，就能获得"长一尺者""二尺者"和"三尺者"的不同规格、不同数量的鱼；"至明年"（第 3 年）又获得"长一尺者""长二尺者""长三尺者"和"长四尺者"的不同规格、不同数量的鱼，同时"留长二尺者二千枚作种"。也就是说，在最先的一整年多至第 2 年后就实施大小鱼混养，包容了 3 个方面的科学内涵：第一，大小鱼可混养；第二，有计划、有目的地轮捕一部分成鱼，即获得利益；第三，池塘天然饵料生物的供应情况，也符合大小鱼有效摄食，天然饵料基础得到充分的、又是符合生态平衡的高利用率，这比单独养殖大规格鱼或单独养殖小规格鱼来讲，效果乃以混养轮捕为佳。

多级轮养和轮捕轮放，都是池塘养鱼中充分利用水体、实现增产增收的现代水产养殖重要技术措施之一。

（一）多级轮养

1. 什么是多级轮养

多级轮养，就是根据鱼类的生长特点，将鱼种和成鱼养殖过程分为若干阶段或级，分在不同池塘进行饲养，并随着鱼种长大和分批捕捞成鱼，依次把相同数量的鱼种转入下一级池塘饲养的一种养殖方式。具体方法就是，将鱼池分为鱼苗池、鱼种池和商品鱼池等几级，每一池塘为一级，专养一定规格的鱼；饲养一段时间后，达到一定规格后分疏到下一级池塘；当商品鱼池一次性出池后，其他各级池塘里的鱼依此筛出大规格转塘升级。一般采用定期拉网分池、逐步稀疏的方法。

这一养殖形式非常适合城镇近郊池塘养鱼采用。及时分池、控制密度，是多级轮养、增产增收的技术核心。

2. 多级轮养应注意的问题

多级轮养的劳动强度较大，经常分疏所需的劳动力较多。一般所有池塘每隔30~40天，都要被拉网分疏1次。

多级轮养一般在养殖面积较大的水产养殖场采用。池塘要配套，面积较小的池塘作为鱼苗、鱼种池，面积较大的用作成鱼养殖池。如池塘分五级轮养的面积大概分配比例为：鱼苗池2%，鱼种池4%，大鱼种池10%，半大鱼池22%，成鱼池62%。如果面积小的池塘不够，可以用网片围住池塘一角培育鱼苗。

多级轮养的养殖品种要易拉网捕捞，如鲢鱼、鳙鱼、草鱼、罗非鱼、加州鲈等；不宜选择难捕的底层鱼类，如鲫鱼、鲮鱼、鳜鱼等。要注意防病治病，捕鱼后要进行药物消毒。

以草鱼为主五级轮养的放养实例（表2-31），供参考。

表2-31 以草鱼为主五级轮养的放养情况

鱼池	放养规格	放养密度（尾/亩）	饲养天数	收获规格
一级（鱼苗池）	水花鱼苗	15万	25	3厘米
二级（鱼种池）	3厘米	0.8万~1万	40	7厘米
三级（大鱼种池）	7厘米	1 000~1 500	40	15厘米
四级（半大鱼塘）	15厘米	250~350	100	250~500克
五级（商品鱼塘）	250~500克	100~150	130~150	0.75~1.5千克

（二）轮捕轮放

1. 什么是轮捕轮放

轮捕轮放，是指在一次或多次放足鱼种的基础上，随着鱼体长大，到一定时间分数批将达到商品规格的鱼捕出，同时补放一部分鱼种，以保证较合理的养殖密度，有利于鱼类生长，从而提高池塘经济效益和单位面积鱼产量。

概括地说，轮捕轮放就是"一次放足，分期抽捕，捕大留小，去大补小"。

2. 轮捕轮放的主要作用

（1）充分发挥池塘生产潜力。轮捕轮放使池塘在饲养过程中始终保持较合理的养殖密度，充分发挥池塘生产潜力。前期鱼体小，活动空间大，可以多放一些鱼种。随着鱼体长大采用轮捕、轮放方法及时稀疏密度，使池塘鱼类容纳量始终保持在最大限度的容纳量以下，缓和或解决了密度过大对群体增长的限制，使鱼类在主要生长季节始终保持合适的密度，促进鱼类的快速生长，从而取得较高的鱼产量。

（2）提高饲料利用率。轮捕轮放能进一步增加混养种类、规格和数量，提高池塘的利用率。利用轮捕控制鱼类生长期的密度，以缓和鱼类之间（包括同种异龄）在食性、生活习性和生存空间上的矛盾，发挥"水、种、饵"的生产潜力。

（3）为稳产、高产奠定基础。轮捕轮放有利于培育优质的大规格鱼种。适时捕捞达到商品规格的食用鱼，使套养的鱼种迅速生长，培育成大规格鱼种，满足成鱼养殖的需要。

（4）有利于活鱼均衡上市，提高经济效益。轮捕轮放能做到常年有鲜活鱼上市，改变以往市场淡水鱼"春缺、夏少、秋挤"的局面，稳定了鱼价，提高了经济效益；同时有利于养殖者资金周转，为扩大再生产创造了条件。

3. 轮捕轮放的对象和时间

凡达到或超过商品鱼标准，符合出塘规格的食用鱼都是轮捕对象。

在生产中，各种混养鱼类轮捕轮放的主要对象是鲢鱼和鳙鱼，因为精养池塘中鲢鱼、鳙鱼在合理的池塘容量范围内终年生长，因而轮捕周期长，轮捕频率高。轮捕后补放的鲢鱼、鳙鱼夏花或一龄鱼种生长快、成活率高。其次是草鱼，草鱼生长喜清水，而夏季高温水肥，生长速度变慢，此时捕出部分草鱼，可降低池塘载鱼量，有利于促进小规格草鱼和其他鱼类生长。草鱼一般只进行轮捕，不补放鱼种。鲤鱼、鳊鱼、团头鲂、鲫鱼因生长较慢，均在年底一次捕起，但如果放养隔年的大规格鱼种，同样可以进行轮养，增加产量。若混养罗非鱼，也须及时将达到食用规格的鱼分批捕出，让小鱼留池饲养。如放养密度不太大，不至于超出最大容量而影响鱼类生长，就不一定要轮捕，除非要提前供应市场，或有大规格鱼种补放。

近几年来，随着颗粒饲料的普及，鲤鱼、鲫鱼和罗非鱼等吃食性鱼类在高密度精养条件下也应用轮捕轮放形式，通过分散捕捞和补放鱼种的方法，实现高产、高效。

4. 轮捕轮放的方法

轮捕轮放，要根据水质、鱼种、饵肥、管理等条件，有计划地采取不同品种、不同规格鱼种"一次放足，分期抽捕，捕大留小，去大补小"。

具体做法随着养殖条件的不同，放养水平高低有所变化。一般不外乎两种基本方法。

（1）一次放足，捕大留小。即在冬季或早春一次性放足鱼种，翌年饲养一段时间后，分期捕出达到商品规格的鱼上市，让较小的鱼留池继续饲养，不再补放鱼种。

（2）多次放种，捕大补小。即在分批捕出商品鱼的同时补放鱼种，捕出多少相应补放多少。补放的鱼种根据规格大小进行饲养培育。

一般产量高、放养密，轮捕的次数和数量多。例如江苏无锡地区产鱼 500 千克/亩以上的池塘，一年中轮捕 4~5 次，轮放 1~2 次；湖南衡阳地区以鲢鱼、鳙鱼为主的混养池塘，一年中轮捕轮放的次数达 7~8 次。

随着人们生活水平的提高和消费习惯的改变，消费者对不同鱼类的上市规格要求也发生了变化。例如对鲢鱼、鳙鱼、鳊鱼、鲂鱼和罗非鱼的上市规格要求有所提高。因此，生产中要随时调整轮捕的规格，以保证较高的上市价格和较好的经济效益。

5. 轮捕轮放的操作要点

轮捕轮放多在天气炎热的夏秋季捕鱼，渔民称之为捕"热水鱼"。由于这时水温高，鱼的活动能力强，耗氧量大，不能忍受较长时间的密集，加之网内的鱼有相当数量尚未达到上市规格还要继续留养，鱼体不能受伤。因此，捕热水鱼是一项技术性较高的工作。

轮捕轮放要求操作细致、熟练、轻快，尽量缩短捕捞持续时间。主要做到以下几点：

（1）轮捕时间要选择在下半夜、黎明或早晨天气凉爽、水温较低、鱼类活动正常的时候进行。如天气闷热、鱼类出现浮头或有浮头征兆，则严禁捕捞。如发生鱼病等情况也要禁捕。

（2）轮捕前一天适当减少投饵量，并在捕捞前把水面上的草渣污物捞清；捕捞时鱼网围集后，将不符合标准的小鱼尽快放回池中，不要因密集过久而受伤，影响以后生长。

（3）捕捞后，鱼经过剧烈活动，鱼体分泌大量黏液，同时池水混浊，鱼的呼吸和有机质分解耗氧增大，必须立即注入新鲜水和开增氧机，使鱼顶水，以冲洗鱼体上过多黏液，增加水体中溶解氧，防止浮头。

（4）在夜间进行捕鱼操作的，注水或增氧机要待日出后方可停泵停机。

第六节　主要养殖鱼类的病害防治

由于《齐民要术》成书年代相对较早，池塘养鱼刚刚兴起，还没有形成成熟的产业，没有出现养殖鱼类生病及防治的问题，因而未有鱼病防治的记载，也是必然的。

我国的池塘养鱼从宋代开始有进行鱼病防治的记载。苏武《物类相感志》中说"鱼瘦而生白点者名虱，用枫树叶投水中则愈"。

随着池塘养鱼水平的不断提高，规模化、集约化、高密度养鱼模式逐渐成为主流。然而各种鱼类的病害问题日益突出，鱼病的发生和传播也越来越严重，已成为养鱼业健康发展的关键性制约因素之一。病害防治也是养鱼业无法回避的现实和永恒的挑战。

养鱼实践证明，鱼病工作只有贯彻"全面预防，以防为主，积极治疗"的正确方针，采取"无病先防，有病早治"的积极措施，才能达到减少或避免鱼类因病死亡，保证池塘养鱼稳产、高产。

一、鱼病的预防

池塘养鱼生产过程中，做到"无病先防，防重于治"尤为重要。预防鱼病发生，要根据鱼病发生和发展的规律，从池塘环境改良、增强养殖鱼类体质、控制和消灭病原体等多个方面着手，严把生产的每一个环节。

（一）改善池塘水体生态环境

主要包括改善池塘底质和水质两个方面。

（1）重视池塘清整工作。淤泥要翻晒，过多淤泥要清除；消毒要严格、彻底。

（2）养殖池进、排水系统分开。水源是病原生物可能传入的重要途径之一，有条件的养殖场，各养殖池要有独立的进排水系统，避免一池发病交叉传播；水源欠缺或不能设立独立进排水系统的养殖场，尽量采用封闭式循环养殖方式，同时加大对水源的消毒处理力度。

（3）合理使用增氧机。增氧机具有增氧、搅水、曝气三方面作用。开机的时间段要掌握好，晴天中午开机，阴天清晨开机，连绵阴雨半夜开机；晴天傍晚不开机，阴天白天不开机；浮头早开机，轮捕后及时开机，鱼类生长旺盛季节（6—9月）天天开机。

（4）使用水环境保护剂。主要有：生石灰、沸石、过氧化钙、光合细菌和益菌素等。

（5）定期注、换水。

（二）合理混养和密养，科学喂养，提高鱼体抗病力

养殖管理中，加强饲养管理、进行科学喂养、提高鱼类自身抗病力是预防疾病的根本措施。提倡科学放养，鱼种来源尽量统一，减少病菌交叉感染，尽量鱼种冬放；加强日常饲养管理，操作细心，尽量避免鱼体受伤，减少应急反应源刺

激，讲究科学的投喂方法和投喂技术；科学合理地使用营养物和药物；有条件的养殖场可以进行免疫接种。

（三）建立检验与隔离制度，控制和消灭病原体

建立养殖场检疫制度，对外来苗种、亲鱼等进行传染病病原微生物检验；建立隔离管理制度，一旦发现传染性疾病，及时采取相应措施，以免疾病传播、蔓延；实行生产全过程"四消毒"，即苗种消毒、工具消毒、饲料消毒、食场消毒。

鱼种消毒常用药物可参照下表所列方法使用（表2-32）。

表 2-32　鱼种药浴常用药物

药物	浓度	水温（℃）	浸洗时间（分钟）	可防治的鱼病	注意事项
食盐	0.5%~0.6%		30~40	水霉病、细菌性病、寄生性原生动物病	药浴容器不能用金属容器；药液现配现用；不宜在阳光下药浴；两种以上药物需先各自溶解再混合；药浴时需观察鱼类活动情况，一有不良反应须立即停止药浴，放入池水中
	3%		10~15		
漂白粉	10克/立方米	10~15	20~30	细菌性皮肤病和鳃病	
		15~20	15~20		
硫酸铜	8克/立方米	10~15	20~30	寄生性原生动物病	
		15~20	15~20		
硫酸铜与漂白粉合剂	8克/立方米与10克/立方米	10~15	20~30	细菌性和原生动物病	
高锰酸钾	20克/立方米	10~20	20~30	寄生性原生动物病	
		20~25	15~20		
	20克/立方米	10~20	2~2.5小时	锚头鳋病	
	10克/立方米	25~30			

养殖管理中，也可对池塘养殖鱼类进行定期药物预防。表2-33是常见鱼病及发病季节。

表 2-33　常见鱼病及发病季节

病名	发病季节	病名	发病季节
车轮虫病	5—8月	出血病	7—10月
水霉病	终年可见，以2—5月为甚	中华鳋病	6—10月
赤皮病	终年可见，以5—9月为甚	小瓜虫病	12月至翌年6月
锚头鳋病	终年可见，以6—11月为甚	烂鳃病	4—10月
鱼鲺病	终年可见，以6—11月为甚	肠炎病	4—10月
鲢碘孢子虫病	4—12月	打印病	6—11月
指环虫病	5—6月		

药物预防的方法有以下几种。

（1）食场挂篓、挂袋。在食场周围，挂 3~6 个小竹篓，每个篓中放 0.1~0.15 千克漂白粉；如挂装有硫酸铜和硫酸亚铁合剂的布袋，每个食场周围挂 3 个，每个布袋装硫酸铜 0.1 千克，硫酸亚铁 0.04 千克，每周挂 1 次，连挂 3 周，可预防寄生虫性鳃病，采用挂篓、挂袋交替使用，可同时预防皮肤病和鳃寄生虫病。

（2）全池泼洒。在疾病流行季节来临前，定期用药物全池泼洒：漂白粉每 15 天泼洒 1 次，每 1.0 米水深用 0.25 千克/亩，可预防细菌性疾病；生石灰每 1.0 米水深用 15~25 千克/亩，对改善水质、防病治病效果好，特别对预防烂鳃病、赤皮病效果良好。

（3）药饵预防。生产中可根据预防疾病需要，向厂家定制药饵，也可自制药饵，如常见的大蒜药饵，将大蒜去皮捣碎成泥，拌入饲料，稍晾干后投喂，用量为每 100 千克鱼用 0.5~1.0 千克大蒜。

二、常见鱼病的治疗

养殖生产中，一旦发现病害发生，应及时对病鱼做出诊断，确定相应治疗对策，对症用药，做到"有病早治"。

渔药使用安全已成为当前养殖管理的一个重要问题。我国从 2000 年起，对水产品中的药物残留进行抽检，同时相继发布了一系列标准、法规和条例，加强了对药物生产、销售和使用的管理。

因此，我们在用药时，一定要了解药物的性能，掌握正确的使用方法，注意不同鱼类、年龄和生长阶段的差异，结合养殖环境，自觉规范用药，合理施药；注意药物的相互作用，避免配伍禁忌；用药后，细心查看群体动态，观察不良反应，总结防治效果。

（一）常见渔用药物及使用方法

水产动物病害防治中，可使用的药物名称、使用方法、休药期和注意事项等，见表 2-34。

（二）池塘养殖中的禁用渔药

《无公害食品　渔用药物使用准则》中明确规定，严禁使用高毒、高残留、或具有三致（致癌、致畸、至突变）毒性的渔药。严禁使用对水域环境有严重破坏而又难以修复的渔药，严禁直接向养殖水域泼洒抗生素，严禁将新近开发的人用新药作为渔药的主要或次要成分。

有的国家已将敌百虫列为禁用药物，有的国家可以使用。我国在《无公害食品　渔用药物使用准则》中没有将其列为使用药物，也没有列为禁用药物。因此本书中，在没有可替代药物时，也介绍了敌百虫的一些治疗方法，休药期 5 天。

根据我国农业部无公害养殖标准，目前禁用的药物，见表 2-35。

表 2-34　渔用药物使用方法

渔药名称	用途	用法与用量	休药期（天）	注意事项
生石灰	用于改善池塘环境，清除敌害生物及预防部分细菌性鱼病	带水清塘：每米水深用150~200千克/亩水体 干法清塘：每米水深用80~100千克/亩水体 全池泼洒：15~20克/立方米水体		不能与漂白粉、有机氯、重金属盐、有机络合物混用
漂白粉	用于清塘、改善池塘环境及预防细菌性皮肤病、烂鳃病、出血病	带水清塘：每米水深用10~15千克/亩水体 全池泼洒：1.0~1.5克/立方米水体	≥5	勿用金属容器盛装；勿与酸、铵盐、生石灰混用
二氧化氯	用于防治细菌性皮肤病、烂鳃病、出血病	浸浴：20~40毫克/升水体5~10分钟 全池泼洒：0.2~0.3克/立方米水体	≥10	勿用金属容器盛装；勿与其他消毒剂混用
溴氯海因	用于防治细菌性和病毒性疾病	全池泼洒：0.3~0.5克/立方米水体	≥10	勿用金属容器盛装；勿与其他消毒剂混用
氯化钠（食盐）	用于防治细菌、真菌或寄生虫疾病	浸浴：1%~3%，5~20分钟		
硫酸铜（蓝矾、胆矾、石胆）	用于治疗纤毛虫、鞭毛虫等寄生性原虫病	浸浴：8毫克/升水体，15~30分钟 全池泼洒：0.5~0.7克/立方米水体		常用硫酸亚铁合用；勿用金属容器盛装；使用后注意池塘增氧
硫酸亚铁（硫酸低铁、绿矾、青矾）	用于治疗纤毛虫、鞭毛虫等寄生性原虫病	全池泼洒：0.2克/立方米水体（与硫酸铜合用）		治疗寄生性原虫病时需与硫酸铜合用
高锰酸钾（锰酸钾、灰锰氧、锰强灰）	用于杀灭锚头鳋	浸浴：10~20毫克/升水体，15~30分钟 全池泼洒：5~8克/立方米水体		水中有机物含量高时药效降低；不宜在强烈阳光下使用
大蒜	用于防治细菌性肠炎	拌饵投喂：10克/千克鱼体重，连用4~6天		
氨基酸碘	用于治疗病毒病、细菌性疾病如草鱼出血病、传染性胰腺坏死病、传染性造血组织坏死病、病毒性出血败血症	全池泼洒：0.03~0.05克/立方米水体。拌饵投喂：25~30克/千克鱼体重，连用4~6天。 浸浴：草鱼种：5毫克/升水体，15~20分钟		勿与金属物品接触
氟苯尼考	用于治疗细菌性疾病	拌饵投喂：10毫克/千克鱼体重，连用4~6天	≥7（鳗鲡）	
四烷基季铵盐络合碘（季铵盐含量50%）	对病毒、细菌、纤毛虫、藻类有杀灭作用	全池泼洒：0.3克/立方米水体		勿与碱性物质同时使用；勿与阴性离子表面活性剂混用；勿用金属容器盛装；使用后注意池塘增氧

（续表）

渔药名称	用途	用法与用量	休药期（天）	注意事项
大蒜素粉（含大蒜素10%）	用于防治细菌性肠炎	拌饵投喂：0.2克/千克鱼体重，连用4~6天		
大黄	用于防治细菌性肠炎、烂鳃	全池泼洒：2.5~4.0克/立方米水体 拌饵投喂：5~10克/千克鱼体重，连用4~6天		投喂时常与黄芩、黄柏合用（三者比例为5：2：3）
黄芩	用于防治细菌性肠炎、烂鳃、赤皮、出血病	拌饵投喂：2~4克/千克鱼体重，连用4~6天		投喂时常与大黄、黄柏合用（三者比例为2：5：3）
黄柏	用于防治细菌性肠炎、出血病	拌饵投喂：3~6克/千克鱼体重，连用4~6天		投喂时常与大黄、黄芩合用（三者比例为3：5：2）
五倍子	用于防治细菌性烂鳃、赤皮、白皮、疖疮	全池泼洒：2~4克/立方米水体		
苦参	用于防治细菌性肠炎、竖鳞	全池泼洒：1.0~1.5克/立方米水体 拌饵投喂：1~2克/千克鱼体重，连用4~6天		
聚维酮碘	用于防治细菌性疾病	全池泼洒：0.2~0.5克/立方米水体		勿与金属物品接触；勿与季铵盐类消毒剂直接混合使用

表 2-35 池塘养殖中的禁用药物

种类		目录	数量
抗生素		1. 氯霉素；2. 红霉素；3. 杆菌肽锌；4. 泰乐菌素	4
	磺胺类	1. 磺胺噻唑；2. 磺胺脒	2
	硝基呋喃类	1. 呋喃唑酮；2. 呋喃它酮；3. 呋喃西林；4. 呋喃妥因；5. 呋喃苯烯酸钠；6. 呋喃那斯	6
合成类抗菌药	硝基咪唑类	1. 甲硝唑；2. 地美硝唑；3. 替硝唑；4. 洛硝达唑；5. 二甲硝咪唑	5
	喹诺酮类	环丙沙星	1
	喹噁啉类	卡巴氧	1
	其他合成抗菌剂	1. 氨苯砜；2. 喹乙醇	2
催眠镇静安定剂		1. 安眠酮；2. 氯丙嗪；3. 地西泮；4. 拉克多巴胺	4
β兴奋剂		1. 盐酸克伦特罗；2. 沙丁胺醇；3. 西马特罗	3

（续表）

种类		目录	数量
激素类	雌激素类	1. 己烯雌酚；2. 苯甲酸雌二醇；3. 玉米赤霉醇；4. 去甲雄三烯醇酮	4
	雄激素类	1. 甲基睾丸酮；2. 丙酸睾酮；3. 苯丙酸诺龙	3
	孕激素类	醋酸甲孕酮	1
硝基化合物		1. 硝呋烯腙；2. 硝基酚钠	2
杀虫药		1. 六六六；2. 林丹；3. 毒杀芬；4. 呋喃丹；5. 杀虫脒；6. 双甲脒；7. 滴滴涕；8. 酒石酸锑钾；9. 锥虫胂胺；10. 五氯酚酰钠；11. 地虫硫磷；12. 氟氯氰菊酯；13. 速达肥	13
汞制剂		1. 硝酸亚汞；2. 醋酸亚汞；3. 氯化亚汞；4. 甘汞；5. 吡啶基醋酸汞	5
其他		1. 孔雀石绿；2. 秋水仙碱	2

（三）防治鱼病常用的施药方法

目前生产中，常用的施药方法有以下几种。

（1）全池泼洒法。将配制好的药液遍洒全鱼池，让池水达到一定的浓度，以杀灭池中及鱼体表外的病原体。此法能彻底杀灭病原体，可用于治疗，也可用于预防。缺点是用药量大，药物的安全范围较小时，易造成危害。

（2）挂篓或挂袋法。将盛有药物的篓或袋悬挂在鱼池食场周围，形成一定范围的消毒区，以杀灭摄食鱼鱼体表面的病原体。此法危险系数低、用药量小、简便易行。适用于预防和早期治疗。缺点是杀灭病原体不彻底，治疗效果较差。

（3）浸洗法。将鱼集中在有较高浓度药液的较小容器中，进行短时间药浴，以杀灭鱼体外表的病原体。此法一般作为运输前后及鱼转池预防消毒。用药量少，防治效果好。缺点是养殖鱼类易受伤，不能杀灭养殖池水体中的病原体。

（4）口服法。将一定量的药物或疫苗，加入鱼的饲料中，制成药饵投喂，以杀灭鱼体内的病原体。此法适用于鱼病的预防和治疗慢性病或症状较轻的鱼病。缺点是病鱼已停止摄食或很少摄食，病情较严重时无法治疗。

（5）注射法。注射法同口服法比较，具有疗效好、吸收快、进入鱼体的药量准确的优点。常用的注射法有腹腔注射和肌肉注射。缺点是比较麻烦，费工费时，一般只在人工注射疫苗及给鱼治疗时使用。

（6）涂抹法。此法只在注射催产剂及亲鱼检查时使用，有副作用小、使用安全、方便，用药量小的优点。方法是用较浓的药液涂抹鱼体表面患病的地方，以杀灭鱼体的病原体。涂抹时应注意将鱼头持向上方，防止药液流入鱼鳃造成危害。

（四）鱼池施药时的注意事项

在防治鱼病时，需注意下列事项。

（1）几种药物混合使用时，要注意配伍禁忌（如漂白粉、硫酸铜、敌百虫都不能与生石灰同时使用），根据药物的不同特性，合理选配，避免产生毒副作用。

（2）施药时，根据发病种类、轻重状况等，采用合理的治疗方法。如池塘鱼发病率不超过5%，可采用挂篓（袋）等；发病率超过10%，就要采取全池泼洒的治疗方法。

（3）施药时必须注意

①全池泼洒用药时，首先应正确测量水体，采用施药常量浓度的下限或减量使用，用药后专人值守，发现异常立即采取有效措施抢救；固体药物必须完全溶化后再均匀泼洒，液体药物要在稀释后搅拌均匀再全池泼洒。

②泼洒药物时一般不喂饲料，最好先喂饲料后泼药。

③泼洒药物一般避开中午阳光直射，最好在晴天上午或傍晚进行；下雨、天气闷热、早晨有雾、鱼还在浮头或浮头刚结束时，均不宜用药。

④投喂药饵或悬挂法用药前最好短暂停食，使鱼类处于饥饿状态，急于摄食药饵或进入药物悬挂区内摄食。

⑤池塘泼药后，应在短时间内不再人为干扰，如拉网、增放鱼种等，待病情稳定后再进行。

（五）鱼病的分类

鱼病按不同的病原，大致可分为传染性鱼病、侵袭性鱼病和非寄生物引起的鱼病3大类。

1. 传染性鱼病

由病毒或细菌、真菌等传染性病原引起。广义上还包括寄生的单细胞藻类引起的疾病。这类鱼病所造成的损失约占鱼病总体损失的60%。

（1）病毒性鱼病。常引起鱼类大量死亡。我国淡水鱼的病毒病主要有草鱼出血病、青鱼出血病和鲤痘疮病等。

（2）细菌性鱼病。当养殖密度较大、水质恶化、饲养管理不当、鱼体有损伤等状况时，常发生和流行细菌性鱼病，造成鱼类大量死亡。主要有黏细菌性烂鳃病、白头白嘴病、赤皮病和打印病等。

（3）真菌性鱼病。真菌寄生于鱼的皮肤、鳃或卵上引起，主要有肤霉病、鳃霉病等。体弱和受伤的鱼体容易感染。

（4）寄生藻类引起的鱼病。少数单细胞藻类可成为寄生性的病原，使草鱼、鲢鱼、鳙鱼等致病。

2. 侵袭性鱼病

由动物性病原引起，按病原通常分下列几类。

一是原生动物病，如小瓜虫、鱼波豆虫、斜管虫、车轮虫等寄生于鱼体表面，使鱼致病，严重时引起大量死亡；二是单殖吸虫病；三是复殖吸虫病；四是绦虫病；五是线虫病；六是棘头虫病；七是蛭（蚂蟥）病；八钩介幼虫病；九是甲壳动物病，对鱼类危害较大的是中华鳋、锚头鳋、鱼虱病等。

3. 非寄生物引起的鱼病

包括物理、化学因素或其他非寄生的有害生物引起的鱼病。物理因素主要是鱼类在养殖、捕捞、运输过程中受到压伤、碰伤、擦伤等，引起的皮肤坏死和继发性鱼病（赤皮病、肤霉病等）；化学因素指遭污染的水体中，农药、重金属、石油、酚类及其他有毒物质可致鱼畸形或死亡。少数藻类被鱼吞食后不能消化而产生有毒物质或其代谢产物含有毒素，可引起鱼类中毒死亡。我国常见的有害藻类有铜绿微囊藻、水花微囊藻、裸甲藻、三毛金藻等。

鱼类的敌害主要有青泥苔（丝状绿藻）、水螅、蚌虾（蚌壳虫）、水蜈蚣、水生昆虫、凶猛鱼类以及虎纹蛙、水蛇、水鸟和吃鱼的水鼠、水獭等。

（六）主要养殖鱼类常见鱼病及防治方法

1. 草鱼出血病

【症状】患病的鱼体色暗黑而微红，口腔有出血点，下颌、头顶和眼眶四周充血，有的眼球突出，鳃盖充血，鳃丝肿胀，多黏液。内部肌肉点状或斑块状充血，严重时全身肌肉鲜红色。根据症状，分红肌肉型、红鳍红鳃盖型和肠炎型3种类型。

【流行情况】主要危害5～20厘米的草鱼种，青鱼种亦可感染。每年6—9月，水温27℃以上最为流行。可以通过池水传播。

【防治方法】①鱼种下塘前，用碘伏30克/立方米水体，药浴15～20分钟，或用0.5%灭活疫苗加1.0克/立方米莨菪碱，浸泡鱼种2～3小时。②每100千克鱼用板蓝根、黄柏、黄芩和大黄共计1.0千克（2:2:4:2）制成药饵投喂。③疾病发生当晚，用过碳酸钠片状增氧剂0.6克/立方米全池泼洒，每2天再泼洒氨基酸碘0.05克/立方米，或用聚维酮碘0.3～0.5克/立方米，或用二溴海因0.3～0.4克/立方米，隔天再泼洒一次。

2. 细菌性烂鳃病

【症状】病鱼鳃部肿胀，色淡呈严重贫血状。有急性感染时呈紫红色，鳃部黏液增多、带有污物，鳃丝肿胀点状充血呈"花鳃"，末端腐烂，但一般不到缺损时，病鱼即死亡。

【流行情况】各养殖鱼类都可发生，主要发生于草鱼和青鱼、罗非鱼等。对草鱼危害尤为严重。每年4—10月为流行季节，以7—9月最为严重，水温20℃以上开始流行，28～35℃是最流行的温度，常与肠炎、赤皮并发呈并发症。

【防治方法】①定期泼洒二溴海因或溴氯海因0.2～0.3克/立方米。②全池泼洒大黄药液 2.0~3.0 克/立方米，用法：每千克大黄用 20 千克水加 0.3%氨水（含氨量 25%~30%）置木制容器内浸泡 12~24 小时，药液呈红棕色。③每100 千克鱼用 250 克鱼复康 A 型拌料投喂，每日一次，连用 3~6 天。

3. 细菌性肠炎病

【症状】病鱼腹部膨大，肛门红肿，轻压腹部，有淡黄色或血脓液体从肛门流出，剖开鱼腹部，可见腹腔积水，肠壁充血，发炎，轻则前肠或者后肠呈现红色，重者全肠呈紫红色，肠内一般无食，充满淡黄色黏液或血脓，病鱼体色发黑，丧失食欲，行动缓慢，离群独游。

【流行情况】主要危害草鱼、青鱼，鲤鱼、罗非鱼、鲢、鳙少量出现。

【防治方法】①加强饲养管理，注意保持水质清新，养殖过程实行"四消"。②经常于饲料中添加酶益生素 0.5~1.0 克/千克和乳酸芽孢杆菌 0.03~0.05 克/千克投喂，可有效预防肠炎病发生。③全池泼洒二溴海因 0.3 克/立方米，同时按饲料量的 1%~2%大蒜素投喂，3~5 天为一个疗程。

4. 赤皮病（出血性腐败病）

【症状】鱼体表局部或大部分出血发炎，鳞片松动脱落，呈现块状红斑，鱼体的两侧和腹部尤为明显。鳍基部或整个鳍充血，梢端腐烂常烂去一段。在草鱼常与烂鳃病、肠炎病并发。

【流行情况】赤皮病多数由于拉网或运输中操作不小心，擦伤鱼的皮肤，由细菌侵入引起的。全国各地均有发生，季节不明显，以春末、夏初常见，草鱼、青鱼、鲤鱼、鲫鱼、团头鲂等均可患此病，多发生在草鱼、青鱼和春花鱼种。

【防治方法】①发病季节，用生石灰 15 克/立方米水体全池泼洒，用漂白粉进行食场消毒。②全池泼洒溴氯海因 0.3~0.4 克/立方米，同时，饲料中添加氟苯尼考 0.5~1.0 克/千克，连续 4~6 天为一个疗程。③五倍子煮成药液全池泼洒，用量为 2~3 克/立方米水体，连泼 2 次为一个疗程。同时饲料中添加大蒜素 1.0 克/千克和乳酸芽孢杆菌 0.5 克/千克，连投 5~7 天为一个疗程。

5. 打印病

【症状】主要是由细菌侵入引起的，病鱼的尾柄及腹部两则出现圆形或椭圆形红斑，象烙了一个红色印章，表皮组织腐烂，严重时可见到骨骼或内脏；病鱼瘦弱，头大尾小，游泳缓慢。

【流行情况】主要危害鲢、鳙鱼鱼种、成鱼。全国各地均有发现，以华北、华中地区为甚。流行季节长，夏、秋较为常见。

【防治方法】发病后，①用漂白粉 1.0 克/立方米全池泼洒。②溴氯海因或二溴海因 0.3~0.4 克/立方米全池泼洒一次。

6. 竖鳞病

【症状】病鱼鳞片张开似松果，鳞片基部水肿充血，严重时鳍基充满半透明液体，鱼的鳞片都竖起来。严重时鳞片脱落而死。发病率不高，但死亡率较高。

【流行情况】主要危害鲤鱼，鲫鱼、草鱼、鲢鱼也会发生。两个流行期，一为鲤鱼产卵期，二为鲤鱼越冬期。流行水温17～22℃．鱼体受伤是引起此病的主要原因之一。

【防治方法】①3%食盐浸洗病鱼10～15分钟。②全池泼洒溴氯海因0.3～0.4克/立方米，同时，饲料中添加甲砜霉素散0.2～0.3克/千克，连投5～7天。

7. 鳃霉病

【症状】表现为鳃出血，部分鳃丝颜色苍白，鱼不摄食，游动缓慢。急性型的出现几天就大量死亡，慢性型的死亡率稍低。鳃霉病须借助显微镜确诊。

【流行情况】草鱼、青鱼、鲢鱼、鳙鱼、鲤鱼、鲫鱼、鲮鱼都可发生。每年尤以5—7月份发病严重。一般是水质恶化，特别是有机物含量高，又脏又臭的池塘，最易发此病。

【防治方法】①保持池水新鲜、用混合堆肥代替大草和粪肥直接沤水法、用生石灰代替茶粕清塘等均可预防本病的发生。②用浓度为1.0克/立方米的漂白粉溶液全池泼洒。

8. 小瓜虫病（白点病）

【症状】传染性很强的外寄生虫病。白点病分为早、中、晚3期，病程5～10天。早期，各鳍及身躯有个别的小白点，有食欲，精神没有多大变化；中期，鳍、身躯到处是白点，没有食欲，不爱活动，到处蹭痒，颜色变暗；晚期，白点布满全身，鱼浮在水面或沉入池底。鱼有气无力，左右摇摆，体表黏膜增多，呼吸困难，窒息而死。

【流行情况】本病对鱼的种类、年龄无严格选择。多在初冬、春末和梅雨季节发生，尤其在缺乏光照、低温、缺乏饵料的情况下容易发生流行。水温15～20℃最适于小瓜虫繁殖，水温上升到26～28℃或下降到10℃以下停止发育。

【治疗】此病要综合治疗，只用药收效不大，加强饲养管理很重要。首先停食4～5天，减少污染，保持水温恒定，升温比原水温高2～3℃为佳。发病后，每1.0米水深用0.5千克/亩辣椒粉或2克/亩鲜辣椒、0.5千克/亩生姜，加水5升，于锅中煮沸10分钟，兑水15升后全池泼洒，连用2天。

9. 指环虫病

【症状】指环虫寄生于鱼鳃，病鱼初发病时症状不明显，随着寄生虫体的增多，鳃丝组织遭到破坏，鳃盖上的粘液不断增加，鳃部明显浮肿，鳃盖微微张开而难以闭合，鳃失血，鳃丝转为暗灰色或苍白色，精神呆滞，游泳缓慢；严重时停止摄食，呼吸困难，逐渐消瘦而虚弱，最终因呼吸受阻而窒息死亡。

【流行情况】指环虫适宜生长水温为20～25℃，多在春末至秋季流行。指环虫病在鱼种阶段发病较多,对幼鱼杀伤力颇大,对鲢鱼、鳙鱼、草鱼危害最大。

【防治方法】①病鱼可用 20~30 毫克/升的高锰酸钾溶液浸泡 15~30 分钟。②用 90%晶体敌百虫全池泼洒,浓度为 0.2~0.5 克/立方米;或用 2.5%的敌百虫粉剂全池泼洒,浓度为 1~2 克/立方米。

10. 车轮虫病

【症状】此病为传染性原虫病,车轮虫主要寄生于鱼鳃,也能寄生于鱼鳍或者头部;病鱼瘦弱,体色无光,呼吸困难,游动缓慢,常浮于水面。病鱼如不及时治疗,也会大量死亡。

【流行情况】幼鱼和成鱼都可感染,鱼种阶段最为普遍。多数淡水鱼都可感染。全国各地都有流行。

【防治方法】①彻底清塘消毒,用混合堆肥肥水。②鱼苗体长 2.0 厘米左右时,水体中放苦楝树枝叶 15 千克/立方米,隔 7~10 天换一次,有预防效果。③用 0.7 克/立方米硫酸铜和硫酸亚铁(5∶2)合剂全池泼洒。

11. 中华鳋病

【症状】病原为大中华鳋和鲢中华鳋,中华鳋为雌雄异体,雌虫营寄生生活。寄生于鱼的鳃部,病鱼鳃丝末端肿胀发白,变形,严重时整个鳃丝肿大发白,甚至溃烂,使鱼死亡。

【流行情况】主要危害一龄以上的草鱼、鲢鱼、鳙鱼等,鱼被寄生后,鱼体消瘦,在水体表面打转或狂游,鱼的尾鳍露出水面,又称翘尾病。每年 5—9 月为流行盛期。

【防治方法】①鱼种放养前,用 7.0 克/立方米硫酸铜和硫酸亚铁(5∶2)合剂溶液浸泡鱼种 20~30 分钟。②病鱼池用 90%晶体敌百虫全池泼洒,用量为 0.5 克/立方米。

第七节　我国的海水养殖

我国拥有 18 000 多千米长的大陆海岸线,面积在 500 平方米以上的岛屿 7 000 多个,海岛海岸线长 14 000 多千米。我国管辖的海域 300 万平方千米,沿海滩涂总面积 5 307 万亩,0~10 米的浅海面积 1.08 亿亩,10~20 米的浅海面积 1.26 亿亩,其中还有面积在 10 万平方千米的海湾 160 多个。浅海滩涂动植物 3 000 多种,其中具有经济价值的可供开发的鱼、虾、蟹、贝、藻类等 100 多种,耐盐植物 175 科 600 多种,其中药用植物 436 种,芳香植物 46 种,纤维植物 83 种,油料植物 50 多种,饲料植物 152 种。

我国海岸带的区位优势和丰富的动植物资源,为促进我国海水养殖业的健康稳定发展奠定了基础。

一、海水养殖的定义及现状

（一）海水养殖的定义

利用滩涂、浅海水域，采取人工措施，促进放养的海产动植物生长繁殖，培育出预期规格产品的生产活动。包括海产鱼类、虾蟹类、贝类和藻类的养殖与增殖等。

海水增殖、养殖几个世纪以来一直停留在少数传统品种粗放的蓄养、护养和孵化放流幼体的阶段。20 世纪 60 年代，养殖对象品种和技术开发出现了新的局面，70 年代迅猛发展，特别是 80 年代的 10 年中，上百种鱼、虾、贝、藻的人工育苗技术、移植驯化技术、完全养殖技术试验成功以及适用于外海、深水的大型或抗风浪浮筏和网箱的研制，养殖、育苗环境的全人工控制和自动检测，增养殖场、肥育场、孵化场工程技术的开发，微机、遥控、电子技术以及生物技术在海水养殖上的应用等均有了重大进展。这些技术进步的成果为海水增养殖的产量增长，为资源培育管理型渔业的开发提供了技术基础。

（二）我国海水养殖业的现状

新中国成立后，我国的海水养殖业发展迅猛。随着科技进步和不断创新，半个多世纪的时间，海水养殖业出现了藻类养殖、贝类养殖、甲壳类养殖和鱼类养殖 4 个发展高潮。第 1 次高潮，是我国的海水全人工工厂化海带、紫菜育苗获得成功，促使藻类养殖进入全人工养殖的新阶段，辅之牡蛎、蛏、蚶、蛤等滩涂贝类的养殖，大幅提高了海水养殖产量；第 2 次高潮，是 20 世纪 80 年代随着对虾工厂化育苗成功，海水养殖业以对虾为龙头，带动了贻贝等贝类养殖、饲料加工、冷藏、运输等行业的全面发展；第 3 次高潮，是 20 世纪 90 年代全国形成开发浅海滩涂、内地荒滩、荒水，发展水产养殖的热潮，沿海内湾大力发展传统网箱养鱼，海带浮筏养殖材料全面聚乙烯化向较大水深水流发展，同时养殖品种结构大调整，重点发展深受国内外市场欢迎的鱼、虾、蟹、扇贝、牡蛎、海参等名贵品种的养殖；第 4 次高潮，是进入本世纪以来，我国海水鱼类的工厂化育苗和全人工养殖已向多品种方向发展，养殖的名优品种不断增加，养殖规模飞速扩大，产量迅速提高，海参、海胆、鲍鱼、海蜇等海珍品养殖也蓬勃发展。

海水养殖的方式也趋于多样化，池塘、普通网箱、深水网箱、筏式、吊笼、地播、工厂化、生态养殖等养殖方式不断创新和涌现。水产科研、技术开发方面，三倍体、多倍体等生物育种技术在海水养殖中广泛应用，健康饲料配方研制和应用已实现产业化生产，适应不同环境的海水养殖新品种不断出现，现代养殖设施不断得到推广和应用。

但随着生产的发展，问题和矛盾也日益显现。一些养殖区域赤潮发生频繁，环境污染加剧；病害成灾面积不断扩大，对大面积暴发性病害尚未找到有效的控制办法；养殖粗放、种质退化、药物污染、营养物污染、底泥富营养化、配合饲料加工水平低等问题，严重制约着海水养殖业的发展。因此要加快海养产业结构调整步伐，转变海水养殖发展方式，加快高新技术开发和应用力度，以促进海水养殖业稳定健康发展。

二、主要的海水养殖方式

对海产动植物从苗种培育到养成商品规格产品采取的养殖方式，因养殖生物的生态、生理特点以及经济技术要求和海区环境条件的不同，有多种海水养殖方式。

根据进行养殖的场所是滩涂或浅海，分别称为滩涂养殖和浅海养殖，在室内的水槽或混凝土池和室外的土池或混凝土池养殖，称为室内养殖和室外养殖，连续从海上导入海水或抽取地下咸水在流水中养殖的称为流水养殖，在静水中养殖的称为静水养殖。在湾口筑坝截堵的海湾、港汊或在张设的网围中养殖的称为港湾（鱼塭）养殖或围网养殖。在海岸带挖池养殖的称为池塘养殖。

在滩涂养殖中，根据贝类埋栖、穴居或营附着、固着生活的习性，把苗种撒播在海滩或海底的养殖方式称为地播式养殖；使贝苗附生在附着基上养成，根据不同的附着基质，可以是投石养殖、桥石养殖、插竹养殖或插桩（水泥柱）养殖。紫菜是在潮间带附苗到网帘上养殖，称为网帘养殖；有的网帘张挂于潮间带的支柱之间，称支柱式网帘养殖；有的张挂于潮间带筏架上，随潮漂浮，称半浮动式养殖。而在浅海养殖中使养殖生物附于或夹于绳上（贻贝、海带）或装于笼中（扇贝、鲍）、袋中（麒麟菜），而垂挂于海面下的竹筏、单双绠延绳筏、浮桶木排筏上养殖的统称为筏式养殖或垂挂式养殖，亦称海面养殖；张挂于海面浮筏上完全浮动养殖紫菜的，称为全浮动式养殖，或浮流式养殖；在海底养成的称海底养殖；用浮在海上的网箱养殖的称为网箱养殖。

依据鱼、虾、贝、藻等多种养殖对象的生物学特性、种间关系及养殖种类的搭配情况，又可分为单养、混养或轮养以及多级养殖。海水养殖业还依据技术水平的提高，新开发了生态系养殖、循环水封闭式或开放式养殖、工厂化养殖等。

三、主要的海水养殖种类

20 世纪 80 年代以来，我国在各大海区浅海滩涂已开发利用和发展成大宗养殖、增殖的生物种类很多，而且产量稳定、商品价值高，其中较多的种类具有潜在的发展优势。

我国在渤海区已养殖、增殖的主要种类有：梭鱼、黑鲷、尼罗非鲫、莫桑比克非鲫、海马、牙鲆、半滑舌鳎等鱼类；中国对虾、日本对虾、三疣梭子蟹、中华绒螯蟹、脊尾白虾、日本蟳等甲壳类；海带、裙带菜、石花菜、条斑紫菜、海箩等藻类；紫贻贝、栉孔扇贝、海湾扇贝、皱纹盘鲍、菲律宾蛤仔、蚶类、蛏类、螺类等贝类；刺参、大连紫海胆等棘皮动物。

在黄海区已养殖、增值的主要种类有：梭鱼、鲻鱼、真鲷、黑鲷、尼罗非鲫、莫桑比克非鲫、海马、牙鲆、河鲀、黄盖鲽、棱鲻、银鲑、日本鳗鲡等鱼类；中国对虾、日本对虾、三疣梭子蟹、中华绒螯蟹、脊尾白虾、鹰爪虾、日本蟳等甲壳类；泥蚶、魁蚶、紫贻贝、栉孔扇贝、海湾扇贝、褶牡蛎、长牡蛎、大连湾牡蛎、皱纹盘鲍、文蛤、杂色蛤、缢蛏、西施舌等贝类；海带、裙带菜、条斑紫菜、羊栖菜、石花菜、江蓠、巨藻等藻类；乌贼等软体动物，还有刺参、海蜇、沙蚕等其他种类。

在东海区已养殖、增值的主要种类有：梭鱼、鲻鱼、真鲷、黑鲷、黄鳍鲷、青石斑鱼、赤点石斑鱼、鲑点石斑鱼、鳗鲡、鲕鱼、尼罗非鲫、莫桑比克非鲫、遮目鱼、斑鰶、乌塘鳢、大黄鱼等鱼类；中国对虾、日本对虾、长毛对虾、墨吉对虾、斑节对虾、近缘新对虾、锯缘青蟹等甲壳类；泥蚶、紫贻贝、厚壳贻贝、缢蛏、华贵栉孔扇贝、海湾扇贝、褶牡蛎、近江牡蛎、长牡蛎、皱纹盘鲍、杂色蛤、菲律宾蛤仔、渤海鸭嘴蛤、红肉河蓝蛤、寻氏肌蛤、中国绿螂、杂色鲍、波纹巴非蛤等贝类；海带、坛紫菜、条斑紫菜、羊栖菜、江蓠、石花菜、红毛菜、海箩、大米草等藻类；还有海蜇、沙蚕等其他种类。

在南海区已养殖、增值的主要种类有：鲻鱼、真鲷、黑鲷、平鲷、黄鳍鲷、尖吻鲈、斑鰶、遮目鱼、青石斑鱼、赤点石斑鱼、鲑点石斑鱼、鳗鲡、鲕鱼、尼罗非鲫、莫桑比克非鲫、中华乌塘鳢、海马等鱼类；中国对虾、长毛对虾、墨吉对虾、斑节对虾、刀额新对虾、近缘新对虾、宽沟对虾、短沟对虾、罗氏沼虾、锯缘青蟹等甲壳类；泥蚶、翡翠贻贝、缢蛏、华贵栉孔扇贝、海湾扇贝、褶牡蛎、近江牡蛎、长牡蛎、大珠母贝、合浦珠母贝、企鹅珠母贝、渤海鸭嘴蛤、红肉河蓝蛤、寻氏肌蛤、中国绿螂、文蛤、杂色鲍、巴非蛤等贝类；广东紫菜、麒麟菜、江蓠、海箩等藻类；沙蚕等其他种类。

另外，我国各海区浅海滩涂尚有可供养殖、增殖的种类 300 余种。以软体动物居多，鱼类、甲壳动物、棘皮动物、藻类等都占一定比例。分布以南海最多，有 200 余种，东海 100 余种、黄海 80 余种，渤海 60 余种。表明我国的海水养殖生物资源极其丰富，为我国海水养殖的新品种开发奠定了种质基础。

第三章

《齐民要术》与水产捕捞

水产捕捞，就是使用渔具从水域直接获得水产经济动物的生产方式，属于渔业部门的第一产业，也是人类获取动物蛋白质的重要途径之一。它的产生和发展，促进了渔船、渔具、渔具材料、渔用仪器、渔港建设以及水产品加工的相应发展。

我国的水产捕捞起源很早。北京周口店山顶洞中发现的鱼骨，说明距今10 000多年前，人类已捕食鱼类；西安半坡遗址中发现的鱼骨钩，说明早在6 000多年前，人类已使用鱼钩钓鱼；《竹书纪年》记载夏王芒"狩于海，获大鱼"，说明夏代已开始捕鱼。古代的水产捕捞，经历了内陆水域捕捞和沿岸捕捞两个阶段。唐代和唐代以前，捕捞主要在内陆水域进行；宋代以后，开始较大规模捕捞海洋鱼类。

《齐民要术》中虽未有专门卷、篇文字记载水产捕捞的相关内容，但在"养鱼"篇中包含了在池塘里捕鱼且有"捕大留小"的捕捞方式的意思表达。如《齐民要术》卷六"养鱼第六十一"中载："至明年：……留长二尺者二千枚作种，所余皆货。……"，就是等到养殖的第3年，留下2 000尾"长二尺"的鱼作种，其余的都捕捞出池卖成钱。据刘宠光在论述《齐民要术》中所载的《陶朱公养鱼经》的科学价值时，依据殷墟出土的甲骨卜辞中，有"贞其雨，在圃渔"和"在圃渔，十一月"的辞条，也包含了在园圃中的池塘里捕鱼之意。在养鱼的池塘里捕鱼，比在自然水域中捕鱼要容易得多。单一地从自然水域捕鱼向养殖池塘捕鱼的转移，是我国渔业一大进步的标志。

水产捕捞按作业水域性质可分为内陆水域捕捞和海洋捕捞。海洋捕捞按作业水域远近又可分为近海（也可细分为沿岸、近海、外海）捕捞和远洋捕捞。按渔具种类可分为拖网捕捞、围网捕捞、刺网捕捞、张网捕捞、敷网捕捞、地拉网捕捞、钓具捕捞、陷阱捕捞、笼壶捕捞和耙刺采捕等。

水产捕捞是一门综合性的应用学科，实践性强，涉及的问题多。不仅包括渔具、渔法，而且涉及渔船、辅助机械、仪器及探鱼、诱鱼、集鱼、捕捞等整个过程所要求的技术操作和策略。因而它与鱼类资源、海洋气象、航海、造船、机械、水产品保鲜加工等有着直接或间接联系。

因篇幅所限，本章只着重介绍我国内陆水域捕捞的主要渔具渔法和部分传统的捕鱼技术，对海洋捕捞只做概述。

第一节　渔具、渔法

水产捕捞就捕捞技术的发展而言，不论何种捕捞，都与渔具、渔法乃至材料、设施等的使用和改良密不可分。

一、渔具的定义及分类

（一）渔具的定义

什么叫渔具？简言之，就是直接用于采捕水产经济动物的工具的总称。

在生产过程中，达到捕捞的目的，一般可分为找鱼、集鱼（驱诱）和渔获等3个阶段。渔具是指实现渔获阶段的目的，其他两个阶段是指由辅助性渔具而实现的。因而从捕鱼过程中工具的作用来区分，有主要渔具和辅助渔具。渔具分类的研究对象是主要渔具。例如：各种网渔具、钓渔具、箔笼渔具等可直接用于采捕各种鱼、虾、蟹等水产动物，称为主要渔具。输助性渔具不能单独进行捕捞的工作，必须和各种主要渔具配合起来而达到多获的目的。如电击工具、发声装置、驱具（灯具、声具、赶鱼棒、震绳、震板）等，渔船和这些为提高渔获效率的辅助设备，一般不列为渔具范围。

（二）渔具的分类

现代渔具按1959年我国出版的《中国海洋渔具调查报告》划分为：网渔具、钓渔具、猎捕渔具和杂渔具4大类。按1985年国家标准局发布、2003年修订、由中华人民共和国国家质量监督检验检疫总局发布的《渔具分类、命名及代号（GB/T 5147—2003）》，我国渔具分为刺网、围网、拖网、地拉网、张网、敷网、抄网、掩罩、陷阱、钓具、耙刺和笼壶12类。

1. 刺网类

以网目刺挂或网衣缠络原理作业的网具。按结构分为单片、框格、双重、三重、无下纲、混合 5 个型。按作业方式分为定置、漂流、包围和拖曳 4 个式。

2. 围网类

由网翼和取鱼部或网囊构成，用以包围集群对象的渔具。按结构分为有囊、无囊 2 个型。按作业船数分为单船、双船、多船 3 个式。

3. 拖网类

用渔船拖曳网具，迫使捕捞对象进入网内的渔具。按结构分单囊、多囊、有袖单囊、有袖多囊、桁杆、框架、双联、双体 8 个型。按作业船数和作业水层，分为单船、双船、多船 3 个式。

4. 地拉网类

在近岸水域或冰下放网，并在岸、滩或冰上曳行起网的渔具，按结构分为有翼单囊、有翼多囊、单囊、多囊、无囊、樯杆 6 个型。按作业方式分为船布、穿冰、抛撒 3 个式。

5. 张网类

定置在水域中，利用水流迫使捕捞对象进入网囊的网具。按结构分为张纲、框架、桁杆、竖杆、单片、有翼单囊 6 个型。按作业方式分为单桩、双桩（04）、双桩（05）、多桩、单锚、双锚、船张、樯张、并列 9 个式。

6. 敷网类

预先敷设在水中，等待、诱集或驱赶捕捞对象进入网内，然后提出水面捞取渔获物的网具。按结构分为箕状、撑架 2 个型。按作业方式分为插杆、拦河、岸敷、船敷、定置延绳 5 个式。

7. 抄网类

由网囊（兜）、框架和手柄组成，以舀取方式作业的网具。按结构分兜状 1 个型。按作业方式分为推移 1 个式。

8. 掩罩类

由上而下扣罩捕捞对象的渔具。按结构分为掩网、罩架 2 个型。按作业方式分为抛撒、撑开、扣罩、罩夹 4 个式。

9. 陷阱类

固定设置在水域中，使捕捞对象受拦截、诱导而陷入的渔具。按结构分为插网、建网、箔筌 3 个型。按作业方式分为多锚、拦截、导陷 3 个式。

10. 钓具类

用钓线结缚装饵料的钩、卡或直接缚饵引诱捕捞对象吞食的渔具。按结构分为真饵单钩、真饵复钩、拟饵单钩、拟饵复钩、无钩、弹卡 6 个型。按作业方式分为漂流延绳、定置延绳、曳绳、垂钓 4 个式。

11. 耙刺类

使用耙刺捕捞渔获对象的渔具。按结构分为滚钩、柄钩、叉刺、箭镞、齿耙、锹铲 6 个型。按作业方式分为漂流延绳、定置延绳、拖曳、投射、铲耙、钩刺 6 个式。

12. 笼壶类

利用笼壶状器具，引诱捕捞对象进入而捕获的渔具。按结构分为倒须、洞穴 2 个型。按作业方式分为漂流延绳、定置延绳、散布 3 个式。

二、渔法

以专用捕捞工具获取经济水产动物，达到一定捕捞效率的生产技术。主要包括鱼群侦察、控制捕捞对象行动和运用渔具捕捞等要素。

为了达到捕获的目的，首先要在作业渔场范围内，侦察捕捞对象在水域中的空间位置，群体的大小、密度、数量和行动特点。通常有目视观察、环境因子侦察、试捕侦察、捕捞作业统计侦察、生物学侦察、水声仪器侦察、水下直接侦察以及遥感侦察等。

为提高捕捞效率或便于捕获，根据捕捞对象的习性、采用适宜手段控制其行动。控制的方法有诱集、驱集、导陷和麻醉。

诱集法是利用鱼类等的趋光性、趋电性、趋化性、趋触性或趋食性，诱集成群而捕获之。如光渔法、电渔法、钓具捕鱼、笼壶捕鱼等。

驱集法是利用某种威吓手段，驱使捕捞对象集中后而捕获，如利用声驱作业的敲𦰡网捕鱼等。敲𦰡网捕鱼因捕捞强度过大，破坏了大、小黄鱼资源，我国已于 20 世纪 50 年代末予以禁止。

导陷法是利用渔场地形和渔具的特殊设置形状，引导捕捞对象陷入的方法，如箔筌捕鱼、建网捕鱼等。

麻醉法是用电或药物刺激，使鱼类昏迷、伤亡的方法，多用于内陆水域捕捞，我国的《中华人民共和国渔业法》已禁止使用电捕和药物麻醉等方法。

捕获水产动物，最终必须根据其生活习性、行动特征和分布特点运用相应的渔具才能达到目的。按作业原理有刺网渔法、拖网渔法、围网渔法、张网渔法、地拉网渔法、抄网渔法、掩网渔法、敷网渔法、钓具渔法、陷阱渔法、笼壶渔法和耙刺渔法等 12 类。

第二节　江河及湖泊的捕鱼技术

我国的内陆水域包括江河、湖泊、水库、池塘、咸水湖和盐碱地区等，面积辽阔，渔业资源丰富，是世界上内陆渔业最发达的国家之一。内陆水域面积约 4 亿亩，其中江河、湖泊占 81% 左右。

江河及其流域的湖泊往往是淡水渔业生产的重点地区，渔具渔法以刺网、地曳网、定置网及箔筌渔具等有代表性，其他如拖网、围网、钓具网也较广泛。

一、刺网的捕鱼技术

刺网是主要网具之一，作业时利用长带形网具，垂直敷设在鱼类经常洄游或栖息地点，使鱼类刺入网目或缠络于网上而被捕获。由于网具结构简单、操作方便、机动灵活、成本低廉和捕捞对象广泛，因而使用极为普遍。

按作业方式分定置刺网、流刺网、围刺网和拖刺网4种。

（一）定置刺网

作业前，先把网衣整理好。到达渔场1人划船（三层刺网需2人划船或机船拖带网船），1～2人放网。

放网时，将系结浮标和沉石的绳与网端连接好，把网头沉石和浮标相继抛入水中，然后顺序放网，最后将末端网头沉石（如网列长，还应在网列中间另加沉石）和浮标顺序投出。放网完毕。第2天早晨起网，即从网的一端开始捞起沉石和浮标，沿网的浮子纲边收网衣边摘取渔获，直至网具全部起完为止。

（二）流刺网

作业时，将船划至渔场上游，横断水流下网，由渔船和浮桶等索带两端，顺流向下漂流，迎捕逆流而上的鱼类。

漂流过程中，应注意网列始终保持成弧形，并始终要使渔船在浮桶等后。漂流1小时后收网起鱼，将网整好晾干，以备继续作业。

（三）围刺网

分多船作业和单船作业两种。多船作业时，各船分段包围或在一水域下网后，连接好各段网纲，小船划入包围水域内进行击声（用棍棒敲击船帮或船甲板）威吓鱼类。使鱼类在惊慌中逃窜入网，而后各自起网摘鱼；单船作业，一般在鱼类产卵季节，鱼群集中在浅水草丛处，船轻划放网包围一个湾叉后，也用声响威吓驱赶鱼上网。

声响赶鱼时，船一般在放网结束端起，成"S"形驱赶，至放网端起网摘鱼。

（四）拖刺网

两船各备1～2块网，至渔场后，两船靠拢，联接好纲绳及网衣，在下纲两端各系一沉石，依次放出网衣后，两船呈"八"字形分开，各带一网端顺水拖曳（网片与流向垂直），拖曳一段距离时，根据鱼进入网时的水花和网具的抖动情况判断鱼入网，此时两船迅速拉收曳纲，使网口合拢，这样鱼不仅刺入网目，而且会被缠裹在网衣里不易逃脱，待拉上网具取出渔获后，再放网继续作业。

二、大拉网捕鱼技术

大拉网（又称地曳网、地拉网）渔具是我国江河、湖泊中常见且有效的捕捞工具之一，它可以捕捞各种经济鱼类。

（一）作业场应具备的条件

大拉网作业的场所称渔场（又称网基），根据鱼类活动规律和作业上的要求，渔场最好选择在向阳安静、底质平坦、岸坡在 20°～30°、岸上场地较开阔、渔场水深最好不超过 20 米、有较集中鱼群的水域。

（二）作业方式

可分为岸曳式和船曳式两种。根据放网时使用船只的数量，又分单船、双船、多船 3 种作业方式。

1. 岸曳式捕鱼

根据渔场和鱼群特征，可以全面包围（用于较小水面的一次性围捕）、平行岸坡包围（围捕固定渔场）和垂直岸坡包围（拦截江河沿岸通过的鱼群）3 种形式。

单船作业时，先将前曳纲端置于放网起点的岸上，渔船载着网具，按预定包围圈，顺次放出前曳纲、前翼网、取鱼部（或囊网）、后翼网和后曳纲，这时船又回到另一岸点，接着在岸上拔引两边曳纲（也有未放完网，先拔前曳纲的）、翼网、并顺次向中间靠拢，最后取上囊网和渔获物，至此，一次作业完毕。

有的渔场范围较大，采用双船作业。作业时，两船分载网具，驶至离岸边一定距离处（相当曳纲一边的长度），两船相靠拢并连接网具，接着各按预定计划包围鱼群，各自放出网衣和曳纲，同时驶回岸边，再如同单船作业形式起网。

2. 船曳式捕鱼

多用于离岸较远的水域中心，其主要特点是曳引网具在船上进行。

单船作业时，作业船到达捕鱼地点后，把前曳纲系在浮筒或小船上，然后按圆弧形顺次放出前曳纲、前翼网、囊网、后翼网和后曳纲，这时船又回到浮筒或小船处，收起前曳纲、翼网，最后起上囊网或渔获物，一次作业完毕。

双船单网作业是两船分载一顶网具，驶至放网地点，两船靠拢并连接网具，然后各按半圆航向航行，同时分别放网和放曳纲后，两船刚好相遇，连接两船并抛锚，最后按上述单船作业程序共同起网。

多船作业时，各船分载网具，各按半圆形放网后，连以临船上、下纲和网，完成弧形包围，网船离网各抛锚固定船位，各曳纲分别由船头引入绞车收绞，待收绞一段后，各网船起锚调头向岸边前进，并放出曳纲，至适当位置后，转向，再抛锚，继续收绞曳纲。如此继续进行，至网端绞至岸边，这时船上、岸上拔曳纲具，直到囊网和渔获物拔至岸边，取上为止。

三、钓渔具的捕鱼技术

钓渔具为我国内陆水域主要渔具之一，它在我国具有悠久的历史，广泛分布于江河、湖泊等水域。结构简单，成本低，劳力少，作业轻便，捕捞对象广泛，不受水面大小限制，凡有鱼类栖息的水域均可生产。

钓渔具是根据鱼类不同习性，利用钓钩、饵料（真饵或拟饵）诱引鱼类吞食而被钩尖刺住，或以密排锐利空钩，横拦鱼类通路，使其误触钩尖，缠刺鱼体而被捕获。钓渔具分为饵钓、空钓、卡钓等 3 类。

根据鱼类活动规律，决定下钩场所和时间。一般傍晚下钩，翌晨巡钩或起钓。

（一）放钓（下钩）

1 人划船，1 人放钓具。干线一端系在插竿上（或用浮标、沉石固定），将插竿插在距岸 1.5~2 米的水域中。然后沿岸边顺流一边装饵，一边放钓具。同时，每隔 30~40 把钩系结沉子 1 个，直到干线末端，用插竿（或浮、沉石）固定。

（二）巡钓（遛钩）

一般早晨巡钓，也有早晚各 1 次。巡钓时，1 人划船，1 人沿干线逐钩检查，摘鱼补饵。摘鱼时，先解开支线，然后摘鱼。

（三）起钓（起钩）

根据渔获物多少决定起钓与否。一般每日早晨巡钓时即将钓具起出，晾晒后傍晚再下。

第三节　水库捕鱼技术

水库是人工控制的水域。我国现有水库近 9 万座，可养鱼水面达 266 万公顷。由于水库蓄水后的水域环境、鱼类区系组成和优势种群等存在根本性差异，渔具渔法亦种类繁多。目前使用较多的有刺网捕捞、三层刺网捕捞、"赶、拦、刺、张"联合渔法、机船围网、各种拖网和定置网等。2010 年深圳市骏兴渔业公司开发的"起沉式捕鱼装置"，对解决大中型水库捕鱼难的问题，进行了有益的探索。

一、联合渔法的捕鱼技术

联合渔法，就是用拦网、刺网、赶鱼工具和定置张网等性能不同的多种渔具互相配合成联合作业的一种渔法。是捕捞鲢鱼、鳙鱼等中上层鱼类威力较大、效果较好而为渔民广为使用的一种渔法。它尤其适用于鱼类生长迅速、底质复杂、水深面阔、岸曲多弯、鱼群分散的水库捕捞。

应用联合渔法作业时，用拦网和赶网在水域中构成三面封闭，一面开口的纵向鱼道，驱鱼进入预设的畚箕网；或者用两条拦网横断水面，交替起放网，并配以赶鱼工具，迫使鱼群进入预定的网场，用畚箕网或拉网捕获鱼类。

联合渔法作业，作业面广，渔具多，时间长，需用人员多，要想取得预期的捕捞效果，必须制定周密的计划、健全的组织。

联合渔法作业大致可分为四个阶段。

（一）制定合理的捕捞计划

1. 捕捞设备和人员的配备

根据生产操作经验，不同水面捕捞设备和人员配备有较大差异。可参照以下配备情况：1 万~10 万亩的水域，配备三层刺网 60~120 片（每片 50 米），拦网 800~3 000 米，畚箕网 1 顶，机船 1~2 只（17~30 千瓦），网船 6~10 只，小船 1~3 只，人员 18~25 人；中小型水面，配备三层刺网 20~60 片，拦网 200~800 米，畚箕网 1 顶，机船 1 只（9~17 千瓦），网船 2~6 只，小船 1~2 只，人员 6~15 人。

2. 规划捕捞网次

对于水面不大，形状狭长的小型湖、库，可选其一端做起鱼点，由另端下网起赶，将整个分散的鱼群，逐步赶捕，最后一网收获；对于较大型水面，可采取划大区为小区，进行多网次捕捞，以缩短网次作业时间（最多不要超过 15 天），解决人、船、网的不足。

3. 选择起鱼起点

①利用畚箕网张捕鱼的地点，应满足以下几个条件：水深必须小于或等于畚箕网所适应的最大水深，深水张网，由浅至深赶，反之，由深至浅赶；环境安静，底质平坦，障碍物少，鱼类经常栖息或活动的场所；设畚箕网处水面不宜过宽，而张网口前方水面要开阔，畚箕网口与鱼群进网路线一致。

②利用拉网起鱼的地点：应选择地形平坦，水深 3~5 米，无障碍物，进口小，避风向阳，安静的湖叉、库湾为宜。

4. 规划驱赶方案

起鱼地点确定后，可根据水面形状、渔具数量等确定驱赶方式，赶区数量和大小，驱赶顺序，鱼道规格和数量，以及工作进程等作出捕捞作业图。

（二）设置畚箕网

对畚箕网总的要求是：网口对着赶鱼方向，翼网顺着内八字网延伸至两岸，以拦截逐渐赶来的鱼群，并顺其壁进入畚箕网。

敷设畚箕网需船 1~2 只，翼网船 1~2 只（如机船，1 只即可），尚需小船 2~3 只。至放网点，机船载翼网按翼网方向放网，翼网放完后，网船将畚箕网侧用、网口与翼网活络缝连结，且在两网口端各压上 20~30 千克的沉石。同时，小船载锚至放网后适当位置，左右各抛锚一只，且将锚绳引致畚箕网船上。待翼网放完后，网船拉两根锚绳向后边继续放畚箕网，边放网边前进，至畚箕网全部入水后，将锚绳分别穿入畚箕网网角绳圈内，且拉紧绷直为止。最后，将八字网与张网两后樯角用内八字绳拉紧张开，用小船检查一下八字网口门是否正常展开，整顶畚箕网是否左右对称，直到网形正常为止。

（三）驱赶鱼群

赶鱼有纵赶法和横赶法。

1. 纵赶法

适用于网具齐全，船只较多或单纯利用网具驱赶的情况下作业。纵赶法捕效较好。纵赶时，拦网、赶网形成三面封闭，一面开口的狭长鱼道，再配以敲船、击水等，使鱼向畚箕网方向逃窜。

2. 横赶法

适用于网、船较少的情况下作业。横赶时，利用两道以上的拦网（也可称赶网），横断水面，相互平行，相隔一定间距（开始大，以后逐渐缩小），轮流交替收放网。为节省人力、物力和提高赶鱼效果，一般都配以白板船或电网配合驱赶。白板或电网配合赶鱼时，开始尚可，至接近起鱼点时，因鱼群集中，水面狭小，不宜再赶时，可用网赶。

赶鱼方式得当与否，往往是联合渔法成败的主要原因之一。其主要环节是：拦得死（拦网等尺寸应上至水面，下着水底，与两岸无空隙），放得直（组成鱼道的赶网间距力求均匀、大体相等，网放得平行、挺直），赶得对（先浅水后深水，先有草区后敞水面，先快后慢，鱼道先稀后密等）。驱赶时间的长短，应据水域底貌，鱼类分布，水的深浅、透明度及天气情况而定。水浑、阴天或是两河交汇、鱼类较多、水面开阔时，应延长 2.5~3 小时。尤其赶到接近张网或网口附近时，更应耐心诱导，切忌盲动急躁，以致事倍功半，甚至前功尽弃。

（四）起网

根据生产实践，在起鱼时有两种方法。

1. 拦赶刺张法

因在驱赶前已放好畚箕网，当鱼群已赶入网内后就可起网取鱼。这时可先封死进鱼口网门，拆除与翼网连线，然后自网口至后樯 4 只小船边逐渐收起侧网、底网衣，边驱赶鱼聚集在后樯网后，将四周网衣撑开成一兜状，边捞鱼边收取网衣，直至网内鱼全部收入船内。与此同时，其他船收入锚及翼网等。为确保渔获，可在起网前，在畚箕网网口数十米处下一拦网，使之与二翼网形成封闭水域，起网后发现鱼不多时，可将畚箕网重新放下，再驱赶鱼入网。

2. 拦赶刺拉（张）法

在开始赶鱼时，不先设畚箕网，直到将鱼赶至"集鱼区"时，用拦网拦住，再在拦网内放翼网和畚箕网，然后在"集鱼区"内用拉网拉捕，鱼群一部分被拉上，大部分鱼逃入畚箕网内。这样反复数次，可使捕捞效率大为提高。这种方法最适用于仅有一个以上放网地点（或称网基）的中小型水库和内湖。

二、围网捕鱼技术

围网是捕捞鲢鱼、鳙鱼等中、上层集群鱼类的有效渔具之一。围网在捕鱼生产过程中，根据观察到的鱼群，利用长带形网列，渔船按圆形行驶放网，迅速包围鱼群，使网衣在水中垂直展开，形成网壁，阻挡鱼群去路，再逐渐收绞底纲和网衣，缩小包围圈，使鱼群集中到取鱼部而被捕获。因此凡是水面较开阔、鱼类资源较丰厚的水库、湖泊等水域都可作业。

围网捕鱼技术分单船、双船、多船 3 种作业方法。

（一）单船机轮围网捕鱼

配 30~60 千瓦机船 1 只（船后甲板有 15~25 平方米网台和有 1 500~2 000 千克拉力的卧式绞机 1 台）、载重 1 500 千克网船 1 只，小船 2~4 只，作业人员 12~13 人。

1. 下网

下网前把网具理好在网台上，左舷堆放下纲，右舷堆放上纲，将网一端的叉纲和括纲连接好，交给拴在船尾左侧的带网船，另外 2~3 只小船拴在右舷侧，1 只拴在左舷侧的中部，下网时艄顶风，指挥员以吹号指挥，带网船解开船缆，机船以左舵角进行内圈放网。小船在网的周围等距离先后提起网的上纲，机船向带网船靠拢，下网即结束。

2. 起网

带网船将括纲一端交给机轮上的人员，拴好艄艉缆。将两端括纲（另一端原拴在机船艉左舷锚缆桩上）一起在卷扬机上绞收，带网船和机轮网台分别将未拴底环的两端网衣收起至底环为止。小船随着括纲的绞收，收起上纲。当括纲全部绞成一束时，各船迅速收起剩余上纲。如网下好后发现鱼跳，则用桨、竹竿在机船艉击水恐吓，以防鱼从网头空档逃逸。底环上船后，带网船即迅速收网起鱼。

3. 理网

将卷扬机上括纲绳倒出，放在小船上，带网船横在机船尾部，两人理下纲，两人理网衣，两人理上纲，把网理好后放在网台上。拴好小船进行下一网作业。一般每网次需 45 分钟，每天可捕 6~7 网。

（二）双船围网捕鱼

双船围网一般是无囊有环围网，作业船无动力，起纲、收网全部是手工操作。生产时需配备载重 1 000 千克木船 2~3 只，其中两船装网作业，一船做配合工作和捞取渔获物。

1. 下网

先将网具放在两只并排作业的船上，每船各放一半，自翼端向取鱼部依次盘放好。翼网放在船底，取鱼部放在上面，浮子与底环要按次堆放，不要打扭，连接好各部分纲绳，将浮子纲堆放于船后，底环与沉子纲放在船头。用连船索绑好两船前驶。下网时，使船和鱼群保持一定距离——超前距，然后逆鱼、逆风或斜向解开连船索，两船分离，分别沿半圆快速下网，包围鱼群。同时，要看清鱼群大小、动向，决定航行路线和距离，并且依次按内圈式放网。每只船 5 人，其中 1 人放上纲，1 人放网衣，1 人放底纲，1 人放括纲和底环，1 人划船，另 1 人指挥兼轮换划船。

2. 起网

当两船下完网后，在放跑纲的同时立即合拢，系好船首尾绳后，在网口威吓鱼群并回头快速起网。起网时，1 人收上纲，1 人收底纲，1 人收括纲及底环。开始快速收括纲，使网衣很快形成"兜"，封锁网底，防止鱼群从底部逃出。当底环收至一半时，如发现鱼跳，表明网里鲢鱼多，则应快收上纲；如发现水下"翻滚"时，表明网里鳙鱼多，则应快收下纲。当收到转环时，应立即松开艉绳，使船呈一字排列，将底纲全部提出水面形成大网兜，从中捞鱼至船上。然后，理妥网衣，做好下次捕鱼准备。

（三）多船围网捕鱼

3 船作业，每船配作业人员 5 人。

1. 放网

到达渔场后，3 船分别位于等边三角形顶点的位置，各船相距约 300 米，然后 3 船同时以顺时针方向按圆弧形航向放网。放网时，3 人划船，1 人放上纲，1 人放下纲。从右舷先放出浮筒，再放出网衣和跑纲，直到前船浮筒的位置，将浮筒捞起，并挂缚于船舷，然后绞收跑纲，使相邻两盘网靠拢，并将前船浮筒绳与本船小头叉纲联结，三盘网便形成一个大圆形包围圈。三只船边放跑纲，边向中心靠拢，在抵中心相遇后，两船以铁钩挂着另一船的铁环，开始绞收跑纲，并交送临船的浮筒绳，解开钩环的联结，各自起网。

2. 起网

在船的右舷起网，先将小头叉纲收起，1 人掌船保持航向，2 人收下纲，1

139

人收上纲，1人理网和取鱼。在起网时，要迅速，减少鱼类逃逸。每网次作业约1小时。

第四节　池塘及小水面的捕鱼技术

池塘及小型湖、库养鱼，一般属人工控制式养鱼，其所养的鱼除在一定的时候要求基本捕获外，平时也要求进行鱼类养殖情况的管理检查等工作。目前，传统的捕捞方法有以下几种主要渔具。

一、小拉网

是一个中间高、两边低的长带形网具，装好后网长一般为水面宽的1.5倍，网高为相应水深的1.5~2倍，网目一般为10厘米，网线选择视捕捞目的而异。若是起捕成鱼，可选用4×3聚乙烯线；若为检查鱼类生长情况，尤其是为了检查亲鱼，则必须选用6×3~8×3锦纶合股线，以保证亲鱼不致在拉网时碰伤。

作业时，对于养鱼池塘可以在一端放网，全面包围后，至另一端起网；对于较大水面，可选择水底平坦，水深适宜，无水草、石头、树木等障碍物和岸边有出网场的基地，将已整理好（沉子纲放在船首，网衣在船舱中部，浮子纲叠于中舱的后部）拉网纲的一端固定在岸边，然后网船以半圆形包围鱼群，直至网的另一端到岸边，两端同时拉网，逐步缩小包围圈，最后集中在岸边起网、取鱼。为减轻劳动强度，可用拖拉机等机动绞网，通过起网绳的铁钩，钩住上下纲绞网。在绞网的同时，每端两人整理被绞起的网衣。

二、旋网

旋网又称撒网、打网、抛网、手网等，因其小巧灵活、作业范围广，不受地形和季节的限制，起水率又高。所以在小江河、小湖泊、小水库以及泡沼、坑塘等各种水域都可作业，既可作成鱼捕捞，又可用来检查鱼类生长情况，捕捞对象极为广泛，主要有鲤鱼、鲫鱼、鲢鱼、鳙鱼、草鱼、鳊鱼、鲶鱼、青鱼等大型经济鱼类。

旋网属于掩网类渔具，它由圆锥形网身和下缘网兜组成。

旋网可单独作业，也可以用来驱赶鱼群。单独作业时，可选择底质较平坦，鱼类经常栖息或洄游的水域，操作人员把网具的手纲眼环套在左手上，将网衣理直并拢，并把网身折叠几次放在左手上。再将1/3左右网衣成索地搁在左手肘上，右手通过沉子纲提起1/2左右网衣。撒网时，左手臂摆平，右手略提起，这时网衣悬空，两脚分开站稳，弯腰转身90°~180°，利用腰和手力，将网撒向预定水域。撒网要尽量使网口张开，扩大网罩范围。当沉子纲全部着底后，拉动手纲，摆动和轻轻提起网衣，使沉子纲不离底而缩小网口。当沉子纲并拢后，停1~2分钟，就依次收回手纲、身网和圆网。当网兜离水面时，应迅速提到岸或船上，避免鱼钻出网兜而逃脱。收上网后取出渔获物，整理好网衣，准备再次撒网。

若流动作业或赶鱼时，可一人在船尾划船，一人船首撒网。撒网时，船一般不前进或缓行。水库撒网有时不到底，只起惊吓赶鱼作用。

渔民常用的旋网吊盘数习惯为 36 吊、38 吊、40 吊等。

旋网分"打散网"和"喂窝子"两种作业方法。

1. "打散网"

作业场所不固定，边找鱼群边撒网。撒网后，慢慢拉曳手纲起网。

2. "喂窝子"

在池塘、水库岸边水深 1.0 米左右的浅滩，相隔 50 米左右"喂窝子" 1 个。每个窝子两端各插上 1 根竹竿并扎以草束作标记，每一昼夜每个窝子喂饵（豆饼或玉米等）0.25 千克，每船设窝子 20 个。每日撒网 4~5 次，上午和晚上产量较高。

第五节 冰下捕鱼

冰下捕鱼在我国有着悠久的历史，我国东北、华北、西北等不少地区都有冰下捕鱼的习惯。呼伦贝尔的达赉湖冬捕，是已有近百年历史的传统冰下捕鱼；查干湖冬季捕鱼生产活动传统的"祭湖·醒网"仪式和古老的捕鱼方式，让人们在传统捕鱼方式和渔猎文化的传承中，真正领略到传承千年的渔猎文化。

冰下捕鱼的渔具有钓渔具、箔渔具、刺网渔具、定置网渔具和拉网等。规模大、产量高、使用广泛的是冰下拉网。

一、冰下捕鱼的属具和机械

冰下捕鱼在冰上作业，渔具没入冰层之下。为了正常地进行捕捞作业，必须有一套不同于明水期捕捞的工具。

（一）冰穿或钻冰机

冰穿又称冰枪，是用人力穿凿冰眼的工具。长 1.2 米左右。一般结构是带有手把的长 60~80 厘米木棒上装有 7~8 千克重的铁钻头。

钻冰机有机械传动和液压传动两种，前者可由拖拉机提供动力带动钻杆旋转和进给；后者可由工程翻斗车驱动液压马达带动钻杆旋转和进给。钻孔深度可达

80~170厘米，直径可达25厘米。钻冰机也可安装于雪橇上，由拖拉机牵引前进和供给动力。

（二）穿索机具

手工工具主要有穿杆和走竿钩。穿杆一般长10~33米，由竹竿或木条配以扁钢制成。走竿钩为铁头木柄。

穿索器可取代手工操作在冰下通过引绳带动大拉网前进。其中有的是外形似小艇的密封壳体，内装有直流电动机驱动的螺旋桨，以推动在水下行进。机上装有信号发生器，作业人员可持接收器在冰面上跟踪。每当穿索器行进100米左右时，便在相应的冰面上凿孔，并抽出其尾部所系水线绳，绞拉网具。这种类型的穿索器因行进方向不能控制，尾部拖带供电电缆，故操作不便。另一种载频制导型为玻璃钢制成的纺锤形密闭容器，冰面上作业人员可通过发射器发射载频信号，操纵穿索器螺旋桨直线行进，并及时纠正方向。

（三）捕捞机械

由绞机与起网机组成。绞机用于绞收曳网。起网机用于绞收网具，通过汽车或拖拉机的输出轴驱动进行工作。

二、主要渔具

冰下捕鱼的主要渔具有钓渔具、箔渔具和网渔具等。钓渔具主要有竿钓和延绳钓两种。箔渔具有插箔和罧场（或称压密）。网渔具主要有刺网、建网和冰下大拉网。

本部分及下面的渔法主要介绍冰下大拉网。

冰下大拉网属于地曳网类，为我国北方地区冬季捕鱼的主要网具，它在江河、泡沼、湖泊、水库中都可以进行捕捞生产。由于一些水库底质复杂，障碍物较多，不宜地曳，故尚可将底拉网改为浮拉网，捕捞鲢鱼、鳙鱼效果较好。

三、冰下拉网的捕鱼技术

（一）渔场的选择

从事冰下捕鱼必须熟悉作业水域的地理环境、冰层厚度和强度、鱼类越冬场和栖息水层以及它们的习性等。所有这些对于选择良好的渔场，保证作业安全和有利于开凿冰眼、捕捞操作、交通运输等都是重要的前提。

冰下拉网对渔场的要求是：有一定的作业面积，一般500~2 000亩；底质较平坦，障碍物较少，以利网具地曳；背风向阳，鱼群集中，出网口水深在1.0~1.5米的浅水薄滩；冰层厚度和强度能保证作业的安全。

（二）冰下拉网作业过程

先在作业场冰面上800~2 000米直线的两端分别开凿2.0米×1.5米的下网

口和出网口，然后在直线两边连接下网口和出网口的曳网轨迹上各开凿一系列直径约 25 厘米的冰孔，相邻两孔间的距离以穿杆或穿索器的一次行程长度来确定，通常为 30~100 米。曳行宽度约 500 米（最大跨距不得超过网具总长的 80%）。

运用传统方法作业时，两根穿杆分别通过水线绳和钢丝绳与大拉网两端连接，然后将穿杆及拉网等通过下网口放入冰层下的水域。两根穿杆在走竿钩的帮助下，各自沿着预定曳行轨迹逐个冰孔前行。钢丝绳在穿杆引导下，并通过绞盘的绞拉带动网具在水下展开和逐步扫过水域捕鱼，最后两根穿杆连同网具从出网口由绞盘绞出，并收取网中的渔获物。

第六节　其他水产养殖种类的捕捞

虾、蟹、蚌、螺、黄鳝、泥鳅、鳖、河鳗等，都是除常规养殖鱼类外，常见的、具有较高经济价值的养殖种类。其捕捞方法，与常规养殖鱼类有一定差别。现简单介绍如下。

一、虾、蟹的捕捞

（一）青虾的捕捞

1. 网捕

用网渔具捕虾的渔具种类很多，其中以拉虾网（虾拖网）、抢虾网、推网、虾罾等最为普遍。

（1）拉虾网。网具呈长带形，借人力在陆地引曳拖捕青虾，或用单船或双船平行连接一至数顶拉虾网，拖捕网口所达范围的虾类。春季刚解冰和冬初刚结冰前后为盛渔期。以水草较多，泥底的小河汊、泡沼及底部平坦、没有障碍物的水库为适宜的渔场。

拉虾网可不用渔船作业，即两人用网一顶，分别站在小河和泡沼两岸，各拉一根曳纲。由一岸下网，对岸收曳纲，徐徐曳网前进（有流时为顺流斜向曳行），下网岸将另一曳纲逐渐放出，当网具到达对岸时，起网倒出渔获物。然后继续下网向这岸拖曳，如此反复进行。若河较深时，也可两人同时顺流曳网，再向一岸起网；单船作业时，利用曳纲和大叉纲将网连接起在较大水面拖曳；双船作业时，是两只船拖曳两顶网具在水底曳行。为便于拉虾网在水底滑行，可在网口支架的两撑脚底部装置拖板（趟泥板），减轻曳行时与水底的摩擦力。

（2）抢虾网。又称抢网、推网等。网具呈簸箕形，附一长柄。作业场所，以水草较多的浅水水域为好。春秋两季生产，秋末为旺季。

抢虾网作业时，浅水区可一人立于水中，由深向浅岸边推抄；深水时，则一

143

人划船，一人手持网柄将网放入水中，向前推抄。

（3）推网。又称推虾网，在水域岸边或各沟叉进水口作业。

在岸边捕虾时，一人划船，一人手持网棍在船舷将网具放入水中，向前抄捞；在沟叉进水口处捕虾时，人站在水中，将网横堵水流，即可捕获。

（4）虾罾。用 3mm×3mm 乙纶线编织的方形网。

作业时，将装有饵料的罾网，敷设在沟塘或湖沼的近岸浅水区，利用虾类喜栖息于水边的草丛地区和贪食的习性，诱其进入罾内，及时起罾而达到捕捞的目的。饵料有蚌肉、面团、米、糠等。

2. 箔捕

箔捕一般用虾箔，是较大型拦阻式栅箔类渔具。作业时，用竹子编成帘状，其间设有若干虾篓（笼），插在浅水、多草、有流的湖边或港湾处，拦断虾的去路，诱其进入箔内的虾篓中而达到捕捞目的。

3. 笼捕

（1）虾缦。山东沿海也称"须笼"。属笼篮类渔具，形似鱼鳔，分头、身、尾、尾罩、倒须 5 个部分组成。用竹篾编织而成。

虾缦设置在稍有流水的港汊、河沟中，根据青虾白天栖息在水草，夜间外出逆水上游的习性，在河道、沟叉边选择有水流的岸边，用杂草筑坝，坝的大小要使水流由于阻拦增高水位而流过坝，并形成一股小的回流，将虾缦敷设在坝旁边，虾缦口方向与流向相同，虾缦头部稍露出水面 50～80 毫米，虾缦身装得要平，为不使被水流冲走，在其颈部两侧用木桩钳夹，交叉处用绳扎紧，尾部也插一桩，用绳系扎。

作业时，一般每天 15：00—16：00 由一人驾驶小船至选择好的岸边装虾缦，次晨捞虾，并据水情等适当移动地方继续敷设。

（2）西瓜笼和虾笼。西瓜笼作业时设于河港、泡沼、湖泊或水库边水草中，笼口挂一麸团作饵，虾啄食饵散落在笼中，虾入笼而获。虾笼用竹篾、柳条、苇片、秫秸等编成直径 18 厘米，高 25 厘米左右的圆柱形笼，作业时，放置于湖、河多水草的浅区或水库上游浅水带。一般傍晚放笼，次晨收笼取虾。

4. 窝捕

最常用的是将树枝、水草扎成虾把，置于有草浅水带的水中，诱虾前来栖息，然后用抄网将虾把中的虾取出。

（二）蟹的捕捉

蟹有其独特的生活习性和栖息环境，各地可因地制宜，选用不同的捕捉工具。

1. 网捕

（1）刺网。作业时，将网放在芦苇等草旁，傍晚放网，第二天早晨巡网捉蟹。

（2）螃蟹网。是一种小型无翼拖网。捕捞方法分"顺河拖曳"、"横河扒"与"扒冰板"3种。

"顺河拖曳"：使用小船1只，两人带网1顶，1人使船，1人下网、起网，在河流中顺流拖曳。

"横河扒"：两人驶1只小船，带网1顶，作业时先划船到河心下网，然后船靠岸，将曳纲带至岸滩上，人在岸滩上曳网抓蟹。

"扒冰板"：冬季结冰后开始，横河、顺河均可，5~6人用网1顶。作业时，先用冰穿打宽约0.4米、长4.0米以上的冰眼，两冰眼间距40~50厘米。中间打小冰眼若干个。用穿杆、走钩等将曳纲由下网冰眼带至起网冰眼。以后即可曳网。网具来回拖曳，每侧两人各用1根曳纲曳网，其余继续打眼，直至不能作业时，转移渔场。

（3）倒子网。网具呈囊状，网口由若干撑杆支撑，插樯张设于小河沟等浅水中，根据河沟等宽度，用两顶以上网并列敷设，张捕随流而下的河蟹。作业渔场水深1.3~2.0米，泥底，流较大，每年8—10月为旺季。捕捞方法如下。

插樯：网具两端各插一根，插入泥底1.0米左右。套上樯圈，用支索、拦樯绳固定，若并排放两顶网时，中间两根相距约20厘米。

下网：将网具叉纲与樯圈用绳连接在一起，樯网又与提绳连接，提绳另一端系结于樯顶端。将网具投入水中，网口迎流张开，用压网叉将樯圈压入水底，网随之沉于水底。

起网：一般每隔半小时起网一次。起网时，提起提绳，解开樯圈与叉纲连接绳。两人由网具两端分别收起网口撑杆，边起网边将蟹向网囊中部汇集。网具全部收起之后将渔获物倒入船中，再将网具投下。

（4）罾网。作业时，选择缓流水域，在小型罾网网衣中间放上诱饵，诱蟹进网，然后提网捕捉。

（5）拦网。作业时，将长条网纵方对折，结扎若干网兜，然后拦河敷设，打桩固定，河蟹被阻入网后，即可定时提网捉蟹。

2. 箔捕

作业时，用竹子编成帘箔，敷设在小江河的横断面上，阻拦河蟹去路，夜晚结合灯光诱捕，由于河蟹喜光，又受阻，只好沿帘片爬出水，即可捕捉。作业期一般在8—11月。

3. 钓捕

又分饵延绳钓、蟹绳、铲钓等。

4. 笼捕

竹篾制裤型蟹篓。每年春、秋两季，选择最好是沙地的作业场所，将笼分别挂在干线上，横流施放，诱蟹入笼而被捕获。

5. 竿捕

竹片制成的蟹竿，长1.0米左右，顶端绑上诱饵。作业时，将蟹竿插入水边蟹穴中，引诱河蟹出洞，然后用手捕捉。

二、螺、蚌、鳖等的捕捞

（一）螺、蚌的采捕

1. 螺的采捕

江南及长江中游一带渔民常用螺扒网采捕螺。作业时，人站在塘、河岸边，手持把柄，将螺扒网伸向水中，并紧压网，贴底由里向岸边扒拉，待拉至岸边，冲刷稀泥后即获螺。然后稍移位置继续扒捞。

夹网：用两根竹竿配以网衣，选择螺较多的水域，作业时将夹网夹起水底淤泥后，经过水冲刷，就剩下螺获。

2. 蚌的采捕

主要是钓渔具，有单钩和多钩两种。

单钩：单钩钓捕主要用于小江河有蚌穴的长形蚌的采捕。即用40厘米左右长的钢丝（直径3毫米左右），其一端做成钩形，于热天人下水先找洞穴，然后将钩伸进去，当蚌夹紧时，取出即可。

蚌壳钓：在较大湖泊中，利用蚌在流水中两壳张开活动的习性，将铁制镀锌钩具，顺流拖曳，刺激蚌夹拢而遭捕获。

作业时，将装配好的钓具横竿搁置在船两舷的支架上，并带水帆（矩形竹编物，作业时置于船侧下流一方，增加渔船能力，作用同风帆）划至渔场。在选择好具有一定水流，水面宽阔，能有一定拖程的区域后，先将叉纲与曳纲连接好，水帆在船右侧下流方向投下，再在左侧将两副横竿连同钓具放下。先放长曳纲钓具，再放短曳纲钓具，曳纲分别固结于船首和船尾，即可进行拖曳。拖曳一段时间后，先将短曳纲连同横竿取上，放在船舷支架上，取下被钩住的蚌后，将长曳纲钓具收上，也取下蚌，再投放继续拖曳。

（二）黄鳝、泥鳅、鳖和河鳗的捕捞

1. 黄鳝的捕捞

（1）钓捕。用竹竿系以干线，在干线另一端缚以钓钩，钩上以蚯蚓作饵。作业时，人在岸边慢慢走动，黄鳝追食蚯蚓而被钩捕。作业时间在5—11月。

（2）笼捕。用竹片编织成直径15～20厘米的圆柱形鳝笼，笼一端有倒须，黄鳝易进难出。另一端敞开，作业时用木塞塞住，木塞中间穿有竹签，竹签里端穿上蚯蚓。每天傍晚将鳝笼放至有水草的泡沼、池塘边或稻田中，第二天清晨收笼取鳝。

2. 泥鳅的捕捞

（1）天然泥鳅的捕捞。小抬网是捕捞泥鳅为主的小型渔具。网呈半月形，由网身（背网、腹网）、浮子纲、沉子纲、浮沉子等4部分组成。附属具还有竹竿2根，长3.3米，直径4.0厘米，其一端分别与网口两角缚扎，另一端作把，用手握住进行作业。为操作方便，尚配有一顶竿木，长22厘米，宽10厘米，厚6厘米，其中部有两圆孔凹槽，两端系结两绳，作业时将此木块捆在操作人员的腹部，两竹竿的末端顶在两圆孔的凹槽上。

小抬网作业时，可选择水深3~5米泥底水域，每年4—11月，人站在岸边，一手握一竹竿，将两竹竿的末端顶在顶竿木的圆形凹槽里，张开竹竿，网也随着张开，然后放入水底，使网口朝着操作人员，再将竹竿由外向里在水底慢慢触动收笼，泥鳅则被赶入网内，待两竿合拢时，网口也随着合拢，提起竹竿，网出水面，就可取出泥鳅。每次作业时间仅2~3分钟。

天然泥鳅还可用鳅笼张捕，笼内放入炒米糠等饵料，傍晚埋入泥鳅出入的沟渠、河道处。鳅笼的放置要根据泥鳅的习性而调整。每年9—11月，泥鳅随水而下，笼口要朝上；4—5月，特别是涨水季节，泥鳅从田、沟、渠上溯，笼口要朝下。除笼捕外，也有在稻田和渠道边挖几个小坑，放入炒米糠，盖上杂草，让泥鳅寄居，而后用网捕。由于泥鳅喜欢上半夜静息，下半夜游动觅食，所以也可用灯光诱捕。

（2）稻田泥鳅的捕捞。选择晴天，在深坑处用蚕蛹或炒米糠引诱，并于傍晚将水慢慢放干，使泥鳅大量集中在深坑里，然后把诱饵装入大口麻袋，沉入深水底部，可捕钻入袋中的泥鳅。但捕捞时间要选择好。一般4月下旬到5月下旬，以中午捕捉最好，8月夜间捕捉较为理想，傍晚将袋放入，第二天日出前取出。最后，也可在秋后，将水放干，待泥鳅集中到深坑后，用抄网捞取；也可在排水口外系网或张网，夜间排水，并由注水口不断注入新水，这样的捕捞方法，可捕获约60%的泥鳅。

（3）池塘泥鳅的捕捞。池塘水深，捕捉泥鳅比稻田难。除用小抬网或设置集鱼坑、集鱼道以及固定投饵场用张网、罾网等捕捉外，用香饵诱捕是最有效的方法。即用炒米糠、蚕蛹、腐殖土为主要原料的混合饲料，装入麻袋后，沉入池底。注意天气变化，一般在下雨前捕捞效果较好，傍晚下袋，次日日出前取袋捉鳅。也可将池塘水排干，在排水渠道中设置网、篓（溜）等，用抄网捕捞。除此之外，还可用炒过的米糠或鱼粉等置于笼篮中，傍晚置于投饵场或较隐蔽处，第二天清晨，收笼取鳅。

3. 鳖的捕捉

（1）钓捕。用18~20号钩，配以25~40厘米的支线（钩间距为40~100厘米），其一端系在干线上，另一端缚钩。干线长数十米至数百米。在每根干线的一定距离上系一浮标，浮于水面。干线两端用石块固定。钩上系新鲜猪肝、青蛙肉或小鱼为诱饵，春、夏、秋三季在浅水作业，冬季在南方可在深水区作业，一般是晚放早收。

（2）叉捕。用3~4米、直径15厘米的竹（木）柄一端，装有钢制三齿锐利鱼叉，在江河、泡塘的浅水水域，手握叉柄，叉头朝下，边走边叉。

（3）网捕。用直径0.2毫米的锦纶胶丝，编织和配装成长30~50米、高1.8~3.0米（网目尺寸10~12厘米）的刺网，呈波浪式放入水中，鳖碰网即被缠络住，一般适用于深水作业。

（4）笼捕。用苇席、竹篾子或铁丝制成鱼笼，入口内有倒须，笼内放鱼肉、青蛙肉或猪肉皮作饵料，放入水中，鳖进入吞食饵料，倒须阻住退路而被捕获。

（5）灯光诱捕。人静夜深的晚上，鳖由水中爬上岸来，挖穴产卵。此时，它活动迟缓。人手执灯具照捕。此法适用于鳖产卵期时捕捉。

（6）插箔围捕。竹箔、网箔捕鱼时，也能捕到鳖。

4. 河鳗的捕捞

（1）网捕。常见用小拉网。网长据作业水域具体情况而定，网高为相应水深的1.5倍。作业时，包围一定水域后，在岸边曳纲，拉网，取鳗。

池塘里养的鳗，也可利用"春花网"捕捞，即在捕捞前先将池水排去一半，人为造成缺氧，然后，突然灌注新水，待鳗群集在水口处时，用"春花网"围捕。由于鳗有钻逃习性，故需加重网的底纲，起网时两端同时收网，使网衣中央呈囊袋状，使鳗落入囊袋中。

也可采用食场诱捕的办法，即捕捞前停食一天，捕捞时投饵，将鳗引诱至食场，然后在食场外放网围捕。

（2）笼捕。用笼、筐、篮、囤或旧草包，内放腐败性动物尸体或螺、蚌、蚬等肉，置放在江河、泡塘、水库等水域，鳗闻味钻入而被捕获。

鳗苗的捕捞方法是：

①张捕：张网用萱麻或乙纶线制成袖筒状，一般长9米，周长6米，自网口向后端逐渐缩小，尾端结扎成网袋，网袋处网布规格为50~60目。作业时，定置在离水闸（水口）稍远的海滩上，随流采集鳗苗，除平潮外，涨落潮都可生产，一昼夜作业4次，两人配备一只小船可管理5~6口网。为防止杂鱼和死苗，可在尾端连接一个能随水流上下浮动的苗箱，及时捞取鳗苗，成活率能相应提高。

②罾捕：即用板罾网捕捞。罾网用麻线或乙纶线织成，呈正方形（长、宽一般各3米），中心为网袋，网目配置由边缘至中心渐密，中心区网目越小越好，

一般为 3 毫米左右。生产时，将网安放在水闸附近。另备一把长柄小布捞网，当网将要离水而尚未全部离水时，手执小捞网，迅速捞起网兜中的鳗苗，置于随身所带的内侧贴附麻布的小竹箩中。由于鳗苗体细小，极易从网隙中逃逸。因此，起网要敏捷协调，切不可使网袋过早离水。此网仅需一人操作，使用灵活，有成活率高、苗质好、杂鱼少等优点。

③灯诱：鳗苗白天怕光，潜伏在水底很少活动，但夜间有趋光习性。因此，可用灯光诱集后，用小抄网捞取鳗苗，或用各种灯悬挂在板罾竿下，进行灯诱和板罾网结合作业，产量较高。

④抄捕：用麻线或乙纶线丝织装成抄网，结构简单，一人使用，操作灵便，不受场地限制，且可充分利用辅助劳力，成活率高，苗质好，但产量较低。

第七节 我国的海洋捕捞

一、我国海洋捕捞业的基本状况

我国海域辽阔，鱼虾种类众多，近 2 000 种，其中鱼类 1 500 多种，常见经济鱼类 100 多种，虾、蟹、贝、藻等种类也多，是世界上海洋经济鱼虾品种较多的国家，也是渔业生产大国之一。

新中国成立后，我国的海洋捕捞业总体处于捕捞能力快于海洋资源恢复能力的发展状况。为恢复和保护近海渔业资源，我国政府采取了一系列管理措施，1987 年开始对全国海洋捕捞渔船船数和功率数实行总量控制制度，1995 年起实施伏季休渔制度，1997 年，国务院提出要实现中国内海渔业的零增长，转而大力发展远洋捕捞业，1999 年开始实施近海捕捞渔获量"零增长"计划，2002 年出台海洋捕捞减船转产政策，2013 年农业部发布《农业部关于实施海洋捕捞准用渔具和过渡渔具最小网目尺寸制度的通告》和《农业部关于禁止使用双船单片多囊拖网等 13 种渔具的通告》等。这些政策的实施，在一定程度上保证了我国海洋捕捞业稳定、健康的发展。

1985 年，我国第一支远洋渔业船队走出国门，从此开始了我国海外海洋资源战略开发之路。经过 30 年的发展，远洋捕捞业取得了较大的成绩，截至 2012 年，我国获得远洋渔业企业资格的企业共 120 家，拥有各类渔船 1 830 艘，年总产量和总产值分别为 122.3 万吨和 132.3 亿元，作业海域遍布 38 个国家的专属经济区和太平洋、大西洋、印度洋公海及南极海域。

我国海洋捕捞业快速发展的同时，其发展方式与资源环境之间的不协调、不平衡、不可持续问题愈来愈突出，加快转变海洋渔业发展方式，理顺管理、生产与资源生态保护等方面关系仍面临巨大挑战。

二、渔场和我国的主要海洋渔场

（一）渔场的定义

渔场，就是鱼类、虾蟹类及其他水生经济动物等在不同的生长时期和生活阶段，随产卵繁殖、索饵育肥或越冬适温等对环境条件要求的变化，在一定季节聚集成群游经、滞留或栖息于一定水域范围而形成在渔业生产上具有捕捞价值的相对集中的场所。

不同种类的捕捞对象因对环境条件的要求不同而形成不同的渔场。同一种类的捕捞对象在不同的生活阶段，也因其适应性不同而形成不同的渔场和渔期。在水深 200 米以内的浅海范围内，一般拥有丰富的大陆冲积物和营养物质（饵料），大都能形成优良的渔场。深海中，如拥有自下而上的上升水流区域或对流旺盛的水域也可成为良好的渔场。在水温跃层明显处、水流静稳或水文稳定处、两种不同水流交汇处、水下浅滩、水底有植物丛生成或动物聚集的水域及生物障碍线边缘区域，都能形成渔场。根据海洋形成机制，主要有：大陆架渔场、潮隔渔场、上升流渔场、涡流渔场、海礁渔场；根据作业水域可分为：沿岸渔场、近海渔场、远洋渔场；根据渔具渔法可分为：拖网渔场、围网渔场、刺网渔场、定置渔场、钓渔场；根据捕捞对象可分为：鳕渔场、金枪鱼渔场、鲑鳟渔场、鲱渔场、对虾渔场等；根据捕捞对象的生活周期可分为：产卵渔场、索饵渔场和越冬渔场等。

（二）我国的主要海洋渔场

我国沿海的主要渔场大致有如下 10 个。

1. 石岛渔场

位于山东石岛东南的黄海中部海域。该渔场地处黄海南北要冲，是多种经济鱼虾类洄游的必经之地，同时也是黄海对虾、小黄鱼越冬场之一和鳕鱼的唯一产卵场，渔业资源丰富，为我国北方海区的主要渔场之一。渔场常年可以作业，主要渔期自 10 月至次年 6 月。主要捕捞对象：黄海鲱鱼（青鱼）、对虾、枪乌贼、比目鱼、鲐鱼、马鲛鱼、鳓鱼、小黄鱼、黄姑鱼、鳕鱼和带鱼等。

2. 大沙渔场

位于黄海南部，大致在北纬 32°~34°，东经 122°30′~125°范围内。地处黄海暖流、苏北沿岸流，长江冲淡水交汇的海域，浮游生物繁茂，是多种经济鱼虾类的越冬和索饵场所，为黄海的优良渔场之一。每年春季（5 月），马鲛鱼、鳓鱼、鲐鱼等中上层鱼类，由南而北作产卵洄游途中经过该海域，形成大沙渔场的春汛。夏秋季（7—10 月），索饵带鱼在渔场中分布广、密度大、停留时间长；其他经济鱼类如黄姑鱼、大小黄鱼、鲳鱼、鳓鱼、鳗鱼等亦在此索饵形成又一个渔汛。冬季，小黄鱼与其他一些经济鱼类仍在此越冬。

3. 吕四渔场

位于黄海西南部，东连大沙渔场，西邻苏北沿岸。由于紧靠大陆，大、小河流带来的营养物质丰富；同时又处于沿岸低盐水系和外海高盐水系的混合区，加以渔场水浅、地形复杂，因而为大、小黄鱼产卵和幼鱼索饵、生长提供了良好的条件，成为黄海、东海最大的大、小黄鱼产卵场。吕四渔场地处废黄河口，泥沙运动频繁，渔场内的沙滩位置与形态常常变化，是我国著名的沙洲渔场。

4. 舟山渔场

位于舟山群岛东部，大致在北纬 28°～31°，东经 125°以西的范围，地近长江、钱塘江的出海口。冷、暖、咸、淡不同水系在此汇合，水质肥沃，饵料丰富，鱼群十分密集，为我国近海最大的渔场，也是世界上少数几个最大的渔场之一。舟山渔场鱼种丰富，有带鱼、鲐鱼、鳓鱼、小黄鱼、大黄鱼、鲷、海蟹、海蜇、鲨鱼、海鳗等。渔场一年四季均可捕捞，夏秋季有鲐、鳓鱼汛，冬季则形成近海最大的带鱼冬汛。

5. 闽东渔场

位于北纬 25°～27°10′，东经 125°以西的东海南部海区。闽东渔场有金钗溪、七都溪、赤岸溪、怀溪、白马河、霍童溪、北溪、鳌江和闽江诸多溪河注入，又有低温低盐的浙闽沿岸水与高温高盐的台湾暖流分支汇合，营养盐丰富，饵料生物繁生，成为多种经济鱼虾产卵、索饵和越冬的良好场所。这里四季均有渔汛，渔业产量占福建省海洋渔业总产量的大部分。春汛主要有大黄鱼、小黄鱼、带鱼、鳓鱼、马鲛鱼、乌贼、银鲳、姥鲨、鳗鱼、鲐鱼、蓝圆鲹、小公鱼、毛虾、梭子蟹等。夏汛主要有鳀鳁鱼，鳓鱼、银鲳、青鳞鱼、小公鱼、对虾、海蜇等。秋汛主要捕捞大黄鱼、鲍鱼、鳓鱼、海蜇、梭子蟹、对虾等。冬汛主要捕捞带鱼、大黄鱼、乌贼、蓝圆鲹、鲐鱼、鲨鱼、毛虾、棱子蟹和舵鲣等。

6. 闽南-台湾浅滩渔场

位于台湾海峡南部，北起北槟岛附近，南至台湾浅滩以南，自然条件复杂，受高温高盐的黑潮分支和南海水，以及低温低盐的浙闽沿岸水和高温低盐的粤东沿岸水四个水系的混合影响，加之台湾的江河注入和台湾浅滩南部的涌升流，构成了渔场高产的得天独厚的自然条件。渔业资源丰富，鱼种繁多，是我国一个重要的中上层鱼类渔场。中上层鱼类如金枪鱼、青干金枪鱼、舵鲣、蓝圆鲹、沙丁鱼、脂眼鲱、乌鲳和绒纹单刺鲀等，以及底层鱼类如鲷类，蛇鲻、带鱼、乔氏台雅鱼等都很丰富。渔场综合产量高，全年均可作业。

7. 珠江口渔场

位于北纬 21°08′～22°00′，东经 112°50′～114°20′，为南海的重要渔场之一。

渔场内岛屿众多，渔场地处外海水和珠江冲淡水的交汇区，带来大量的营养物质，使众多浮游生物繁殖生长，成为生物活动的密集中心，构成优越的渔场环境。围网渔汛主要在 12 月至翌年 4 月，2—3 月为旺汛。盛产蓝圆鲹、金色小沙丁鱼、鲐鱼、圆腹鲱等。

8. 北部湾北部渔场

位于北纬 20°20′~21°30′，东经 106°30′~109°50′，北濒广西沿岸，东临雷州半岛，西邻越南，南接北部湾中南部海域。渔场内岛屿较多。来自大陆的九州江、南流江、钦江、北仑河和红河等江河流入北部湾，繁殖生长了大量的浮游生物，形成了许多经济鱼类的良好栖息场所。浅海围网作业渔期自 11 月至翌年 5 月，1—2 月为旺汛，主要渔获物有青鳞鱼、蓝圆鲹和沙丁鱼等。拖网作业渔期自 9 月至翌年 5 月，主要渔获物有长鳍银鲈、蛇鲻、红鳍笛鲷、断斑石鲈、鲹鱼和海鳗等，此外，每年 4—6 月为鲨鱼的钓业渔期。

9. 西沙群岛渔场

西沙海域气候炎热，终年水温很高，为珊瑚的大量生长提供了良好的条件。而珊瑚的丛生又为鱼类生长、繁殖带来了丰富的饵料基础和优越的栖息条件。西沙群岛周围大多有巨大的礁盘，水浅而清，有着浅水礁盘性鱼类生长的环境；而礁盘外侧深度骤然增加，属于深水性环境，适于大洋性鱼类生活。因此，这里鱼的种类众多，属于礁盘鱼类区系的有海鳝科、笛鲷科、金眼鲷科和鳍科等；属于大洋性鱼类区系的有鲭科、旗鱼科、飞鱼科等。其中产量较高的有刺鲅、鲔鱼、金枪鱼等十几种。西沙群岛渔场为典型的热带海洋性气候，鱼类终年生长、繁殖。生长快、个体大是西沙群岛渔场经济鱼类的一个显著特点。此外，凶猛性鱼类数量较多，肉食性的鱼类占 40%~50%，如鲨鱼，几乎分布于整个水域。西沙群岛渔场因海底崎岖不平，礁石丛生，不宜拖网作业，但却适合各种钓具、挂网、敷网作业。由于这里鱼类资源雄厚，故各种鱼类的上钓率特别高，在我国沿海首屈一指。

10. 南沙群岛渔场

南沙群岛是由 200 多个岛礁、沙洲、暗沙、暗滩等组成的群岛，周围有许多沉没的海底山和珊瑚礁。受这种地形影响，常能形成局部的涌升流，把底层丰富的营养成分带到表层。同时，众多的珊瑚礁环境又为鱼类提供了饵料充足、适宜栖息和易躲避敌害的场所。南沙群岛渔场水产资源丰富，鱼类有褐梅鲷（石青鱼）、真鲹（吉尾鱼）、斑条鲆（吹鱼）及金枪鱼类等；贝类有乌蹄螺、砗磲；爬行动物有海龟、玳瑁；棘皮动物中有梅花参（菠萝参）、二斑参（白尼参）、黑尼参（乌圆参）、蛇月参（赤瓜参）、黑狗参（黑参）等。

三、我国的海洋渔具

新中国成立以来，海洋渔具逐步向渔船动力化和渔具材料化纤化方向发展。在保留传统渔具的同时，创造革新了许多新渔具。例如，机轮单拖网、机帆双拖网、疏目拖网、桁拖网、灯光围网、大围缯（对网）、荫晾网、多能围刺网、坛子网、虾板网、鲛鳒网、帆张网、多层刺网、三重刺网等；而且拖网和围网均能扩大作业范围，到外海作业，刺网和钓具也在使用绞纲机的基础上，大大增加了放网和放钓长度。多数渔船安装了定位仪、探鱼仪、雷达以及卫星导航等仪器设备，对于海洋渔业的发展起到了重要作用。

我国现有海洋渔具种类有刺网类、围网类、拖网类、地拉网类、张网类、敷网类、抄网类、掩罩类、陷阱类、钓具类、耙刺类、笼壶类等 12 类。由于海洋地理环境、渔业资源状况和社会经济条件的不同，所以各个海区渔具的分布状况也有所不同。黄、渤海区主要渔具有拖网类、张网类、刺网类，其次为围网类、钓具类；东海区主要渔具有围网类、拖网类、张网类、刺网类、钓具类；南海区主要渔具有拖网类、围网类、刺网类、钓具类。而其他渔具，例如地拉网类、敷网类、抄网类、掩罩类、陷阱类、耙刺类、笼壶类等，则各海区均有分布，且多数为浅海、滩涂及礁盘区作业的渔具。虽然它们的数量多，但产量远不及上述几种渔具。

我国海洋渔具以拖网类为主，其渔获量占捕捞总量的 42%，这与我国各海区比较平坦、底质多为泥沙、资源多在中下层、鱼群比较分散有关。其次为张网类，占产量的 29.2%。这与我国近岸河口区水质肥沃、小鱼小虾资源丰富有关。围缯网在我国历史悠久，分布在东海及相邻的南黄海海域。这种网具以围为主，兼有拖、张的性能，是当地四大渔业（带鱼、大黄鱼、小黄鱼、乌贼）的主要捕捞工具；与在其他海区的围网类加在一起，其渔获量占总捕捞量的 18.4%。在全国普遍分布的还有刺网类渔具，随着网目、作业水层和渔法的不同，可以拦捕各种规格的水产资源，其渔获量占总捕捞量的 7.1%。

各种渔具均有其特殊性能，适应各种不同的捕捞对象。捕捞效率高的渔具，发展多了便会导致资源的过度利用，而有些被认为是比较落后的渔具，对开发某些特定的资源却很适宜。所以说，先进渔具与落后渔具是相对的。

四、我国远洋渔具的发展

随着我国远洋渔业的发展，渔具技术水平也得到了较大的提高，历经了引进、创新发展、停滞和再发展等历程，形成了目前拖网、围网、钓具、刺网、笼壶和张网等多种作业方式和渔具并存的局面。

（一）远洋渔具发展现状

1. 过洋性渔业渔具

（1）中小型渔船拖网渔具。在远洋渔业创业初期，对于国外渔业以及渔业全球化问题的了解与认识不足，对于远洋渔业渔具研究不太关注，相关技术处于空白。在开发西非首个远洋渔业渔场的时候，所配备的拖网渔具不能适应国外渔场作业需求，出现破网率高及捕捞效果差的问题。

随后我国渔业科技人员借鉴国外的渔具型式和结构，并根据我国渔船的功率创新设计了六片式底层拖网渔具。并陆续引进、创新设计了舷侧双支架四片式拖网等，形成了441~1 029千瓦不同功率渔船的系列化拖网渔具。进入21世纪后，随着渔场的拓展和作业水层的改变，捕捞对象增多，渔具逐步大型化，拖网渔具网目尺寸由最初的0.15米逐步增大至10米，网具规格由最初的30米（网口拉紧周长）增大至目前的600米，网口扫海面积由最初的约50平方米扩大至约900平方米，作业水层也由单一的底层发展至底层和变水层。而在拖网属具（网板）方面，我国最初在远洋拖网渔船配备了铁质和木质结构的椭圆形双缝网板，最大网板扩张系数为0.86。在20世纪90年代后期，我国对拖网网板进行了升级换代，淘汰了椭圆形双缝网板，启用了扩张系数更高的综合型网板，最大网板扩张系数0.93。进入21世纪以后，再次更新为代表当时世界先进水平的立式"V"形曲面网板和矩形"V"形曲面网板，最大网板扩张系数分别为1.35和1.38。2010年以后，又逐步开始使用新研发的具有更高效率的椭圆形"V"形曲面双缝网板，最大网板扩张系数高达1.56。

（2）其他渔具。在过洋性渔业创业及发展初期，作业结构相对单一，主要为拖网渔业。20世纪90年代末期，随着入渔区域的扩展以及入渔国家对于渔业管理的加强，部分入渔区域（如缅甸等）受底质等渔场环境的影响无法开展拖网作业，我国远洋企业开始发展张网、笼壶、刺网等渔业，并通过提高渔船机械化水平，提高渔具的生产效率。近年来随着部分国家（如阿曼）对于拖网渔业的限制以及沿岸中上层渔业资源的开发，迫使我国远洋企业开始发展敷网、围网、钓具等多种作业方式，以适应国外渔业发展的需求，目前已在阿曼、缅甸、斯里兰卡、毛里塔尼亚等海域得到应用，极大丰富了我国远洋作业方式。

2. 大型中层拖网渔具

1985年，我国大洋性公海捕捞业起步。初期阶段，我国引进的大型拖网渔具网目尺寸普遍在1.8~3.6米，渔具规格在500米（网口拉紧周长）左右，随着渔具材料的革新以及渔船的大型化，网目尺寸逐步扩大至20~26米，网具规格也扩展至960~1 532米。目前我国大型拖网规格基本在1 440~1 532米，网目尺寸一般在20米左右。

大型变水层拖网的网板，最初引进德国的立式网板，网板效率达到 6 左右。随着欧洲新型高效网板的出现，目前我国大型拖网主要使用立式复翼式多缝网板，在保持高扩张力的同时，有效降低了网板的阻力，网板的效率一般超过 7，与原先立式中层网板相比，效率有效提高 15%左右。

3. 鱿鱼钓渔具

20 世纪 90 年代期间，我国逐步从日本引进鱿鱼钓渔具和捕捞技术，开发北太平洋和西南大西洋鱿鱼资源，最初我国引进的钓机基本为日本海鸥公司的KE-BM-1001 型，采用集成电路控制，由于价格低廉且渔获效果较好，我国最早开展鱿钓渔业的舟山渔业公司几乎都使用该型钓机。后期由于海鸥公司的不景气，三明公司的 SE-58 型钓机开始进入我国市场，并迅速取代海鸥公司的 KE-BM-1001 型钓机，随后三明公司的 SE-81 型钓机和东和公司的 MY-2D 型钓机也进入中国市场。目前国内引进的钓机主要以三明公司的 SE-58 以及东和公司的 MY-2D 为多，分别被南方和北方企业使用，且分布差异明显。我国国内科研单位和企业也曾于 20 世纪 90 年代研发鱿鱼钓机，如上海海洋大学（RDJ-1 型鱿钓机）、舟山渔业公司、常州东南机械电器有限公司（DY-3 型自动钓鱿鱼机）等，虽然取得了一定的突破，但是受资金、性能以及使用客户等影响，并没有得到广泛应用。

4. 金枪鱼渔具

金枪鱼渔业是我国远洋渔业中渔获品质较高、经济效益较好的支柱产业，目前我国拥有两种方式从事金枪鱼捕捞，一种为金枪鱼延绳钓，以捕捞大眼金枪鱼、黄鳍金枪鱼、蓝鳍金枪鱼和长鳍金枪鱼等为主；另外一种为金枪鱼围网，以捕捞大眼金枪鱼和鲣鱼等类金枪鱼为主。金枪鱼延绳钓作业始于 1988 年，在发展初期，渔具主要引进自日本等国家及台湾地区，钓钩形状分为普通钓钩和圆形钓钩（防止误捕海龟等哺乳动物），至 2000 年以后，国内逐步开始通过引进技术并消化，渔具国产化率大幅提高。目前我国中小型沿岸冰鲜金枪鱼渔具多数采用国产渔具，一般每次作业投钩数量在 1 000~2 000钩，但是深冷金枪鱼渔具仍有部分国外采购，投钩数量大于冰鲜延绳钓作业，一般每次投钩数量在 2 000~3 000钩。金枪鱼围网渔业起步于 2001 年，渔具曾分别引进自美国、日本和中国台湾地区，受渔具价格因素以及台湾地区围网捕捞技术对于我国大陆的影响，目前金枪鱼围网几乎全部引进自台湾，网具规格普遍为缩结长度 2 000米、缩结高度 300 米左右。台湾金枪鱼围网与日本、美国等国围网除了在渔具装配系数方面的差异，主要差异在于采用不同结构的网片，台湾主要采用尼龙有结网片制作，日本和美国等多采用尼龙无结绞捻网片制作。

（二）我国远洋渔具发展存在的问题

由于我国远洋渔业企业普遍规模小，为了更快的获得效益，比较重视引进，而对于自身技术累积研究的投入较少，造成我国依赖引进，反而与国外的差距不断扩大。具体主要表现在以下几方面。

1. 渔具基础技术不足

在 20 世纪 60—80 年代，我国对于渔具的基础研究十分重视，开发出大网目拖网、绳索拖网、桁杆拖网和灯光围网等一批在当时较为先进的渔具，对于国内的海洋渔业的发展起到了积极的促进作用。但是，进入 20 世纪 80 年代以后，由于捕捞强度急剧增大，渔业资源出现衰退迹象，国家对于捕捞基础研究的投入一度停滞。在发展远洋渔业初期，企业出于经济效益的考虑，项目要求"短、平、快"，多数渔具直接从国外引进，对国内捕捞技术的基础研究也产生了一定的负面影响。随着我国远洋渔业渔船数量的增加，渔业生产规模的扩大，由于基础研究不足造成的技术瓶颈也越来越显现出来，制约了远洋渔业的发展。

2. 渔具创新落后

由于基础研究的不足，我国在远洋渔业渔具开发方面明显落后。截至目前，除了过洋性中小型渔船渔具（拖网和围网等）国产化率较高以外，鱿鱼钓具、金枪鱼延绳钓具、金枪鱼围网和大型拖网等仍多数从国外直接进口，虽然部分渔具（鱿鱼和金枪鱼钓具等）正在逐步实现国产化，但是其中核心技术仍受限于国外。目前我国大型网具（围网、拖网）的设计与制作尚未实现国产化，网板设计研发技术水平落后欧洲先进国家二代。即便在鱿鱼钓具、金枪鱼延绳钓具方面，也仅生产简单的钓钩等，在钓机、延绳钓机自动化方面，仍无法自行开发生产。

3. 渔具性能与效率低

虽然我国在渔具引进方面花费大量的财力与物力，但是在渔具使用和调整技术方面也存在明显的问题，无法发挥渔具的全部性能。例如大型中层拖网，我国运用网位仪，可以观测网具所处水层，并进行调整，但是，在网具调整细节方面（横流或转向拖网时两端纲索的长度差异控制等），技术相对欠缺，且不能实现自动控制。在拖网时间控制方面，仍依赖船长经验，有时会产生渔获过多，难以起绞网囊或者发生网囊"爆网"事故。

（三）我国远洋渔具发展趋势

2013 年国家出台了《国务院关于促进海洋渔业持续健康发展的若干意见》，明确提出了坚定不移地建设海洋强国的要求，我国远洋渔业又迎来一个大发展时期。从目前我国远洋渔业现状和发展前景来看，远洋渔业渔具的发展趋势主要体现在以下几方面。

1. 高效专业化渔具

目前我国渔具在性能与捕捞效率方面与国外存在一定的差距，为了弥补由此带来的产量较低的缺陷，我国渔船往往注重兼捕别的种类，在渔具设计方面要求兼顾多品种鱼类的捕捞。但是，由于鱼类的行为反应各不相同，在兼顾多种鱼类捕捞的同时，降低了对于主捕品种的适应性。随着国外对于兼捕问题的重视，渔业管理措施将越来越严厉，为了在今后的发展过程中适应国外渔业管理要求的变化，需要进一步提高渔具的性能与捕捞效率，使渔具的发展逐步趋向于专业化（针对主要捕捞对象的习性）。

2. 渔具种类多样化

随着我国远洋渔业的发展和捕捞海域的拓展，捕捞品种与海域环境特征差异增大，完全依靠目前远洋渔业现有的渔具无法满足资源的开发需求，需要针对海域特点和捕捞对象，选择合适的渔具和作业方式。

3. 高选择性渔具

由于全球超过75%的渔业资源品种已得到充分开发，各沿海国为了维护自身渔业资源的稳定开发，对于资源的保护力度也越来越大。在限制渔船数量、作业方式以及网目尺寸等的同时，对于渔船使用渔具的选择性能也提出了一定的要求，要求加装幼鱼、兼捕品种释放装置或者海洋哺乳动物保护装置，促使我国渔具今后向高选择性方向发展。

（四）我国远洋渔具发展对策

开发新型高效渔具与捕捞技术，提升我国远洋渔业实力，是实现建设"海洋强国"目标的坚实基础。

1. 增加远洋渔业科研投入，加强渔具基础与应用研究

强化渔具基础与技术应用研究，推进过洋性渔业技术创新。包括渔具流体力学研究、鱼类行为反应等基础研究。并开展包括渔具材料、渔具适渔性研究、渔具渔船适配性研究、渔具高效捕捞技术研究、渔具节能技术研究等应用研究，促进我国远洋渔业渔具的创新与升级。

2. 优化研究组织方式，提高研究与成果转化效率

由于渔具研发周期较长，且投入较大，单纯由企业投入开展渔具研发等研究，较为困难。但是，单纯由科研机构承担渔具研发，往往也存在部分研究脱离实际或成果转化困难等问题。因此，较为理想的研究组织方式是由企业提出技术需求，科研单位解决技术难题，政府部门组织牵头组成"产、学、研"联合平台，提高研究与转化效率，加快我国远洋渔业渔具的发展进度。

第四章

《齐民要术》与水产品
传统保藏加工

水产品保藏和加工是水产养殖和水产捕捞生产的延续。"加工活，则流通活，流通活，则生产兴"，因此，水产品加工业是我国加快发展现代渔业的重要内容，也是优化渔业结构、实现产业增值增效的有效途径。

我国水产品加工历史悠久。从西周开始，就逐渐创制出多种水产品加工储藏方法，一直沿用两千多年至今。古人所谓"鱐之可以致远""腌腊糟藏可久存致远"——就包含了水产品的干制、腌制、酱制、腊制、糟制、醉制、矾制、冰鲜等内容较多的技术手段，并且，在使水产品不致腐败变质的情况下，还丰富了水产品的多种加工口味，从而推进和完善了我国传统的水产品加工业。贾思勰在《齐民要术》卷八、卷九约7篇中，比较详细的记述了我国水产品传统保藏加工的40余种方法和工艺，如制作鱼虾酱类、储藏蟹、鱼酢类以及鱼脯类、鱼羹类、炙鱼类等。有着很重要的技术内涵。

随着科学技术的进步以及先进生产设备和加工技术的引进，我国的水产品加工技术、方法和手段也已经发生了根本性的改变。我国水产品加工业已发展成为一个包括渔业制冷和冷冻品、干制品、鱼糜及其制品、罐头、烟熏品、鱼粉、鱼油、藻类食品、医药化工和保健品等系列产品的加工体系。

水产品加工方式多种多样，一般可分为传统加工和现代加工两大类。本章主要围绕《齐民要术》所涉及的水产品加工内容，简要叙述我国水产品常见的传统保藏加工和由传统加工演化而来的罐头及鱼糜制品的加工工艺。

第一节　《齐民要术》与水产品保鲜

一、古代水产品保鲜

冰鲜水产品是指水产动物死亡以后，没有把个体冻起来，只是铺上一层冰保鲜，以保证它们的肉体细胞没有产生变化的一种储存方式。生物学原理就是使水产品在短时间内保持温度在0℃左右，来控制微生物的生长繁殖。通常是使用碎冰降温。

水产品冷藏保鲜，由于冰难以在自然界常温下长期储存，尽管古代储冰技术应用很早，但多为皇家使用，在渔业生产上很难得到普及。《齐民要术》中虽未有专门卷篇记载储冰及应用，但在"作酱法"等篇中，着重强调作酱"十二月、正月为上时，二月为中时，三月为下时"，还特别提示"凡作鱼酱、肉酱，皆以十二月作之，则经夏无虫。余月亦得作，但喜生虫，不得度夏耳"，说明当时人们已知自然气候条件对食品加工质量的影响，气温低的气候环境，加工的食品不易腐败变质。据《越绝书》载，周代各诸侯国均有冰室。吴国阖庐的冰室在今苏州阊门外；越王勾践的冰室在今绍兴东门外。《吕氏春秋》记载季冬："是月也，命渔师始渔，天子亲往，乃尝鱼，先荐寝庙。冰方盛，水泽复，命取冰。"这是史载鱼产品冰冻保鲜的最早记录。

宋代，在开封、杭州的坊巷桥市，沿街叫卖鲜鱼的商贩多用"卖生鱼则用浅抱桶，以柳叶间串清水中浸。"夏季，售卖的人当街撑起青布伞来遮阳，并摆床凳，在上面堆垛冰块用以降温。在不夜城东京的夜市上，"有售卖黎冻鱼头、冻鲚鱼、冻白鱼、冻石首……，系以冰养之。"可知，水产品冷冻保鲜已广泛用于民间商业。

明代，皇家在南京燕子矶一带设有皇家藏冰窖和鱼厂，定期定量给鲥鱼厂供应藏冰。贡船每到一处，都要索取当地的藏冰，以新替旧，反复冰封，"六月鲥鱼带雪寒，三千里路到长安"，确保入贡鲥鱼的新鲜程度。《万历野获编》载："所至求冰易换，急如星火。"捕鱼者大多在船舱内准备好很多的藏冰，用以冷冻鲜鱼，确保鲥鱼不至腐变。没有这种条件的渔人，也要使用树叶层层盖住捕到的鲥鱼，尽可能地延长鲥鱼的保鲜期。

清代，江南城区用于食品保鲜的制冰业已较发达。乾隆《元和县志》记载苏州"（冰）窨在葑门外，设窨二十四座，以按二十四气，每遇严寒，戽水蓄于荡田。冰既坚，取储于窨。盛夏需以护鱼鲜，并以涤暑"。沈朝初在《忆江南》中说："苏州好，夏日食冰鲜，石首带黄荷叶裹，鲥鱼似雪柳条穿，到处接鲜船。"描述了苏州制冰保鱼鲜的习俗。冰冻保鲜，延长了鱼货保鲜储存时间，提高了鱼货价值。

二、当代水产品保鲜加工

目前，水产品的保鲜技术已达到相当高的水平。随着社会进步和人们生活水平的不断提高，国内外市场的需求趋向于冰鲜品，且对保鲜的要求相当严格。下面以出口冰鲜鲅鱼和冰鲜有头对虾为例，叙述水产品的保鲜加工方法。

（一）出口冰鲜鲅鱼的保鲜加工

加工工艺为：鲅鱼原料验收→冷却→规格分选→包装→码箱→运输。

1. 原料验收

鲅鱼捕获后立即在船上分箱加冰保鲜。加工时首先把鲅鱼倒在不锈钢台上进行质量验收，要求色泽鲜明，最好带青光，鱼鳃鲜红或暗红，闻之有鲜鱼气息，肌肉富有弹性，鱼皮无破损，鱼体无积压等机械损伤，重量在500克以上。边验收边装箱加冰。

2. 冷却

冷却池为玻璃钢制，大小为1.5米×1.0米×1.2米。加入约1/2池海水，制冷降温至0~2℃，再加入较大块冰，至水面达池的3/5左右。加保鲜剂200克，搅拌溶解。将合格的鲅鱼500千克左右细心倒入池中，降温20~30分钟，使鱼体温度降至0~2℃。出池时先捞出冰块，再捞出鱼，下次冷却鱼之前再将冰块加入。一池冷却海水使用5次要放掉换新的。如果鱼入池后冰块融化严重，应加入适量食盐，但池水盐度不要超过3%。

3. 规格分选

鱼出池后细心装入鱼箱沥水，然后倒在分选台上，分成3个规格：尾重6.0千克以上；1.0~6.0千克；0.5~1.0千克。同时拣出不合格的鱼。

4. 包装

采用专用泡沫塑料保温鱼箱，分大箱和小箱两种规格。尾重1.0千克以上的用大箱，1.0千克以下的用小箱。近年来，我国鲅鱼出口日本较多。按日方要求，尾重6.0千克以上的每箱装1尾，在标码上写明重量。1.0~6.0千克的每箱装10千克，1.0千克以下的每箱装8.0千克。装箱要求整齐美观。装箱时先在箱底铺一层1.0厘米厚的细冰，装完后覆盖一层保鲜纸，保鲜纸上面盖一层薄细冰。

5. 码箱

将鱼箱送入冷仓，码箱时上下层箱要扣严实，不要码花箱。最上一层加一空箱，空箱里加5.0~6.0厘米厚碎冰块。

6. 运输

先在仓中制冷降温至-2℃，再装鱼箱。运输途中仓温保持在0~2℃，要用电子测温计监视仓温。仓温降至-2℃时停止制冷，仓温上升至3~4℃时再制冷。

（二）冰鲜有头对虾的加工

冰鲜有头对虾出口效益比一般冻品高，而且在国内外市场都很受欢迎。但因对虾极易黑变，所以，其保鲜操作技术、管理要求水平高。

加工工艺为：对虾原料→清洗→分级→冷却→浸保鲜液→称量包装→入冷仓暂存、运输→销售。

1. 原料

对虾起捕后，立即按层将对虾装入塑料鱼箱，上面覆盖碎冰，冰径2.0厘米左右。运往加工厂途中要避免阳光直晒，不要脱水，最好用冷藏车运送。运到厂的虾应色泽清亮，皮壳附着坚实，颈部连续紧密不松弛。

2. 清洗

将对虾倒入有孔塑料篮筐中，数量不要超过篮筐的一半，放入冰水桶中清洗，注意尽量减轻虾体损伤。篮筐在冰水中轻轻旋转摇动，冰水脏后及时更换。

3. 分级

将对虾小心倒入操作台上，根据客户要求的规格分选，同时剔出软壳虾和受到机械损伤的虾。

4. 冷却

将对虾按规格分装在塑料篮筐中，浸入冰水槽中冷却20分钟左右，使虾体中心温度降至2℃左右。

5. 浸保鲜液

保鲜剂有很多，其作用基本是杀菌、抑制黑变和其他酸类的作用，但还没有哪种保鲜剂能抑制所有的变质并对人体无副作用。在选择保鲜剂时，要考虑保鲜时间，客户所在国接受哪类保鲜剂。我国食品添加剂使用卫生标准允许植酸用于对虾保鲜，残留量不超过20毫克/千克。目前使用较多的还是KH-D保鲜剂。

将冷却后的虾篮筐浸入浓度2%的KH-D保鲜冰水槽中，时间控制在2分钟以内，可抑制虾的黑变。

6. 称重包装

浸保鲜液后，沥水5分钟，即可包装。出口包装一般是3.0千克虾加1.0千克碎冰，冰的用量根据气温在1：（0.3~0.6）之间，冰虾混装入塑料袋，挤出空气，用皮筋扎紧袋口。袋口朝上放入泡沫塑料保温箱，保温箱规格9厘米×32厘米×9厘米。再四箱叠放在一个大聚苯乙烯泡沫保温箱中，盖上箱盖，外套大塑料袋，装入纸箱，用胶带封好箱口，用塑料打包带打包。然后在纸箱外写明规格等。如果要空运，还要贴上航空标签。

7. 冷仓暂存、运输

包装完即送入 0℃冷藏，按规格摆放，待整批加工完毕，清点规格、数量、装车运出。

冰鲜品质量的好坏关键在原料、从起捕到销售的时间、操作时的清洁及细心、低温。要尽量缩短从起捕到加工、运输、销售的时间，各个环节紧密衔接。操作人员的熟练程度和责任心非常重要。要选择最合理的运销路线、运输工具和方法。从起捕直至销售都要注意使渔货保持低温，避免脱冰，注意清洁卫生，细心操作。

第二节　《齐民要术》与水产品干制加工

一、古代水产品干制加工

传统的水产品干制加工方法，就是自然晾晒法。它是利用自然热源太阳的热量和天然风力进行干燥，除去水产品中的部分水分，达到抑制细菌繁殖和酶分解作用的目的，提高制品的保藏性。此种干制加工，是传统加工中保藏性最好的加工方法。

《齐民要术》所载多个水产食品加工方法中，都用到干鱼食材，如"干鲚鱼酱法：……取干鲚鱼，盆中水浸，置屋里，一日三度易水。……味香美，与生者无殊异"，是说用干鱼做成的酱，味道香美，跟新鲜的鱼做成没有两样。制作脯腊的水产食材也多是干制品。

干晒法分为两种：一种是将生水产品直接晾晒风干，一种是将生水产品经腌制加工后再晾晒。

直接干晒法起源很早，最早见于西周时期。据《周礼·天官·应人》记载周王室的御膳食谱是："庖人掌共六畜六兽六禽。……凡用禽兽，春行羔豚，膳膏香；夏行腒鱐，膳膏臊；秋行犊麛，膳膏腥；冬行鱻羽，膳膏膻。"其中的"夏行腒鱐"，即是指夏季宜用干野鸡肉和干鱼。腒，乾雉。鱐，乾鱼。夏季将鱼肉加工成鱼干，可以防备鱼肉腐臭。明人李时珍在《本草纲目·鳞四·鲍鱼》中记到："其淡压为腊者，曰淡鱼，曰鱐鱼。""鱐之可以致远"，即干制之鱼可以长久保存，此为明朝人对周人干晒法的理解和继承。

商周以来，鱼已被视为祭祀时的重要祭品，特别为宗庙祭祀之必需品。《周礼·天官》记载："凡祭祀、宾客、丧纪，共（供）其鱼之鲜薧。"，《礼记·典记》记载："凡祭宗庙之礼。……藁鱼曰商祭，鲜鱼曰腥祭。"，表明当时除了鲜鱼之外，一些人工制作的稾（干）鱼也可以作为祭品，这种礼制春秋以后被长期继承下来。

春秋战国时期已经有了加工干鱼、咸鱼的加工厂，采用干晒和腌制方法来加工储藏鱼类。《庄子·外物》载："吾得升斗之水然活耳，君乃言此，曾不知早索我于枯鱼之肆。"，枯鱼即干鱼，晒干的鱼被形象地称其为"枯鱼""藁鱼"。肆，陈列货物的地方。"枯鱼之肆"，即加工干鱼的商铺。孔子曰："与不善人居，如入鲍鱼之肆，久而不闻其臭，亦与之化矣;"；西汉刘向《说苑·杂言》："与恶人居，如入鲍鱼之肆，久而不闻其臭，亦与之化矣。"鲍鱼，即腌渍的鱼。"鲍鱼之肆"，即加工盐渍鱼的店铺。《史记》载："鲍千钧。"所谓鲍，即乾鱼也。在当时不具备长途运输鲜鱼的条件下，水产品只有经过晒干或腌制后，才得以保存并输往各地。宋朝欧阳修在《夷陵县至喜堂记》述："贩夫所售，不过鱐鱼腐鲍，民所嗜而已。"，商贩出售的干鱼、咸鱼，都是老百姓喜欢吃的东西。

盛唐渤海国时，渤海人创造了"海东文明"，其水产品加工习俗已经形成。唐玄宗开元26年（738年），在唐代渤海人朝贡的贡品中，记载了"贡献乾文鱼一百口于唐"。文鱼即鳢，郝氏《尔雅义疏》云："鳢，一名文鱼，首戴星，夜则北向。"鳢鱼为鱼中佳品，把鲜鱼放在阳光下暴晒，干后可保存，经久不坏，可食。这一例证，证明了渤海人已掌握了加工干鱼的技术。唐代《岭表录异》记："或入盐浑腌，为干，槌如脯，亦美。吴中人好食之。""石矩亦章举之类。身小而足长，入盐干烧，食极美。又有小者，两足如常，曝干后，似射踏子。"《考异》云："章举有八脚，身上有肉，如白，亦曰章鱼。"

将鱼肉制作成"干脍"，也是水产品加工储存的一种方法。《说文》："脍，细切肉也。"。孔夫子有"脍不厌细"之说。晋人张协在《七命》中形容脍："秋蝉之翼，不足拟其薄。"足见脍之薄、细也。食脍之风从秦始，汉魏以后更加盛行。将鲜鱼制成"脍"再晒干保存的习俗，则从隋唐始，到宋代达到兴盛，且鱼类加工方法越来越精致，加工品种越来越多。据唐代《大业杂记》载："隋代吴郡贡奉有鮑鱼干脍十四瓶。"宋《太平广记》载："吴郡（今苏州地区）献松江鲈鱼干脍六瓶，瓶容一斗。"隋炀帝吴地巡游，吴人献松江鲈鱼，隋炀帝称之为"金齑玉鲙，东南佳味也。"《太平广记》又载：盛夏五六月时出海捕得的鱼"即于海船之上作脍，去其皮骨，取其精肉，缕切。随成随晒三四日，须极干，以新白瓷瓶未经水者盛之。密封泥，勿令风入。"鱼肉切成薄片后，仅需三四日即可晒干。然后用未沾水的新白瓷瓶盛之，以泥密封之，可以保存很长时间。宋代后，鱼脍加工储藏习俗波及民间，达到兴盛。过去只有皇帝可以享用的贡品，此时百姓也可食之。太湖流域水产资源丰富，银鱼、白虾、梅鲚鱼并称为"太湖三宝"。太湖梅鲚鱼在明朝就作为"贡品"献给朝廷，在《万历野获编》中就有这样的记载："从明朝洪武年起，太祖命每年岁贡梅鲚万斤。"故又称"贡鱼"。同治《苏州府志》记载"鲚鱼，出太湖，一名刀鱼，俗呼为刀鲚，又名湖鲚，别于江产也，出常熟海道者尤大，四五月取其子曝干名螳螂子；小者曰黄尾鲚，鱐之可致远。"鲚鱼也是加工成鱼干加以保存。将梅鲚加入调料入锅煮至七成熟，滤干水分火上炙烤，加工成梅鲚干，是太湖有名的小吃。银鱼也是太湖特产，长七至十厘米，色泽如银，因而得名。银鱼味道鲜美，营养价值高，但离水即死。因此太湖历来有加工银鱼的习俗，加工种类宜选个体较小的太湖寡齿短吻银鱼和太湖短吻银鱼，便于晒干。李时珍说"彼人尤重小者，曝干以货四方，清明前有子，食之甚美"。明朝莫旦《吴江志》载："（银鱼干）可致远，鱼中珍品也。过客必争购之"，颇受欢迎。清康熙年间，银鱼曾被作为上贡朝廷的贡品。旧时太湖渔民对鲜鱼的保存，主要采取晒干或盐渍方法。渔民一般将当天捕获的鱼虾按种类、大小分拣后，放于用网片架起的"晒床"上暴晒。晒床是长五六米、宽一米半的网布，用竹竿撑开后再绷紧而成。渔民将晒床俗称为"撬"。当鲜鱼多时，可分数层网架晒鱼，即使遇上阴天，在湖面上风吹几小时，也基本可以达到脱去水份保鲜的效果。同时，渔民以船为家，在湖上边行船，边在船上加工腌制打捞上来的鱼虾，保证了鱼肉的新鲜度。而且创制了风味独特的太湖传统风味特产太湖风鱼干。

张煦侯在《淮阴风土记》云："三岔河产鱼之季，大鱼腌于家，小鱼曝之堤上……。磊磊盈门，照眼炯然。"三岔河产鱼之季有加工干鱼、咸鱼的习俗。渔汛时期，小点的鱼就晒于河堤上，大鱼则要在家经腌制加工后再晾晒收藏。由于晾晒的鱼太多，以至鱼都堵在了家门口，鱼眼瞪着特别亮。淮阴古称楚州，其加工的咸鱼古称"楚鱼"。

满族是个渔猎民族，鱼类也是他们的主要食品。在渔业生产中，他们将多余的鱼类通过晾晒方法进行保存。满族将晾晒干鱼，称为"奥尔克奇"，俗称"鱼匹子"。他们先把鲜鱼剖膛，然后放在阳光下暴晒，晒干后储存备用。满族过的是北方游牧生活，冬季没有鱼鲜，常常用干鱼佐饭，现在松花江及其支流的人们还非常流行这道菜肴。收拾洗净后，用盐渍好，在太阳下晾成鱼干。赫哲族也是在每年的春秋两季，在住房附近、网滩之上竖起很多的晾鱼架，上面挂满了鱼干、鱼条。晒好的鱼干、鱼条储存在鱼楼子里，随吃随取。赫哲族将晒好的鱼干称为"才尔嘎查"，鱼条叫"乌奇格特"。为防止鱼干、鱼条在储存的过程中生蛆、霉变，事先需要用火熏烤，经过熏烤之后才能存放起来。

二、当代水产品干制加工

下面以干海参和多味贻贝干的加工为例，说明当代水产品的干制加工方法。

（一）干海参加工

市场上常见海参是海产鲜海参的干制品。产于黄渤海的刺参，是名贵的滋补品，每100克干海参含蛋白质76.5克、脂肪1.1克、糖类13.2克、矿物质4.2克，是唯一不含胆固醇的动物性食品。味道鲜美，经济价值极高，是我国海产八珍之一。

新鲜海参种类很多，大小不一，一般分为有刺与无刺两种。有刺的多为黑参，无刺的多为白色或灰白色。因此有刺参、光参、白参、黑参等区别。带刺的通称刺参，无刺的统称光参。其商品名称有数十种，一般有乌条参、黑光参、白光参、梅花参、明秃参、乌元参、明玉参、大广条、中广条等。

海参的加工季节：一般自每年的11月起到翌年的3—5月止。制作方法如下。

1. 原料处理

将捕到的新鲜海参放在海水或稀薄的淡盐水中，就鲜开刀破肚。刀由参体尾部肛门处插入，沿背部开一条约占参体2/5长的口子，刨出内脏，用稀盐水洗去残留的泥沙。初加工过的参倒入木槽或瓷缸内，用木棍搅拌，使参体排出水分并逐渐收缩，直到参嘴缩入体内为止。如搅拌时间短，则参嘴伸出，干后出现白头，影响美观和干参的质量。

2. 水煮

一般需连煮两次。煮第一次时，先在锅内注入七分满的2波美度的淡盐水，并将水加热至85℃左右，再将搅拌好的参倒入锅内。其量以水浸过参为宜，使参在锅内能灵活翻动。这时用猛火加温。并不断地用木棍在锅中搅动，直搅到参体恢复原来鲜活的体形，然后再添入一部分参，这样边搅动边加参，直到锅满为止，水量浸过参体即可盖上锅盖继续煮。煮至用竹筷很容易插入肉内部为适度。在煮熟过程中，如发现腹部胀大的原料，用针刺入腹腔，排出水分后继续加热。有泡沫浮出，随时除去。

煮至参体稍硬时捞出置于缸内，趁热加盐（用盐量约为鲜参的7倍）搅拌。搅一阵散散热再搅，如此反复搅动，直到缸内参体不烫手为止，放置24小时后，再将煮过一次的参及原汤一起倒入另一缸内加盐封顶腌渍。这种参存放几天再煮第二次，俗称"烩参"。但如气温较高，则只需腌渍10天左右，见参汤变红，便可马上进行"烩参"。这道工序是将参捞出后，按参体大小分拣好，用原汤倒入锅内至七分满，猛火烧开除去泡沫不断搅动，煮至参体发硬，便可捞出沥水。

3. 拌灰晾晒

将烤好的参趁热加灰，为使海参着色黑且干得快，最好用柞木炭和松木炭碾成的灰。用草木灰亦可，但拌出的参体色较浅且干的较慢。注意加灰都要铺撒均匀，上面再盖一层麻袋，用手轻压，挤出参体内残存的水分，然后摊开晾晒4~5天，装入麻袋捂1~2天，再晾晒数日，待完全干燥后，清除参体表面附着的灰分，这样就制成了干海参。

4. 晒干

将拌匀灰的参晾晒，每2~3天收回库中回潮，反复进行3~4次，直至充分干燥，即为成品。加工出成率，每100千克鲜参加工干参6千克左右。

5. 成品质量

海参制品含水量在15%以下，形状整齐，腹腔完好，肉质肥厚，色泽光洁，盐味极淡，大小均匀。刺参肉刺应该完整直立。

（二）多味贻贝干

贻贝营养丰富，肉味鲜美，素有"海中鸡蛋"之誉。利用新鲜贻贝肉，经合理配方，制成香甜、香辣、五香、咖哩等多种贻贝干，味道可口，食用方便。

主要加工工艺为：原料、清洗→蒸煮、取肉→漂洗、沥干、分级→干燥→调味→烘干→包装、成品。

1. 原料、清洗

选择鲜活、无异味的贻贝为原料，用清水洗去壳外泥砂等杂质。

2. 蒸煮、取肉

将洗净的贻贝立即放入蒸盘中，用100℃的蒸汽蒸煮15分钟左右。取出，去壳，去足丝，用小刀趁热刮取贝肉（包括闭壳肌）。要求保持肉形完整。

3. 漂洗、沥干、分级

将贝肉用原汁或同浓度盐水漂洗后沥干，然后按大小分级；同时，剔除残留的壳屑、足丝等杂质。

4. 干燥

分级后的贝肉采用天然或人工干燥。人工干燥温度为60℃左右，时间为2~3小时，要求干燥至含水量为35%左右。

5. 调味

将白糖、精盐、味精和多种香辛料配制成各种风味的调味液，如香甜味、香辣味、五香味和咖哩味等。

将干燥后的贻贝肉浸入调味液中，浸渍1小时左右，并加搅拌，促进调味液的渗透作用，但要防止弄碎贻贝肉。

6. 烘干

将沥去调味液的贻贝肉摆在晒网烘架上，在80~100℃温度下烘干3~4小时，至贻贝肉的水分含量在22%~24%即可。

7. 包装、成品

烘干后的贻贝肉，须自然冷却至室温，然后用食用塑料薄膜袋定量包装，严密封口，再装箱即为成品。包装时，要注意食品卫生，成品置于阴凉干燥处保藏。

第三节 《齐民要术》与水产品腌制加工

一、古代水产品腌制加工

传统的水产品加工方法简单原始，称之为"头刀切尾，二刀切肚，三刀切头"，"一把刀，一把盐，还靠太阳来帮忙"。保质加工是防止其变质腐败的重要手段，晾晒风干是传统水产品加工的重要环节。人们在掌握了腌制方法和腌制技术后，首先应用于易腐败的鱼类加工保存。腌制加工是一种使用食盐降低水产品的水分活性，以防止细菌性腐败的保藏加工方法。《齐民要术》中载："取新鲤鱼……漉着盘中，以白盐散之……"。在热带、亚热带地区或高温季节，往往采用先盐渍后干燥的盐干加工方法，以增加制品的保藏性。

腌晒法，又分干腌法、湿腌法两种。干腌法，是在鱼体表面直接撒上适量的固体食盐进行腌制的方法。湿腌法，是将鱼体浸入食盐水中进行腌制的方法。咸干品是先腌后晒干，一般用于不易晒干和熟干的鱼类，也有遇阴雨天气不能晒干或熟干的头足类及其他鱼虾藻类。

(一) 鱼鲞

鱼鲞是我国东南沿海一带的人民最喜欢食用的鱼产品，尤擅以鲞入馔。在渔汛期间，渔民渔获量大，无法及时食用、销售，遂将鱼洗净剖肚，或直接晒干或腌制后晒干，俗称鱼鲞。

鱼鲞的加工制作历史悠久，相传与春秋时期吴王阖闾入海逐夷人有关，唐人陆广微《吴地记》载："阖闾入海会风浪，粮绝不得渡，王拜祷，见金色鱼逼而来，吴军取食。及归，会群臣思海中所食鱼，所司云：'暴（曝）干矣！'索食之甚美，因书美下鱼'鲞'字。"这就是"鲞"字的来历。因不知金色鱼其名，只见其脑中有骨如白石，故命作"石首鱼"，即现在的"黄鱼"。宋代《困学记闻》引《吴地记》称，吴王"阖闾思海鱼而难于生致，治生鱼盐渍而日干之，故名为'鲞'"。以黄鱼制作而成的黄鱼鲞最负盛名。宋代罗愿《尔雅翼》就说："诸鱼薧干皆为鲞，其美不及石首，故独专称。以白者为佳，故曰'白鲞'"。（宋）吴自牧《梦粱录》记载，南宋之时，首都临安（即今杭州）的鲞铺不下两百家。其所售之鲞名目繁多，有数十种。除这些鱼鲞的专卖店外，还有沿街叫卖的小贩。由此可知，鱼鲞在当时的杭州已是家家户户普遍的食品。黄鱼汛每年五月间出现于浙东温州、台州和宁波一带，因鱼汛先后来三次，故称三水。赶上黄鱼汛时，吃不了的鲜黄鱼，要先清洗、劈鲞、去脏、盐渍、翻晒，加工成黄鱼鲞。旧时，一到汛期家家户户都有自制鱼鲞的习俗。以浙江台州温岭县松门地区出产的"台鲞"，最负盛名。（清）袁枚在《随园食单》中写道："台鲞好丑不一。出台州松门者为佳。肉软而鲜肥，生时拆之，便可当作小菜，不必煮食也。同鲜肉同煨，须肉烂时放鲞，否则鲞消化不见矣。冻之即为鲞冻，绍兴人法也"。黄鱼鲞营价值颇高。宋初《开宝本草》说其有消食和治下痢之功效，明《本草纲目》上也说："性不热，且无脂不腻，故无热中之患，而消食，理肠胃也。"浙江民间多将清炖黄鱼鲞用于产妇补虚。除了黄鱼鲞，还有用其他鱼类制作的鲞，如鲤鲞、鲻鲞、鳗鲞、墨鱼鲞等等。封鳗鲞，要挑好的天气，天气晴朗，风清云淡正是加工鱼鲞的好时候。最好买四五斤重的东海鳗，把它从背上剖开，去内脏、鱼鳃，用干净的新抹布擦干净鱼身，然后抹上适量的盐。腌渍上一夜，第二天早上把它挂在后窗。这样在西北风猛的日子，三四天后就可以摘下来吃，这时吃最合大多数人的口味。墨鱼捕上来后，两三天就会变质腐败，需要马上取净肚肠内脏，摊晒在礁岩上。每年的 5 月和 11 月是舟山墨鱼捕捞的旺季，渔民们用刀将捕获的墨鱼腹部正中切开、洗净、挑破眼珠，将洗干净的墨鱼放在太阳下曝晒，晒干就制成干成品。如天气多雨，无法开晒，浙江温州、台州渔人们就把墨鱼用盐腌起来，其成品俗称"墨枣"。晒干后也称为"螟脯鲞"。为了不耽误捕捞，旧时渔民们雇佣或指派未成年的男孩担任加工乌贼的角色，称为"肚肠团"。墨鱼干以"明府鲞"最有名，舟山在古代隶属明州府。明府鲞呈淡红色半透明，肉质厚，具清香气味。旧时在浙江舟山海岛，每逢过年过节，渔民必以"白鲞"（即黄鱼鲞）供奉天地神明，表示对神灵的酬谢。舟山有晒鲞习俗，由晒鲞习俗而产生的地名有鲞篷山、鲞肚礁等。

（二）腌鱼

将鱼腌咸，可较好地耐久储存。《闽东县志》：宋、元时期境内即有盐腌螃蟹、海蛎、梅螺等简易加工。工场加工始见于清末及民国时期，清光绪年间（1875—1908 年），区内宁德、霞浦等沿海县的水产品加工工场即有加工鱼翅、鱼唇、鱼肚、淡菜、海蛎、海参及各种鱼鲞。民国 31 年（1942 年），顾中孚创办的黄鱼鲞制造厂宁德分厂，在宁德三都斗帽加工黄鱼、鲂鱼、鲨鱼、墨鱼鲞及鱼翅、鱼脑、虾肉，产品多销往国内外市场。大宗海产鱼类的加工多用腌晒法。腌晒法可以更长久地保存水产品。用盐腌制若干天后，再晒干者称腌晒。

沿海沿湖沿江渔民、居民皆有腌制水产品的习俗。民国李英《太湖县志》："普遍有腌制食品习惯，荤菜有腊肉、咸鱼、咸鸡、咸鸭、咸鸡鸭蛋等。"旧时舟山岛民爱食腌冬瓜、臭苋菜梗等食物。待客时，除备鲜鱼虾外，必备咸鱼、糟鱼、泥螺、蟹酱等"下饭"。"咸菜黄鱼"是舟山名菜，流传有"三日不吃咸菜汤，脚娘肚（小腿）就酸汪汪（无力）"之说。东南沿海地区有"咸鱼送饭，鼎锅刮烂"之谚。渔民因为都是从事重体力活，体能消耗大，所以喜食咸类食品好下饭。此外将食品腌咸也便于长久保存。至今咸鱼、糟鱼、黄泥螺、醉蟹、蟹酱都是江浙著名的土特产。

北方地区喜欢在冬至前后腌制酸菜，供春节和开春后食用。南方地区有在冬至后腌鱼腌肉习俗。清代叶调元《汉口竹枝词》云：仲冬天气肃风霜，腊肉腌鱼尽出缸。生怕咸潮收不尽，天天高挂晒台旁。

清代厉秀芳《真州竹枝词引》中有这样一则记载："小雪后，人家腌菜，曰'寒菜'……蓄以御冬""腌肉鸡鱼鸭，曰，年肴，煮以迎岁……"。扬州人家入冬后，几乎家家都要腌制各种蔬菜和鱼肉，最常见的是腌大菜、腌萝卜、腌咸肉、腌咸鱼。

《湖南宁远岁时记》中说："是日（冬至日）多割鸡宰猪，将肉阴干，谓之'冬至肉'，味甚香美。"从冬至节开始，我国进入一年中最冷的时期，此时腌制鸡鸭鱼肉，不仅不易变质，而且可产生腌腊风味。所腌鱼肉，可供春节及开春数月之用。

二、当代水产品腌制加工

下面以盐渍海带加工方法为例说明。

盐渍海带的加工：

采用脆嫩期海带进行盐渍加工，不仅保持了海带原有的营养成分和翠绿色泽，而且提高了鲜美程度和适口性，免去了消费者蒸煮的麻烦。

加工工艺为：原料与清洗→漂烫→冷却→控水→拌盐→腌渍、卤水洗涤→脱水→半成品冷藏→理菜、成形→包装、成品冷藏。

（一）原料与清洗

选择生长发育良好的脆嫩期海带为原料，要求藻体无孢子囊群，菜叶厚实，平直部分为褐色，其余部分为褐色或棕绿色，具有自然光泽，气味清新，无泥腥味。

一般在3—5月，以间隔方式将海带从根部割下，在海水中冲洗，除去泥砂，剔除烂叶、枯黄叶及其他附着杂质。为保证原料质量，收割时应避免阳光及高温，当天收割要当天加工。漂烫前用清洁的海水将海带进一步冲洗干净。

（二）漂烫

漂烫是盐渍海带加工的关键，要掌握好时间和水温。时间过长则菜软化，易早褪色和变质；时间过短，色不均匀；水温太低，菜叶由褐色变绿较困难，所以要严格控制时间和水温。

漂洗时先将清洁海水煮沸，再将海带均匀散放入锅，水体要充分，避免水温忽高忽低。漂烫温度一般控制在 90℃ 以上，时间根据海带的厚薄程度一般控制在 30~60 秒，以烫至藻体呈翠绿色为好。烫好后用金属抄网一次捞出。漂烫中产生的泡沫要及时捞出，漂烫水要及时添补和更换，一般早、中、晚各换一次。

（三）冷却

漂烫后的海带要迅速用常流清洁海水（水温在 12℃ 以下）冷却，冷却至接近冷却海水温度为止，并进一步冲洗干净。

（四）控水

冷却后的海带装入有眼的塑料箱，再摞压起来进行挤压脱水，一般每摞 7~8 层为宜，控水时间一般为 2 小时左右。

（五）拌盐

控水后的海带要及时拌盐，拌盐必须使用细粒盐，用量掌握在控水后海带重的 30%~40%，在不漏水的器具中用机械翻拌 15~20 分钟，或用手拌匀。

（六）腌渍、卤水洗涤

将拌盐后的海带整齐地排列在水泥池或水缸中，海带的顶部要加以重物加压，使藻体全部浸泡在卤水中。腌渍过程要绝对避免光线的直接照射，可在海带上加草席或布帘等遮盖物。腌渍 36~48 小时后，用卤水洗去多余盐及其他杂质。

（七）脱水

将洗净的海带装入塑料编织袋中，扎紧袋口，下面垫起，堆压起来，上面压重物，脱水 48 小时左右，直至用手抓海带不滴卤水为止，此海带即为半成品，其水分含量约为 60%。

（八）半成品冷藏

将半成品放置−10℃ 的冷藏库中保管。

（九）理菜、成形

将脱水海带的余盐、根茎、黄白边梢及杂质等清除干净，剔除变色的海带，然后根据客户的要求，切割成条，再打结或切成段、块、丝等。

（十）包装、成品冷藏

根据客户要求称重，先装入塑料袋，再用纸箱包装，及时送入−10℃ 的冷库中保藏，在此条件下盐渍海带的保藏期可达一年。

第四节　《齐民要术》与水产品酱制加工

一、古代水产品酱制加工

水产发酵制品鱼酱、虾酱是在高温地区长期盐渍保藏中，由细菌发酵分解、自然形成的一种腌制发酵食品。

中国制酱工艺历史悠久，早在西周时期就发明了酱这种食品。东汉汝南郡南顿县（今项城）人应劭的《风俗通》曰："酱成于盐。而碱于盐。夫物之变，有时而重。"可知，酱是由盐发酵而成的。酱在古代被称为"醢"，并有"醢人"专门掌管酱的加工制作。《周礼·天官》有"知醢人掌四豆之实"。在古代，酱是宫廷日常佐餐食品，孔夫子在《论语·乡党》中曰"不得其酱不食。"古人将酱看作是调味的统帅，"酱之为言将也，食之有酱，如军之须将，取其率领进导之也。"据《周礼·天官》记：周天子祭祀或宴宾时用酱"百二十瓮"。除了豆酱，还有用鱼肉、兽肉、禽肉、昆虫为原料酿造而成的酱。《周礼》："鱼醢"，鱼醢即鱼酱。东汉《四民月令》记载正月"可以作鱼酱"。相传汉武帝逐夷到达海滨，正当人饥马乏之时，忽闻到一种特殊的香气，到处搜寻之后，发现是渔夫埋藏在沙坑中的一种鱼肠酱发出的。这种鱼肠酱是用黄鱼、鲻鱼、鲨鱼的鱼肚（鳔）加盐发酵而成的，酱香浓郁。因汉武帝"逐夷而得"，故命名为"逐夷"或"鲼鲦"。《齐民要术》卷八"作酱等法"篇中，专门记述了"作鲼鲦法"，并解释说"盖鱼肠酱也"。

据（西晋）《魏武四时食制》："郫县子鱼黄鳞赤尾，出稻田，可以为酱。"可知三国时期，已用稻田里的红鲤鱼制作鱼酱。西晋时，"晋武帝与山涛书，兼致鱼酱一斗"。《齐民要术·炙法》梁刘孝仪《谢晋安王赉虾酱启曰》："龙酱传甘"，将虾酱谓之龙酱，感谢晋安王送给自己虾酱。北魏贾思勰在《齐民要术》中记载，用鲤鱼、鲭鱼制作鱼酱最好，鳢鱼（即鲖鱼）、鲚鱼（即刀鱼）、鲀鱼（即河豚）也可。并记载了加工鱼酱程序："去鳞，净洗，拭令干，如脍法披破缕切之，去骨。大率成鱼一斗，用黄衣三升，（一升全用，二升作末）白盐二升，（黄盐则苦）干姜一升，（末之）橘皮一合，（缕切之）和令调均，内瓮子中，泥密封，日曝。"并记载了造酱法的时间选择次序，"凡作鱼酱、肉酱，皆以十二月作之，则经夏无虫。（余月亦得作，但喜生虫，不得度夏耳。）干鲚鱼酱法：一名刀鱼。六月、七月，取干鲚鱼，盆中水浸，置屋里，一日三度易水。三日好净，漉，洗去鳞，全作勿切。率鱼一斗，曲末四升，黄蒸末一升——无蒸，用麦䴷末亦得——白盐二升半，于盘中和令均调，布置瓮子，泥封，勿令漏气"，豆酱、麦酱在前，肉酱、鱼酱在后。此外，虾蟹类也可制酱。据《齐民要术》载：制作"酿炙白鱼"时，要待其半熟，"复以少苦酒杂鱼酱、豉汁、更刷鱼上，便成。"制作"酿炙白鱼"菜肴时，要以酒、鱼酱、豉汁蘸在烤好的白鱼上即可。可见佐餐时不可食无酱。北魏时，酱的制作已添加了一种带麸皮的酱曲"黄蒸"，取代了粱米饭（或谷粉），更加有利于肉酱的发酵。《齐民要术》中的"干鲹鱼酱"就使用了黄蒸末。"黄蒸"是一种带麸皮的酱曲。"黄衣"则是制造豆豉的一种副产品，主要成分为各种曲霉。

唐代时，水产品制酱种类更多，除用传统的水产品腌酱以外，在福建、广东沿海一带还有用鲨鱼、螺肉、海胆等水产品制酱的习俗。时人段成式《酉阳杂俎》："至今闽岭重鲨酱"。刘恂《岭表录异》载：鲨鱼"腹中有子如绿豆，南人取之，碎其肉脚，和以为酱，食之。"在闽岭，当地土著人还有用海胆、红螺肉作酱的习俗。福州文献记："壳圆如盂，外结密刺，内有膏黄色，土人以为酱""红螺肉可酱""有海胆，生岛屿石上。肉色黄鲜，以作酱，味佳。"虾酱也是人们钟爱的食品。清代《南越笔记》记载："银虾稍大者出新安铜鼓角海，名铜鼓虾。以盐藏之，味亦美。其虾酱则以香山所造者为美，曰香山虾。其出新宁大襟海上下二川者，亦香而细，头尾与须皆红，白身，黑眼。初腌时，每百斤用盐三斤，封定缸口。俟虾身溃烂，乃加盐至四十斤，于是味大佳，可以久食。"渤海湾盛产鱼虾，虾酱也是天津人喜爱的调味佳品。先将生虾放入大缸中，加入食盐，用木棒搅拌均匀，在最上层洒匀食盐，封好，发酵腌至一个月左右，即可烹调食用。有的渔民在虾酱腌成时，将竹圈或竹篓放入虾酱缸或池中，从中撇出虾油。虾油是上好的调味烹调品。蟹酱远不如虾酱制作普遍，产量也不大。选择个体小、不适宜煮食的新鲜海蟹为上等的蟹酱制作原料，清洗后，除去蟹壳和胃囊，沥去水分，放至缸或桶中，用木棍将蟹体捣碎。加入食盐，搅拌均匀，再倒入发酵容器。10~20天，腥味逐渐减少，则发酵成熟。玉米饼子就咸鱼、虾酱是青岛沿海渔民中最常见的吃法。虾酱有虾子酱、虾头酱（用对虾头磨成）等。但更多的是鱼酱，有鳊鱼酱、蟹酱、鲐巴拐子酱……这些鱼虾酱和着饼子吃，极其下饭，正是"臭鱼烂虾、下饭的冤家。"在沿海地区，以水产品制作鱼酱较为普遍，制作技术也较为成熟。

鱼露和鱼酱、虾酱、蟹酱一样，也是加盐后发酵的调味品，俗语说"加把盐，晒一年"就是鱼露传统的生产加工方式。鱼露，又称鲶汁，是京族人每餐必食的的一种调味品。渔民捕鱼时，难免会把一些小鱼打捞上来，小鱼弃之可惜，聪明的京族人就发明了一种吃法，把这些小鱼制作成鲶汁长期食用，鱼露的制作原料都是一些小鱼。京族人在每年的农历三月至六月之间，开始腌制鲶汁。其制作方法十分简单：先洗刷好一个大缸，缸底垫上稻草和沙包当过滤层，然后在下面酱一个洞，安装一个小漏管和塞子。把洗干净的小鱼和海盐一层一层码放入缸内，缸装满后，上压重石开始腌制，腌制时间可长可短，短的几周，长的可以等上一年。鲶汁主要作为当地人炒菜时候的调料品用，相当于味精。俗语说："千汁万汁，不如京家鲶汁"。

二、当代水产品酱制加工

下面以对虾头的综合利用和浓缩蛤油的加工为例说明。

（一）对虾头的综合利用

对虾的头部约占虾重的 33%~38%，包含着对虾的大部分内脏。虾头含蛋白质 13%~15%、脂肪 5%左右，可食部分多，并具有甲壳动物所特有的呈味素，可制成风味独特的虾黄酱、虾露、虾黄粉和虾脑油等高级调味品。

1. 虾黄酱

虾黄酱的加工工艺为：原料→预处理→磨碎→加水→煮沸→过滤→浓缩→调配、保鲜处理→包装储藏。

（1）原料。采用新鲜、洁净、无异味、无杂质的对虾头为原料，严禁变红、变黑或稍有异味的对虾头混入。

（2）预处理、磨碎。用清水洗净对虾头，除去额剑和胸甲，用粉碎机磨成糊状。

（3）加水、煮沸、过滤、浓缩。在糊状虾头中加入少量水置于锅中煮沸，趁热通过 0.9 毫米筛孔，过滤出甲壳等残渣，再蒸发浓缩至水分含量 45%，得棕红色黏稠膏状物。

（4）调配、保鲜处理。加膏状物重 7.7%的精盐和少量山梨酸或山梨酸钾、BHT 及其他调味料，即得虾黄酱。

（5）包装储藏。将虾黄酱按要求包装后，在 0~5℃的库温下储藏。

2. 虾露

将虾黄酱加 1 倍水稀释，细滤调味，即可制得橙红色透明虾露。

3. 虾黄粉

将虾黄酱再浓缩，去水分，然后在 100℃以下烘干，粉碎即得虾黄粉。色深红，味鲜，为方便面的最佳调味料。

4. 虾脑油

用虾头类脂物加强的植物油称虾脑油，其色泽红亮，是一种良好的调味油，具有较高的食用价值。

虾脑油的制作方法有两种：一是油萃取；二是水煮法。

（1）油萃取。先将新鲜对虾头用清水洗净，斩碎，称量，再加入等量的精

173

制植物油，加热煮沸 5 分钟，通过离心机分离出虾脑油。残渣可重复萃取。

（2）水煮法。先将新鲜对虾头用清水洗净，除去额剑和胸甲后，再用水煮，微沸，维持一段时间。此时，虾黄素随油脂一起上浮，收集油脂，集中处理后，溶入定量的精制植物油中，即成虾脑油。

（二）浓缩蛤油

浓缩蛤油是将蒸煮加工杂色蛤时的煮汁收集起来浓缩而成。

加工工艺为：原料→清洗→吐砂→二次清洗→蒸煮→取汁→过滤→储存→浓缩→均质→杀菌→包装→冷藏。

1. 原料清洗与选级

选择当潮捕捞的鲜活杂色蛤为原料，用海水将贝壳上的泥砂冲洗干净，剔除碎贝、死贝、泥贝等，然后进行筛选分级。一般根据要求分为大、中、小三级。

2. 吐砂

将选级后的鲜活杂色蛤分别放入塑料鱼箱内，然后置于吐砂池内吐砂。吐砂池以流水式最佳。在春天和秋天，吐砂的时间以 4~6 小时为宜；在初冬和早春，吐砂时间以 6~12 小时为宜。

3. 二次清洗

用清水将吐砂后的杂色蛤壳上的泥砂和污物全部清洗干净。

4. 蒸煮

洗净后的杂色蛤须迅速装入蒸煮锅，采用蒸汽进行蒸煮。蒸煮时，要严格掌握蒸煮的火候，根据经验一般八成熟为好，一般蒸煮时间为 5~8 分钟。

5. 取汁、过滤、储存

通蒸汽加热后，开始含于壳中流出的海水不收集，待流出的煮汁呈乳白色时收集。煮汁用 0.15 毫米滤网过滤后，立即输入蒸汽夹套式保温罐中储存，温度保持在 60~65℃，在此温度下细菌难以繁殖。但是，煮汁热存不能超过 3 天，否则，质量下降。

6. 浓缩

将热存的煮汁抽入真空浓缩罐中进行浓缩。通过视镜调整真空度和加热速度，防止热泛。一般情况下，浓缩过程中的真空度为 80 千帕（600 毫米汞柱）左右，温度为 60℃ 左右。操作者可根据罐内液体的外观判断其浓度，再利用糖度计测量，达到产品要求的浓度时，停止浓缩。一般要求浓缩至含水量 50% 以下，具体可根据客户要求而定。

7. 均质、杀菌、包装

为使产品的质量保持一致，将几批产品投入均质杀菌罐，开动搅拌机，并加热至 85~90℃，杀菌 30 分钟，通过筛孔宽度为 0.2 毫米的筛网后，按要求进行包装。

8. 冷藏

为了保证浓缩蛤油的新鲜，把包装好的产品放入恒温库（一般为−5～5℃）中保存。

第五节 《齐民要术》与水产品腊制加工

水产品腊制技术从周代起就有记载。《广雅·释器》：腊，脯也。《穆天子传》："鱼腊"，注："干鱼"也。西周时期将干制的鱼，称为鱼腊。《周礼·天官·外饔》："陈其鼎俎，实之牲体鱼腊。"西周用鼎这种食器盛装鱼腊用于祭祀和飨食。《周礼》："腊人掌干肉，凡田兽之脯腊膴胖之事。共其脯腊，凡干肉之事。""腊人下士四人，府二人，史二人，徒二十人。"腊作有"腊人"专司其职，腊制的主要是田里的兽类和水里的鱼类。"外饔掌外祭祀之割亨，共其脯修，刑膴，陈其鼎俎实之牲体鱼腊。凡宾客之飨饔飧食之事。"鱼腊主要用于祭祀和飨食。

北魏时期，腊制加工技术日臻完善，加工方法更加考究。贾思勰在《齐民要术》中详细介绍了"五味腊法"的加工制作方法：用鹅、雁、鸡、鸭、鸧、鸨、凫、雉、兔、鹌鹑、生鱼，皆得作。乃净治，去腥窍及翠上"脂瓶"。（留"脂瓶"则臊也）全浸，勿四破。浸豉，调和，一同五味脯法。浸四五日，尝味彻，便出，置箔上阴干。火炙，熟捶。亦名"瘃腊"，亦名"瘃鱼"，亦名"鱼腊"。在制作中，先要将鱼清洗剔除干净，再调豉腌浸四五天，然后放置在箔上阴干，再放置在火上烤，即成"鱼腊"。此腊法不同于以往的是：要用豉汁腌渍四五天入味，再烤干。《齐民要术》还记述了鳢鱼脯法：（一名鮦鱼也。）十一月初，至十二月末作之。不鳞不破，直以杖刺口中，令到尾。（杖尖头作樗蒲之形）作咸汤，令极咸，多下姜、椒末，灌鱼口，以满为度。竹杖穿眼，十个一贯，口向上，于屋北檐下悬之，经冬令瘃。至二月三月，鱼成。生割取五脏，酸醋浸食之，俊美乃胜"逐夷"。制作出的鳢鱼腊脯味道鲜美堪比"逐夷"。《齐民要术》还特别强调，制作鱼腊一定要在腊月初作。

唐代郑善玉在《雍和》诗中赞："鱼腊荐美，牲牷表洁。"制作好的鱼腊外表光洁、透亮，诱人食欲。鱼腊在唐代就被作为两湖的土特产上贡朝廷，特供皇家作为祭祀用品和食用。唐《通典》记载诸郡贡献土贡："唐开宝五年（公元972年），诏罢荆襄道贡鱼腊。吴郡（今苏州）贡鱼腊五十头。"到明代，市场上不仅有腊制鱼品，还有腊制螃蟹出售。粤西地区制作的蟹腊上市时"令名品削色，皆遭劫"，广受市场欢迎，成为当地名产。

生熏白鱼，是选用洪泽湖产的白鱼，以绿茶末、红糖、锅巴屑为发烟料熏制而成，成品棕红发亮，熏香无汁，肉白细微，风味别致。据张煦侯《淮阴风土记》云："三岔河产鱼之季，大鱼腌于家，小鱼曝之堤上，干而为腊。磊磊盈门，照眼炯然。按吾邑水族之味，旧时推白鱼，亦称淮白乃唐宋贡品。"过去没有冷冻设备，鱼盛产之季节，只得腌腊后外销。

熏制加工好的鱼称熏鱼或腊鱼，在江南一带则被称为"爆鱼"，是人们非常喜爱的特色鱼制品。腊鱼是湖南的特产。梁实秋先生曾撰文说"腊鱼之美，乃在腊肉之上。"不过，湖南腊鱼的熏制材料与淮阴略有不同。它是将鱼腌制加工处理后，再用稻草、米糠熏制，然后风干而成的鱼，也被称为"烟熏鱼"，食用时有一股淡淡的熏米糠香味。每逢过年过节，家家户户都要把用鲤鱼、草鱼或鲩鱼加工腌制而成的腊鱼、腊肉拿出来做菜待客。

第六节　《齐民要术》与水产品糟制加工

糟鱼的食用加工历史很长，糟鱼在古代被称为"鲊（一种用盐和红曲腌的鱼）"。东汉《释名·释饮食》载："鲊，滓也，以盐米酿鱼以为菹（酸菜），熟而食之也。"鱼鲊是一种腌糟制食品，其加工制作方法最早见于北魏贾思勰的《齐民要术》，文中比较详细地记述了鱼鲊制作方法："凡作鲊，春秋为时，冬夏不佳。……炊粳米饭为糁，（饭欲刚，不宜弱；弱则烂鲊）并茱萸、橘皮、好酒，于盆中合和之。（搅令糁著鱼乃佳。茱萸全用，橘皮细切：并取香气；不求多也。无橘皮，草橘子亦得用。酒，辟诸邪恶，令鲊美而速熟。率一斗鲊，用酒半升，恶酒不用）布鱼于瓮子中，一行鱼，一行糁，以满为限。腹腴居上。（肥则不能久，熟须先食故也）鱼上多与糁。以竹箬交横帖上。（八重乃止。无箬，菰、芦叶并可用。春冬无叶时，可破苇代之）削竹插瓮子口内，交横络之。（无竹者，用荆也）著屋中。（著日中、火边者，患臭而不美。寒月穰厚茹，勿令冻也）赤浆出，倾却。白浆出，味酸，便熟。食时手擘，刀切则腥。"制作鱼鲊，一般是先把鱼肉切成薄片，在器内撒入盐、酒、香料，一层鱼片，撒一层作料，鱼片层层叠满后便封器口，放置若干天，即成。做鲊时还可放入米糟。制作鲊时，加入酒，可起到加速熟化和增加口感香气的作用。制作一斗鲊，要用好酒半升，恶酒不用。制作鱼鲊的技术较为成熟，据《齐民要术》记载有玉版鲊（即鳇鱼鲊）、鲟鱼鲊、荷包鲊、银鱼鲊、蟹鲊等十余种。

唐代，鲊是纳贡朝廷的贡品。据《唐书·地理志》记载："颍州土贡有糟白鱼，今淮河白犹甲他处。"为了便于储藏运输，将白鱼加工成糟鱼，以便纳贡。到了宋代，制作鲊的技艺更加高超。苏轼《赠孙莘老》："三年京国厌藜蒿，长羡淮鱼压楚糟。"梅晓臣《糟淮白鱼》云："网登肥且美酪，糟渍奉庖厨。"糟制的淮白鱼好吃的如美酪一般。

宋代民间食用糟鱼已成风尚，（南宋）范成大《桂海虞衡志》记载：粤西地区"每岁腊中，家家造鲊""有贵客则设老酒、冬鲊而示勤"。宋人周去非在《岭外代答》中说："南人以鱼为鲊，有经十年不坏者""凡亲戚赠遗，悉用酒鲊，唯以老鲊为至爱"。鱼鲊封藏时间越长，质量愈佳而愈为人珍爱。昔日纳贡鱼品糟白鱼已成为寻常百姓的美食佳肴。

明清时期，鱼鲊制作工艺较前更趋精致。鱼鲊仍是鱼贡中的主要贡物，有鲟、鳇、鲤鱼鲊，鱼子酱鲊，制作工艺已经非常高超。明清时期长江中下游一带均盛行鱼鲊制作，如湖广一带、安徽安庆地区及太湖流域均有生产。据史料记载，明代湖广一带还有专门从事鱼鲊加工的专业匠户——鲊户。

至今，在西南少数民族地区侗族、苗族、水族仍然有加工食用糟鱼的习俗。因糟鱼食用有酸味，因此又称酸鱼。侗族人对酸食特别嗜好，俗话说："无酸不成侗。"其制作的酸食品种类繁多，荤酸类主要有酸的鱼、猪肉、鸭、鹅、鸡、虾等。在每年的农历十至十一月间，是侗族做腌鱼的最佳时间。在腌制鱼肉之前，要用一种辣树叶煎水，浸泡木桶，起到消毒和除去木腥臭味的作用。将鲜鱼剖腹取尽内脏，用食盐浸渍3～4天，待盐全部溶解即可腌制。然后将腌鱼糟与已浸好盐的鱼一同拌匀，置于特制的木质"腌鱼桶"内。一层腌鱼糟，一层鱼，层层累加，在内盖上压大而圆的鹅卵石或大石块，使桶里的盐水漫在内盖上，以隔绝空气。一个月以后即可开桶食用。其腌鱼、腌肉存放的时间越久，味道就越好。3～5年也不坏。到时取出食用，仍然能够保持鱼肉色红润，醇香扑鼻，是侗家珍品。侗族称其为"腌鱼"。腌鱼糟是用蒸熟的糯米饭，晾凉后将其捏散，倒入适量米酒，拌以干辣面和适当的盐粉与极少量的火硝拌匀，制成腌鱼糟。侗族谚语说："一手捏糯团，一手拿腌鱼。"腌鱼是侗族最重要的食品，平时很少食用，只有在祭祖或待客的时候才取食。

在我国安徽、江西、湖北、浙江等地，有食用臭鱼的习俗。臭鱼，是用酒、少量的盐或无盐腌制的食品。长江中下游地区，气温较高，空气湿度大，鱼肉等食物易腐败变质。由于食物得之不易，虽然已经腐败变质，人们还是舍不得丢弃，遂产生食用臭鱼习俗。铜陵臭鳜鱼，就是用酒、少量的盐或无盐腌制的食品，臭鳜鱼闻着不怎么臭，吃起来却臭不可挡。靠近徽州的赣北地区也嗜食臭鱼，当地人称之为"淡鱼"，即无盐腌制的鱼。据《明道杂志》记载："汉阳、武昌滨江多鱼，土人取鱼，皆剖之，不加盐，暴江岸上。数累千百，虽盛夏为蝇蚋所败，不顾也。候其干，乃以物压作鮛，谓之'淡鱼'，载往江西卖之，一斤近百钱，饶信间尤重之。若饮食祭祀，无淡鱼则非盛礼，虽臭恶而更以为佳。一船淡鱼，其值数百千，税额也极重。黄州税物，设有三淡鱼船，则一日课利不忧。"旧时，汉阳、武昌人也嗜食臭鱼，不以恶臭不为最佳，比较正规的盛典时必选之。

第七节　《齐民要术》与水产罐头制品加工

随着社会的发展和科学技术的进步，水产品的加工条件不断改进，设备不断完善。《齐民要术》中记述的各种水产食品加工方法，由于出现了密闭容器等现代设备和高温杀菌等现代技术，使我们在进行水产品加工时，不再时刻担心受到微生物菌类等的污染而影响产品质量。因此，水产罐头制品，也是传统保藏加工方法与现代保藏加工技术有机结合的产物。

把鱼、虾、蟹、贝肉等水产品密封在容器内，经高温杀菌后制成罐头，从而能在常温下长期贮存，这样的一种贮存方法称为水产品的罐藏法。其优越性在于，贮存期长，重量轻、体积小，利于保持食品原有的色、香、味，具有即食、方便、富营养的特点。

水产品罐头品种繁多，按容器的材料分：铁盒罐头、玻璃瓶罐头、软包装罐头；按原料种类分：鱼类罐头、贝类罐头、虾蟹类罐头；按加工方法分：清蒸类罐头、调味类罐头、茄汁类罐头、油浸类罐头等。

一、清蒸类罐头加工

脂肪多、水分少、新鲜肥满、组织紧密的鱼类（如海鳗、鲳鱼、鲅鱼、鲐鱼等）、软体动物的墨鱼以及虾、蟹等都可作为清蒸类罐头的原料，本类制品的调味品只加入少量的盐、糖、及解腥辅料。其制作工艺流程如下。

原料验收→原料处理→预煮、冷却→装罐→加液汁→排气→密封→杀菌→冷却。

以原汁鲍鱼和蟹肉罐头的加工为例。

（一）原汁鲍鱼的加工

鲜活鲍鱼洗净后，以 80～90℃ 的热水烫 20 分钟，用不锈钢刀把贝肉剥下，去除内脏洗净，按大小分档加入 10% 食盐搅拌均匀，盐渍 8～12 小时，然后搓洗 5～10 分钟，剪去嘴及外套膜，逐只在流动的清水中洗净黑膜及盐分，送去装罐。罐头容器采用 425 克内涂抗硫涂料马口铁罐，贝肉按大小分开装罐，净重 253克，加液汁 172 克，液汁温度 80℃ 以上。排气采用加热排气，中心温度 80℃ 以上。杀菌采用在杀菌锅内高压蒸汽杀菌的办法：杀菌锅杀菌温度 115℃，杀菌锅内升温升压时间 15 分钟、保持杀菌温度时间 20 分钟、降温降压时间 20 分钟，然后冷却至 40℃。为防止罐藏鲍鱼变黑，生产过程严禁与铁、铜等金属接触，密封后迅速杀菌。

液汁参考配方：精盐 2%，味精 1%，清水 97%。

（二）蟹肉罐头的加工

新鲜蟹逐只刷洗干净，旺火蒸煮 20 分钟，取出后迅速冷却，然后用不锈钢工具将蟹肉取出，取肉力求完整，将蟹身、螯、步足 3 部分及碎肉分开放置，以与蟹肉等量的浓度为 0.2% 柠檬酸水浸泡，浸酸的目的是防止蟹肉发生青斑，浸泡 15 分钟后，捞出沥干，送装罐。把几部分搭配均匀的蟹肉 197 克，精盐 2.5 克，味精 1.0 克，用预先以浓度为 0.5% 柠檬酸液沸煮过 30 分钟的硫酸纸包裹，装入净重 200 克内涂抗硫涂层的罐内，送进排气箱，在 95℃ 以上加热排气 30~35 分钟，迅速密封。杀菌采用在杀菌锅内高压蒸汽杀菌的办法：杀菌锅杀菌温度 110℃，杀菌锅内升温升压时间 15 分钟、保持杀菌温度时间 70 分钟、降温降压时间 15 分钟，然后冷却至 40℃ 以下。整个生产过程中严禁蟹肉与铁、铜等金属接触，以免蟹肉变黑，还应避免使用粗盐及海水处理原料，以防磷酸铵镁结晶析出。此外，加工过程应迅速，严防微生物污染。若气温高于 10℃，应以冰或冰水冷却原料，杀菌应充分，防止贮藏中肉质液化。

二、调味类罐头加工

调味类罐头是根据各地消费者的爱好进行调制，具有我国烹饪技术的传统特色，受到消费者欢迎。调味罐头包括红烧、五香、烟熏、葱烤、香酥、糖醋、豆豉等许多品种。调味类罐头的生产工艺流程如下。

原料验收→原料处理→盐渍→油炸→调味→装罐→排气→密封→杀菌→冷却。

以五香凤尾鱼的加工为例说明。

原料应为鲜度符合要求，鱼体完整，鱼子饱满，大小为 25 克，8 厘米以上的冰鲜或急冻的凤尾鱼。以流水解冻，洗涤鱼体，去除杂物，摘头去内脏，保留下颚，鱼腹不破，沥干。按大、中、小分档，定量装于盘中，然后投入 180~200℃ 油锅中 1~2 分钟，炸至鱼肉有坚硬感、鱼体呈金黄色，即可捞出，稍加沥油趁热浸入调味液中约 1 分钟，捞起沥汁放冷回软。将净重 184 克炸鱼头尾交错整齐放入 303 号抗硫全涂料马口铁罐，迅速送入真空封罐机中密封，真空度应维持在 53.29 千帕（400 毫米汞柱）以上。杀菌采用在杀菌锅内高压蒸汽杀菌的办法：杀菌锅杀菌温度 121℃，杀菌锅内升温升压时间 10 分钟，保持杀菌温度时间 45 分钟，降温冷却采用反压冷却法使反压值达 117.6 千帕，然后冷却至 40℃，取出擦净。

调味液汁的参考配方：精盐 2.5 千克，白酱油 75 千克，白糖 25 千克，高粱酒 7.5 千克，黄酒 25 千克，生姜 5 千克，桂皮 0.19 千克，茴香 0.19 千克，陈皮 0.19 千克，月桂皮 0.125 千克，味精 0.075 千克，清水 50 千克。

调味液汁的调制过程：先把生姜、桂皮、茴香、陈皮、月桂叶等加适量清水熬煮 1 小时以上，捞渣，然后加入其他材料，煮沸后加酒，取出过滤，再加入开水 190 千克。

三、茄汁类罐头加工

茄汁类罐头的原料有沙丁鱼、青鳞鱼、金枪鱼、鲳鱼、墨鱼、青鱼、草鱼、鲢鱼、鳙鱼等。这类罐头宜贮藏一段时间再食用，使色、香、味得以调和。其工艺流程大致如下。

原料验收→原料处理→盐渍→装罐→脱水→加茄汁→排气→密封→杀菌→冷却。

以茄汁青鳞的加工为例。

原料取鲜度符合要求的冰鲜或急冻青鳞鱼，解冻洗涤，摘头，拉出内脏，去鳞除尾，清洗干净，加入 2% 精盐拌匀，7～10 分钟后再拌匀一次，盐渍 15～20 分钟结束。称取 135～145 克经盐渍的青鳞鱼，装入罐内，要求鱼背朝上、排列整齐。送入温度 95～100℃ 的排气箱内蒸 15～20 分钟，取出控水，加入 55～60 克茄汁，再注入 2% 盐水至液面离罐口 8～10 毫米，密封时罐中心温度不应低于 80℃，密封后随即送杀菌。杀菌采用在杀菌锅内高压蒸汽杀菌的办法：杀菌锅杀菌温度 116℃，杀菌锅内升温升压时间 15 分钟、保持杀菌温度时间 16 分钟、降温降压时间 15 分钟，然后冷却至 40℃，取出擦净。

茄汁的参考配方：番茄酱 55%，精炼花生油 8%，洋葱油 4%，白糖 6%，精盐 1%，醋酸 0.4%，香料液 4%，黄酒 4%，大蒜 0.3%，红辣椒粉 0.25%，胡椒粉 0.05%，水 17%。

香料液是以水 100 千克，月桂叶 0.8 千克，丁香 0.3 千克，食盐 0.4 千克，经煮沸 2 小时过滤而得。

洋葱油是以精炼油 10 千克，加热至 100℃，投入切碎的洋葱 8 千克，炸至金黄色即可出锅备用。

茄汁的调制过程：将精炼花生油加热，投入番茄酱炒拌均匀，倒入洋葱油，再加入香料液和水，煮沸后加入大蒜、盐、白糖等料，搅拌后加入黄酒和醋酸。

茄汁熬制时，注意不得使用铁锅，以免茄汁颜色变黑。还要注意经常搅拌，使之内部温度均匀，避免茄汁溢出锅外和油与番茄汁产生离层。

四、油浸类罐头加工

油浸调味是鱼类罐头特有的加工方法，主要原料有鲐鱼、金枪鱼、海鳗、鲳鱼、比目鱼、青鱼、鲤鱼等。其加工工艺大致如下。

原料验收→原料处理→盐渍→装罐→脱水→加茄汁→加油→密封→杀菌→冷却。

以油浸金枪鱼的加工为例。

原料可取鲜度符合要求的冰鲜或急冻的鲣、鲔鱼。解冻，洗涤，去头、尾及内脏，切成 8 厘米×5 厘米×3 厘米的鱼块，以 18℃ 以下的凉水漂洗半小时，浸入 pH 值 3.5、浓度为 8% 的酸盐水中 20 分钟，捞出沥干。以凉水漂洗和浸酸盐水的目的是去除鱼肉中的组氨，并有去色、除腥作用。称取鱼块 390 克，整齐装入内壁涂上一层热植物油的 500 毫升玻璃瓶中，在 100℃ 环境中预热脱水半小时，加入调味液，中心温度在 85℃ 以上进行密封。杀菌采用在杀菌锅内高压蒸汽杀菌的办法：杀菌锅杀菌温度 118℃，杀菌锅内升温升压时间 15 分钟、保持杀菌温度时间 70 分钟、降温冷却采用反压冷却法使反压值达 147 千帕，然后冷却至 40℃，取出擦净。

调味液的参考配方：精炼植物油 30%，味精 8.5%，胡椒 4.5%，姜 9%，白糖 2.5%，精盐 7.5%，蒜头 38%。

第八节　《齐民要术》与鱼糜制品加工

鱼糜，就是将鱼肉绞碎，经配料、擂溃而成为稠且富有黏性的鱼肉浆。鱼糜是半成品，可以进一步加工成一系列的鱼糜制品。

将捕捞到的低值鱼、小杂鱼和制造鱼片、罐头等产品加工中摒弃下来的可食部分加工成各种鱼糜制品，可以提高经济效益，减少损失，合理而充分地利用各种水产品。这也是对《齐民要术》中水产品传统加工技术的创新和升华。

一、鱼糜制品的加工工艺

鱼糜制品的加工工艺大致是：

原料处理及鱼肉的采取→铰肉→擂溃或打浆→成型及加热处理→鱼糜制品的保藏（制成干品、低温冻结、制成鱼糜罐头）。

二、几种常见鱼糜制品的参考配方

1. 水发鱼丸（也称鱼圆）配方

（1）海鳗肉 20 千克，鲨鱼肉 5 千克，乌贼肉 5 千克，淀粉 3 千克，精盐 0.9

千克，清水适量。

（2）鱼肉 20 千克，黄酒 2 千克，精盐 0.6～0.8 千克，味精 0.3 千克，白糖 0.2 千克，淀粉 5～7 千克，清水适量。

（3）中国台湾地区常用配方：原料鱼 50 千克，淀粉 7.5～10 千克，食盐 1.25 千克，味精 0.3 千克，香料若干，清水视原料水分而定。

2. 油炸鱼丸配方

（1）海鳗肉 20 千克，鲨鱼肉 5 千克，乌贼肉 5 千克，淀粉 3 千克，精盐 0.6 千克，白糖 0.3 千克，黄酒 0.6 千克，味精 0.03 千克，清水适量。

（2）海鳗肉 10 千克，其他鱼肉 35 千克，精盐 1 千克，淀粉 7.5 千克，白酒 0.25 千克，味精 0.075 千克，胡椒粉 0.03 千克，葱 1 千克，姜 1 千克，清水约 12.5 千克。

3. 鱼香肠配方

鱼肉 80 千克，猪肉 8 千克，板油 6 千克，淀粉 4.5 千克，精盐 1.75 千克，咖喱粉 0.36 千克，胡椒粉 0.06 千克，味精 0.1 千克，玉果粉 0.06 千克，食用红色素适量。

4. 鱼糕配方

海鳗肉 40 千克，梅童鱼肉 40 千克，淀粉 13 千克，精盐 2.4 千克，黄酒 2.4 千克，姜汁 2.2 千克，味精 0.8 千克，白糖 0.8 千克。

5. 鱼卷配方

鱼肉 30 千克，精盐 0.3 千克，白糖 0.5 千克，淀粉 2～3 千克，味精 0.05 千克，五香粉 0.02 千克，清醋 0.2 千克。

6. 鲜鱼片配方

木薯淀粉 90 千克，鱼肉 10 千克，味精 2 千克，白糖 3.3 千克，精盐 2.3 千克，桂皮 0.5 千克，甘草 0.5 千克，茴香 0.5 千克。

三、常见鱼糜制品的加工

以水发鱼丸和鲜鱼片的加工为例。

（一）水发鱼丸（也称鱼圆）的加工

1. 成品要求

水发鱼丸是白色或灰白色的圆丸，表面光滑，富弹性，大小均匀，鲜嫩细腻，具有水发鱼丸应有的滋味，咸淡适宜，无异味。

2. 材料选取

根据成品的要求，故对原料的要求较高，如选用海鳗、鮸鱼、白鲦鱼、鲨鱼、乌贼等弹性高的白色鱼肉应占较多比例，较差的鱼肉一般只作少量搭配使用。广东多采用海鳗、马鲛、狗棍（蛇鲻）、乌贼、鳀鱼、目莲、马面鲀等作原料，也有用蓝圆鲹作原料的，但要经过漂白处理，将漂白后的鱼糜用离心机脱水，所得的鱼糜色泽较白。淀粉应选用洁白、黏性好的上等淀粉。

3. 工艺流程

按配方称取鱼肉，用绞肉机绞碎 1~2 次，然后加入淀粉、精盐、其他辅料以及总用水量的 40%~50% 的清水，进行擂溃，待产生黏性后，再将剩余的清水一并加入继续擂溃，直至打匀打透，达到所需的黏稠程度。水发鱼丸的鱼糜，一般比油炸鱼丸的鱼糜稍稀一些。

将经配料、擂溃后的鱼糜，盛于洁净的盘中进行成圆。若生产规模较大，可采用鱼丸成型机；若小规模生产，则用手工成圆即可。

将成型的鱼丸放入 40~45℃ 的恒温水中温水浴 20 分钟，目的是除去水溶性蛋白，促使盐溶性蛋白凝固。经温水浴后的鱼丸投入沸水中烫 2~3 分钟，随即加热，使鱼丸受热膨胀，同时以铲在锅中轻轻翻动，以防互相粘结或与锅壁粘结。当水煮沸，鱼丸煮熟上浮，即可捞出，盛于洁净专用容器中，冷透后可包装运销。

（二）鲜鱼片的加工

鲜鱼片和虾片等都是相似的产品，食用时放在滚油中炸，待鱼片上浮发泡完全后，即可捞起，趁热食用。

1. 成品要求

切片厚薄均匀，片中间不得有微孔，咸淡适中，具鲜片特有的滋味，无异味，足干。

2. 原料的选取

主要采用新鲜带鱼肉（其他鱼肉也可）为原料。

辅料的调配要求：

（1）味精须适量。且应化开后再加入。

（2）热浆配制。取淀粉 10 千克，加水 38 千克化开、化匀，再用蒸汽边吹边搅拌，浆要烫手，要厚，至透明状即可。

（3）香料水配制。按配方称取桂皮、甘草、茴香各 0.5 千克，洗净后加适量清水煮沸，熬汁，待香味抽出后滤取汁液，得香料水 2 千克。

3. 工艺流程

把绞碎的鱼肉、辅料及其淀粉（指除去配制热浆用的淀粉）一起加入擂溃机中擂溃，再把热浆逐渐加入，约擂溃 20 分钟，即倒入盛器中，用布盖好保温。分次取配料鱼肉糜搓成条子（要搓结实，中间不得有微孔，条的直径 5.0 厘米左右为宜），排于蒸架上，约蒸 1 小时（以蒸熟为度），取出凉透后置于 0~1℃ 冷库中预冷 30 小时，使之发硬呈棒状，然后切成 1.0 毫米厚的鱼片。将切好的鱼片放入烘房（60~70℃），烘干（需 3~4 小时）即为成品。

参考文献

陈世杰.2001.《范蠡养鱼经》释义、启示与询考 [J].福建水产（4）：80-85.

戈贤平.2011.大宗淡水鱼高效养殖百问百答 [M].北京：中国农业出版社.

顾泽茂，汪建国，等.2014.淡水鱼高效养殖与疾病防治技术 [M].北京：化学工业出版社.18-24.

郭龙文，解延年.2014.弘《齐民要术》之魂，加快推进寿光水产养殖产业化发展 [C] //李昌武，薛彦斌.面向绿色未来发展现代农业：第五届中华农圣文化国际研讨会论文集.北京：中国农业出版社.90-95.

贺义雄，宋甜甜.2006.我国近海捕捞业结构调整研究 [J].海洋管理（2）：11-12.

江丽华，金媛，毛勇.2012.鱼类育种研究进展 [J].福建水产，34（5）：420-427.

蒋高中，明俊超.2012.现阶段我国鱼类育种与苗种培育技术成就及发展趋势 [J].广东海洋大学学报，32（3）.

贾思勰.1996.齐民要术 [M].北京：团结出版社.

李建萍.2011.中国古代水产品传统加工储藏方法述略 [J].古今农业（2）：93-103.

林祥日.2005.我国养殖鱼类育种技术概况 [J].淡水渔业，35（4）：61-64.

卢素红.2011.中国渔业发展六十年回顾 [J].学理论（3）：69-70.

孟庆斌，孙吉亭.2012.科学发展视角下我国现代渔业制度建设 [J].中国渔业经济，5（30）：30-35.

山东省水产学校.1981.淡水鱼类养殖学（上册）[M].北京：农业出版社.

石声汉.2013.齐民要术今释 [M].北京：中华书局.

苏胜齐.2000.我国淡水鱼类育种的概况和思考［C］//重庆市遗传学会第一届学术年会暨纪念孟德尔规律再发现100周年学术讨论会论文集.25-929.

王东石,高锦宇.2015我国海水养殖业的发展与现状［J］.中国水产（4）:39-42.

王明德.1988.实用农村捕鱼技术［M］.北京:农业出版社.

魏利平,常建波,姜海滨,等.1995.海产品养殖加工新技术［M］.济南:山东科学技术出版社.

魏文志,钱刚仪,王秀英.2014.淡水鱼健康高效养殖［M］.北京:金盾出版社.

杨子江,曾有存,赵景辉,等.2011.我国现代渔业发展的"十一五"回顾与"十二五"展望［J］.中国渔业经济,1（29）.

岳冬冬,王鲁民,方辉,等.2015.我国近海捕捞渔业发展现状问题与对策研究［J］.渔业信息与战略,30（4）.

张福绥.2003.近现代中国水产养殖业发展回顾与展望［J］.世界科技研究与发展（6）:5-11

张桂芬.1995.我国海洋渔具发展概况［J］.海洋信息,4.

张洁月.1998.池塘养鱼［M］.北京:高等教育出版社.

张新民,简康,郭芳芳.2008.中国现代渔业发展趋势分析［J］.渔业经济研究（5）:3-7.

张勋,张禹,周爱忠,等.2013.我国远洋渔业渔具发展概况［J］.中国农业科技导报,15（6）.

赵树阳,宋百成,祝乃淳,等.1989.淡水动物养殖［M］.北京:科学出版社.3-10.

郑春源.1991.水产品保鲜与加工［M］.广东:广东科技出版社.

中国农业百科全书.1994.水产业卷（下）［M］.北京:农业出版社.

邹杰,马爱军,王新安,等.2013.鱼类育种技术研究进展［J］.渔业信息与战略,28（3）:199-207.